Fully Understanding Quantum Mechanics

なっとくする 新装版

量子力学

講談社

本書は『なっとくする量子力学』（1994年6月，
講談社刊）を新装版として再出版するものです。

はしがき

量子論，さらには量子力学について解説していくのが本書の目的である。とはいうものの，量子論とは何か，量子力学とはどんなものか，その考え方，もっと平たくいえばその意味を知らなければ何にもならない。

最初の疑問は，なぜ「量子」などという妙な——要するに一般には使われることのない——言葉を用いているのか。ここからがすでに専門的（悪くいえば学者のひとりよがり）のような気がする。専門用語は，日常にない概念を表すことが多く，明治の初期に西洋の学問を輸入した日本では，どうしても新規の考え方には新規の語彙を当てはめなければならない，というハンディキャップはあった。

もっとも，量子論の誕生は明治の30年代であり，ある程度，学術的日本語も根を下ろした頃である。とくに哲学用語などは西周その他の学者により，一般にはむずかしいと思われる日本語が創作されて，日本語による学術図書の刊行や学会講演などが広く行われたが，それでもquantum theory（クァンタム・セオリ）などは「量子論」と訳す以外になかったのだろう。量子などという日本語はなかったが，むしろ名訳だと，筆者は考えている。

もちろん，なじみ深い日本語に訳せればそれに越したことはない。ベースボールの野球，エアロプレインの飛行機，ファウンティンペンの万年筆（これはよく考えてみると，ずいぶんふざけた訳だと思う。誰もまだ1万年使っていないのだから。しかし，既にふざけたという感覚が払拭されてしまっているのは見事である）などは，常識的日本語として定着してしまった。しかし専門的日本語は残念ながら，「量子」に代表されるように日常語になり得なかった（この意味では，英独仏などの専門語はかなり日常語に近いという）。

仕方がないから，哲学用語（たとえば観念，外延，内包，範疇など）と同様，一つ一つの単語をなんとか理解してゆくほかはない。筆者など，哲学や経済学の書物を読んでも難かしくてよくわからない。その最も大きな理由は，語句の意味を知らないことにあると思っている。

物理学も同様，いきなり専門用語を持ち出しても，専門外の人は戸惑うばかりである。しかも悪いことに，書物の執筆者や講演者は，自分がわかっているからといって，一般的には未知の語彙をそのまま押しつけてくることが多い。これはいけない。一般的な人たちを対象にした場合，執筆者の最も心すべきことであろう。

さらに数学ではもちろんのこと，物理学でも，量的な事実をとり扱うために数式を使うことになる。この数式は，専門家にとっては一種の麻薬のようなもので（それは少し言い過ぎだとの意見もありそうだが……），文字を並べる代わりに式ですませる方がはるかに簡潔な場合が多いのである。しかし数式は，それを知る者の間の会話だけに許されるものであり，むやみに一般に押し広めてはいけない。自分は薩摩弁が得意だ，津軽弁でしゃべる方がはるかに楽だからと言って，それを他人にまで通用させようとしたら，話し合いはもたれない。

というわけで，本書はできるだけ数式を省き，言葉の定義もわかりやすく解説するつもりでいる。しかし，これも過ぎれば冗漫になるという欠点がある。しかも量子力学は数式が主体であり，数式での表現がかくかくであるから，自然界の真実はそのとおりになっている……というように記述しなければならない箇所が，随所に出てくる。いや極言すれば，量子力学は数学を基礎として成り立っているとさえいえる。これを数式を省け，というのは正直のところ，まことにつらい。しかし，筆者にとって楽だからと言って，式を書きなぐっていく愚は抑制しようと思っている。

なっとくする量子力学

目次

プロローグ

なぜ量子力学を学ぶか

面白くてタメになる

量子力学とは何か，については後でゆっくり検討することにして，そんなものが現在のわれわれに必要かどうかを考えてみたい。

量子力学，あるいはその考えの基礎になる量子論とは，自然界を小さく小さく分割していって，顕微鏡を使ってもよく見えないような分子，原子，さらには電子などの“特殊な”振る舞いを研究する学問である。それがどれほど小さな世界の話になるかといえば，メートル，キログラム，秒といった日常的単位の 10^{-33} 倍程度（1兆分の1の1兆分の1の10億分の1ほど）の小ささである。といっても見当もつかないだろうが，とにかくこれほど極微の世界になると，通常の自然法則は成立せず，いやでも量子力学に頼らざるをえない。

たとえば，そこではプランク定数

$$h = 6.626 \times 10^{-34}\ \mathrm{J \cdot s}$$

という特殊な数値がひんぱんに出てくる。ジュール（J）すなわちエネルギーに秒（s）をかけた値がどんな性質のものか，直感的にはわかりにくいが，とにかくこの小さな世界では，プランク定数を仲立ちとして，ものごとが進行するのである。

日常生活では，もちろんこんなに小さな量を問題にすることはない。

自然科学の分野でも，四，五十年前には，だれそれは物理学科を卒業したが，量子論の「りょ」の字も知らずにさっさと気象台に行ってしまった，などという話を先輩から聞いた。そうして彼は気象庁で立派な仕事をして，十分な業績を残しているのである。

しかし現在では，おそらくどこの大学の物理学科，あるいは工学部でも量子力学は必修のはずである。なぜ今ではそれを学ばねばならないのか，今でも量子力学を必要としない自然科学の部門があるではないか，といわれると返答に困る。しいて答えるならば，

① 学問というのは実益のためにのみあるのではない。真理はどうなっているのかと思う，知的好奇心に答えるものである。

という，いささか型どおりの回答をせざるをえない。つまり，誰もが今すぐ使わなければならないというものでもないが，覗(のぞ)いてみると意外に面白いし奥も深いものだから……ということになるのだろうか。

「面白い」といっても，歴史や文学なら大いに好奇心も満足しようが，量子力学ともなると，本当に専門外の人も面白いと思うのかどうか，残念ながら疑問である。しかも数式という「業界用語」を使うとなると，会話はおのずと学界のうちうちの話し合いになってしまう。外部の人間は疎外されざるをえない。

世界で初めての超伝導船。船底の左右にある丸みを帯びた部分が電磁推進装置（三菱重工神戸造船所にて）。

したがって，もし広く人々に自然の不思議さに触れてもらおうとすると，きょくりょく業界用語を減らし，平易な言葉で説明しなけ

ればいけない。しかしこれは，言うは易しで，なかなか難しいことである。

量子力学をなぜ学ぶかという問いに，もう一つの答え方がある。つまり，

② 量子力学は上にのべたように途方もなく小さな世界のものではあるが，現代物理，いや最近の工学にも実際に深いかかわりを持っているから，知っておかなくてはならない。

というものである。

一例として，最近脚光をあびている超伝導現象も，金属や合金中の電子の振る舞いがわからなければ，つまり，量子力学にたよらなければ，とても説明できるものではない。それどころか，量子力学を――当然のことながら複雑な数学の力を――借りても，いまだに完全に理解することの不可能な現象もある。

超伝導現象は単なる試験管の中のできごとではなく，最近では超伝導船など，21 世紀の工学のためにも大いに期待がかけられている。超伝導船は，スクリューとかジェットホイルとは全く違うメカニズムで走る船である。ただし推進力はフレミングの左手の法則というまことに簡単な原理によるものであるが，超伝導体を使ってきわめて強力な磁石を作りうる，というところにその利点がある。線路から浮きあがって走るリニア・モーターカーも，超伝導体による強力な磁石を応用した乗りものである。

強力な磁石といえば，荷電粒子加速装置にもこれを用いて，アメリカのダラス郊外で周囲が 87 ㎞もある SSC（超伝導・超衝突器）が 200 億ドル以上の予算で計画された。ただし，これは金食い虫ということで，建設はストップしてしまったが，とにかくこんなに大がかりな物理の装置によって，まだ見たこともない特殊粒子（たとえばヒグス粒子――真空中にこの粒子が多く存在するために，ふつうの粒子が質量を持つことになる）の発見の可能性もあると，学者たちは意気込んだのだ。

量子論ならではのこと

量子論の応用は，SSC などを持ち出すといかにも高額な機械に適用さ

れるような気がするが，けっしてそんなことはない。たとえば最近のトランジスタの集積回路では1センチ×2センチの長方形のチップの上に64メガ（6400万個）あるいはそれ以上のセルと，これを制御するトランジスタを乗せる。当然，回路は細く，高密度であることが要求される。ところが回路の線幅が0.1マイクロメーター（1メートルの千万分の1）以下になると，電流つまり電子の流れに波動性が生じて，これ以上の回路の集積化は不可能になる。このような場合，量子効果——量子力学に特有の現象——が現れたという。

量子効果が生じるなら，いっそのことそれを逆手にとって，一つ一つの電子の波の「位相のずれ」に，信号伝達素子の役目を持たせたらどうだろうかということが考えられた。本来，金属中の自由電子は波動模型で説明するのが量子論であるが，ハイテク分野の必要性から，導線中の電流についても，量子論的研究が必要になってきた，ということである。

量子効果という言葉は，もちろん今に始まったものではない。分子の中でも軽くて方向性のない（つまりまん丸い）ヘリウムは，最も量子効果を受けやすい分子（ヘリウム，Heは原子そのものが分子）であることが知られていた。

ヘリウムは1気圧のもとでは，絶対温度4.2 Kで液体となり，絶対零度（0°K）まで温度を下げても固体にならない唯一の物質である。ところが温度を2.2 Kまで降下させると，ヘリウムの状態は突然変化する。つまり，コップの中の液体ヘリウムは穴もないのに少しずつこぼれ始めるのである。そしてその比熱も，この温度から下で急激に小さくなる。いわゆる超流動物質に変化するわけであるが，なぜそうなるかの理由をさぐっていけば，結局は量子論に行きつかざるをえない。

水素（H_2），重水素（D_2）も軽い物質であり，わずかに量子効果が現れる。また，まん丸い分子として，ネオン（Ne）も，水素以上に量子効果がみられる。もちろん，これらの量子効果は，液体ヘリウムと比べたらとるに足らぬものではあるが，低温で零点エネルギー——量子力学では，どんな状態になっても運動エネルギーは零にならないとする。その最低の運動エネルギーのことを零点エネルギーと呼ぶのである——が大きかった

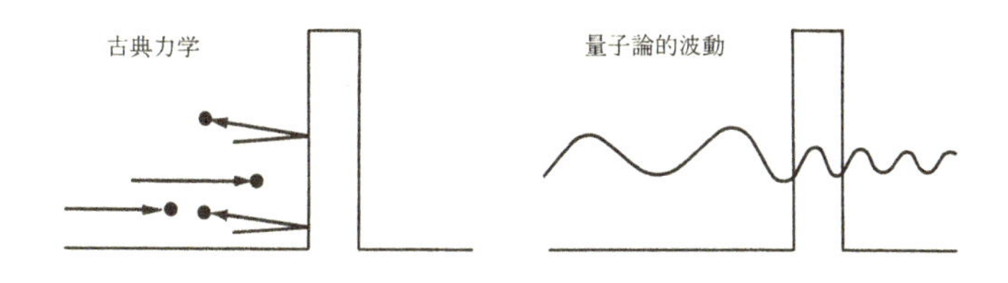

トンネル効果（右）

り，表面張力が予想よりも小さかったりする。

メイドイン・ジャパンの量子効果

量子論の最も一般的な説明は，電子なら電子が粒子でもあり波動でもある，ということである。この波動は障壁を乗り越えて，その一部は壁の向こう側にまで進む。正しく言えば，乗り越えるのに必要なエネルギーを持っているわけではないから，「越える」というのはおかしい。越えられないはずのものが，量子論では壁の反対側に行けるのである。壁に穴があくわけではないが，ともかく，この奇妙な現象のことをトンネル効果と呼ぶ。量子効果としてはポピュラーなものであり，発見者ガモフの名とともにご存じの方も多いだろう。

しかし，穴もあけずにトンネルとはおかしいではないか，ということになるが，そこが量子論の不思議というか特殊なゆえんである。不純物濃度の高いPN接合の（電子過剰型と不足型をくっつけた）半導体は，その接合点で大きな抵抗（電子が越せない高い障壁）を持つが，トンネル効果によって電流は流れるので，これをトンネルダイオード，別名エサキダイオードと呼ぶ。わが国の江崎玲於奈博士は「半導体におけるトンネル効果と超伝導体の実験的発見」のタイトルで，1973年度のノーベル物理学賞を受けたことはよく知られている。

電子の世界の「コメ」

原子よりもはるかに軽い電子については，19世紀の末にその存在が確

江崎玲於奈。ノーベル賞授賞の知らせを受けた日の写真。

認された（ただし，原子模型はまだ提案されていなかった）。オランダのローレンツという学者は電子を，質量およびマイナス電荷を持った球としてとり扱い，これにニュートン力学を当てはめて，かずかずの成功を収めた。これをローレンツの電子論といい，それらの考察を基礎とした研究によって彼は第2回目（1902年度）のノーベル物理学賞を授与された。第1回目の受賞者はX線の発見者，レントゲンである。

もちろんローレンツのように，古典力学で行けるところまでは，それを「こわさずに」用いるのがいい。しかし現在の電子論（固体論その他の物性論には欠くことができない）を量子力学なしにとり扱うことなど，とてもとても考えられない。物理学は，究極には極微の世界の研究であり，その意味で現在の物理学には量子力学は必要不可欠なのである。

宇宙を見ても量子力学

宇宙は160億年ほどまえに*（100億年とも200億年とも言われる）ビッグバンで始まった。ここで，時間にも空間にも10^{-34}というプランク尺度が適用されるのであるが，用いられるテクニックはやはり量子力学である。宇宙開闢（かいびゃく）のものすごい瞬間を扱うために，量子力学などというのんびりした（？）特殊数学ではなく，もっともっと激しい計算法があってもいいような気がするが，現在のところ，量子力学しかない。

量子力学を疑った学者は，これまでも数多くあった。たとえば電子と光子の相互作用の問題で，量子力学をまじめに解いても電子のエネルギーは

＊ 地球の歴史が放射性元素の研究などから46億年といわれているのに対し，宇宙年齢はかなりあいまいで，100～200億年の幅がある。

無限大になってしまう。そんなことから，量子力学にも限界があるのでは，と思われたことがあった。さらに原子物理学の次に問題になった原子核物理学でも，研究者は大いに苦労した。30 年ほど前には，いったん核力の研究の道に入ったら，そこは泥沼だと言った学者もいた。量子力学を越えた何ものかを期待した人も少なくはなかったのである。なかには，量子力学は 19 世紀の初期 30 年間に花開いた一過性のものだ，と断言した人さえいた。

しかし，量子力学は生き残っている。物理学，さらには自然科学の中で，エネルギー保存則が高名な物理学者によって危く否定されそうになったこともあったが，結局は安泰であるのと，似ていなくもない。

量子力学にとって代わるものがないという消極的な理由からであろうか。それとも，この理論が時代を超越した絶対的なものであるためだろうか，誰にも明言はできないが，現代の物理学や化学，さまざまな工学のなかに，ますます幅広く量子力学が適用されていくのは確かである。

ニュートンは，自分に遠くが見えたのは先人の肩の上に立ったからだという意味の言葉を残している。現代の科学に多少とも関係する（もしくは関心を持つ）人たちにとっては，量子力学はニュートンの肩に匹敵するものであるかもしれない。

それが，量子力学をなぜ学ぶかへの回答ということになるのだろうか。

第1章

常識に挑む

物理学は終わった？

ニュートンに始まり，19世紀までに完成された物理学を古典物理学という。

古典という言葉は文学や音楽にも，絵画や建造物にもあるのであるが，この場合，古典から次の時代への移り変わりは判然としたものではない。

しかし，こと物理学となると，古典の終焉(しゅうえん)ははっきりしている。歴史的にみると，19世紀末には（日本暦でいえば，物理学がようやく根づいた明治30年代），物理学はすべて終わった，もはや研究すべきものは何も残っていない，あとはそれらの応用例を調べていくだけだという，昨今では信じられないような気風が漲(みなぎ)っていたのである。

研究者の驕(おご)りもきわまれりという感があるが，学問の進行経過をみると，このように考えられたのもある意味では無理からぬことであった。

力学，熱学，波動学，電磁気学など，すべて基礎になる法則が微分方程式の形で与えられ，十分に発達した微分学・積分学は数学者によって解かれ，あるいは公式化され，物理現象は少しの自己矛盾もなく完結したものとして記述された。

学問に終点はない，それこそエンドレスであるというのが何時の世でも真理なのであろうが，そのことを忘れさせるほど，当時の物理学の完成度は高かった。そしてこの完成された（と思われた）物理学を，現在では古典物理学と呼ぶのである。

それでは，古典の次には何が来たのか。言葉の綾（あや）だけだったら近代物理学ということになろうが，これは少し違う。古典物理学の反対語は量子物理学といったほうが正しい。

確かに古典は近代へと移り変わったが，完成された古典をひっくり返したのは，量子という概念（というか実体）であった。ここに量子論あるいは量子力学がいかに画期的なものかが，クローズアップされることになる。

とにかく「とびとび」

前おきはこのくらいにして，いったい量子とは何だろうかを考えてみる。物理学で（というより漢字で）「子」というのは「小さなもの」の意味だから，量子とは物理的な量（あたい）をもった粒ということになる。だが，そういう翻訳語をいくらつついても始まらない。というのは，もとの英語のquantun（クァンタム）も何となく上手くつけた名前……という程度のものにすぎないからだ。

量子とは，広く解釈すれば，量として連続的ではなくとびとび（これを離散的という）のものだ，との主張である。現在はやりの言葉でいえば，アナログでなくデジタルであるということになるだろうか。古典物理学は物質ばかりか光のような波動でさえも，連続体——つまりはどこまでも小さく細分していくことが可能——と考えたのだが，量子論ではこれをとびとびだとするのである。

マックス・プランク（1858～1947）。1874年，ミュンヘン大学で熱力学の研究に着手し，のち，ベルリン大学教授。熱放射の公式の根拠として，1900年，量子仮説を導入。1918年，ノーベル物理学賞を受ける。アインシュタインを早くから評価していた人としても知られる。

それでわかった，物質を細分化していくと最後には原子になり，その原子が何個か集まって分子をつくっている，という原子説や分子説が量子論の始まりか，と思われるといささか困る。もしそうであれば，イギリスの化学者ドルトン（1766〜1844）やイタリアの化学者アボガドロ（1776〜1856）が量子論の創設者と言われていてもいいはずだ。しかし，ドルトンもアボガドロも量子論以前の人々ということになっている。やはり量子論の意味は，もっと絞ったものにしてやらなければならない。

狭義の量子論とは，「エネルギー」をとびとびだとみる思想である。いや思想ではなく，事実がそうだというのである。

「もの」がとびとびだということはかなりよく理解できる。この目で確めたわけではないが，物質には分子とか原子とかの終点があることには——学校で習ったせいもあるが——それほどの違和感はない。しかし，「エネルギー」がとびとびだといわれても，なかなか普通にはピンとこない。

話は一般論よりも，具体的に考えた方がわかりやすいだろう。ものが高い所にあること，速く走ることなどは代表的なエネルギー（のかたち）である。そうして，これらのエネルギーがとびとびであるということは，高さでいうと階段状的な，あるいは，ひな壇的な高さしか存在しないということである。走るについても，これとこれの速さで走るのはいいが，それらの中間値で走ってはいかん，というのが量子論である。

とにかく，これは考えにくい。階段の中途だって（そこに半段をつくれば），半段の場所にいてもいいではないか。きめられた速さでなく，その中間的な速さで走ってもいいではないか……と，つい言いたくなる。ところが自然界のごく小さな領域に入るとエネルギーにも最小単位がある，と主張するのが量子論である。中間の高さもなければ，はんぱの速さも存在しない。なぜそうなっているのかと言われても，ともかくそうなっているのだから，と答えるしかない。

自然界を実験事実のいうとおりに素直に認める，というのが科学の基本精神なのだから。

量子論の都合よさ

では，エネルギーがとびとびであると考えると，どのような現象が説明できるのか。このことは「量子力学はどのようにして物理観を変えたか」の根本的な説明になり，古典物理学の三大破綻を見事に説明するものである。くわしくは後に述べることにして，ここではその三つを簡単に列挙しておく。

① 熱い黒い物体から出る熱線を，たんなる波動ではなく，とびとびのエネルギーと仮定すると（つまりエネルギーの弾丸のように考えると），どの波長の熱線がどれくらいたくさん飛び出すかが，画期的な正確さで計算できる。

② 固体原子などは熱のために単振動（簡単なサイン・カーブで表せる運動）をしているが，単振動のエネルギーをとびとびだとすると，物質の比熱がなぜ低温で減少するかの理由がきわめて正確に説明できる。もし単振動のエネルギーを連続的に「どんな値でもいい」としてやると，比熱減少などという事実は絶対に説明できない。

③ 原子（特に簡単な水素原子の例で調べるのがいい）について，その中央に重い原子核があり，周囲を電子が公転していると考える。このとき公転する電子はプラスの運動エネルギーとマイナスの位置エネルギーを持っているが，トータルのエネルギーはマイナスである。マイナスはいいとして，電子のエネルギーをとびとびでなければいけない，と強引にきめてやると，電子は有限の階段の間だけでとび移り，中間的な場所（ビルにたとえれば中二階とか半地下など）には存在しない。そして，ピョンと飛び移るさいに出入りするエネルギーの量は，実によく実験事実と合うのである。いわゆる（電子の）輝線スペクトルが説明できる。

以上の①，②，③をいきなり解説していくことは，量子力学を初めて勉強する人にとってはあまりに唐突であろう。ことの内容をもっとくわしく説明し，結局，なぜ古典物理学はだめになったかの理由から説明しなければならない。

そのため，①②③の話は大がかりにもなるから後に回して，量子論は古典論とどう違うのか，その違いは対象が小さいためか，あるいはもっと別の本質的な理由からかの根本問題を，例にもとづいて，ゆっくり説明していくことにしよう。

場所と様子を示すには

量子論が量子論としての価値をもつゆえんは，「小さな事柄」が，「大きな事柄」をそのまま縮小したものとは質的に違うからである。といっても，何かわかりやすい例をあげなければならない。

大きさがあって，しかも硬くてその形の変わらないものを，力学では剛体と呼んでいる。べつにむずかしく考えなくても，石でも灰皿でもボール（ただし変形しないとする）でも，みんな剛体である。さて，この剛体の「ありさま」を表すには，いくつの変数が必要か。

この世は縦，横，高さのある3次元空間だから，東西にどれだけ（これを x で表す），また南北にはどれほど（y），高さはなにほど（z）という3変数が必要である。数学者はこんなとき，必要にして十分な変数は3個だ，と正確を期したややこしい表現をする。

ものが質点（大きさがなくて質量のみ）ならば，位置を現すには，これだけで十分である。

ところが剛体では，重心の位置（x, y, z）を述べただけでは，物体のありさまを正しく表現したことにはならない。その物体がどちらを向いているかを言わなければならないのだ。

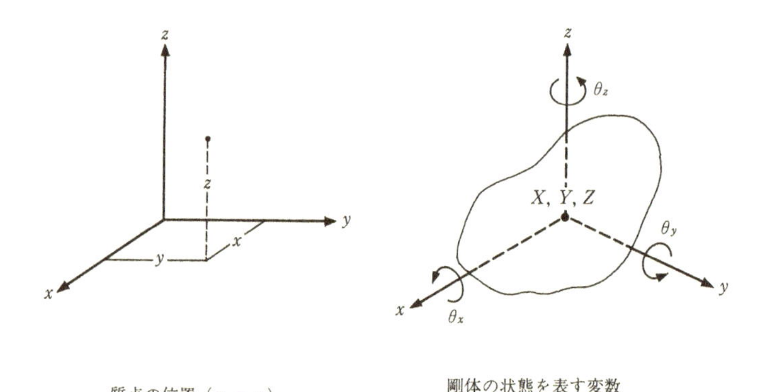

図1.1　必要にして十分な状態変数

つまり重心の場所がきまっても，その剛体が，重心を通る軸のまわりに回転すれば（こんな回転を，わかりやすく自転という），その物体の——広い意味での——位置が変わる，と考えるのである。

それでは，重心は動かないものとして，物体をただ回した場合（自転させた場合），いくつの変数を必要とするのか。

まず，軸の方向として東西（x），南北（y），上下（z）の3方向を考えなければならない。そうして，それらの軸のまわりにどれほど物体が回転したかを言ってやって，初めて物体の傾き加減がきまる。

たとえば斜面を転がる円柱の場合には，軸はつねに（たとえば教科書などに描かれているときは）紙面に垂直な1本きりだから，回転についての変数は回転角1つでいい。しかし，空間の中で全く無作為に回転するものについては，3つの変数（たとえば θ_x，θ_y，θ_z などと書く）が必要にして十分なのである（図1.1）。

逆の言い方をすると，剛体が空間を走りながらクネクネと回っているような場合でも，重心の位置（x，y，z）と，その剛体が x，y，z 軸のまわりにどれほど回転したか（θ_x，θ_y，θ_z）をいえば，どんなにクネクネが複雑であっても，最終状態ははっきりときまるのである。もっとも，回転のほうは，いずれも360度（これを 2π ラジアンという）まわれば，最初と全く同じ状態に戻ることはすぐにわかる。

エネルギーも6成分で

以上の6つの要素は力学系の自由度といわれ，教科書にも書いてあることではあるが，ここで問題にしたいのは空間中の物体の運動エネルギーである。まったく初歩的な内容は省略することにして，物体の並進の運動エネルギー（重心の移動による動きのエネルギー）は，x，y，z の3成分の速度をそれぞれ v_x，v_y，v_z とし，質量を m とするとき

$$E = m({v_x}^2 + {v_y}^2 + {v_z}^2)/2 \quad (1.1)$$

となることは既に知られている。要は，その剛体の3方向の成分ごとの運動エネルギーの和は，つねに式（1.1）のように書けるというのである。

ところで剛体については，これ以外にも運動エネルギーのあることを忘れてはならない。回らずに走るものより，回りながら走るもののほうがエネルギーが大きいのである。たとえば，われわれが野球のボールを投げたとき，それは並進的には放物線を描くが，必ず回転もしており，同じ速度でもボールごとにエネルギーは違う。

ボールに指をかけ，それに力を及ぼすとき，けっして均一というわけにはいかないだろう。ボールが回転すれば，まわりの空気を摩擦によって巻き込んで，進行方向に対するボールの両サイドの抵抗が違ってくる。流体力学ではこれをマグヌスの効果と呼ぶが，カーブとかシュートとかはこのマグヌス効果によって生じるものである。これをコントロールできるピッチャーが変化球投手だと言ってよかろう。

ただし一般に，軽いボールとはよく回転しているものを言い，重いボールとは回転の少ないものだとの話である。そうして重いボールを思い切り叩いても，ボテボテの内野ゴロになるのだが，なぜ回転ボールを打つとよく飛び，回転を押えたボールは飛ばないかを，理論的に説明するのはむずかしい。

変化球の話を進めるわけではない。回転のエネルギーは，x，y，z 軸のまわりの慣性モーメントをそれぞれ I_x，I_y，I_z とし，その軸のまわりの角速度をそれぞれ ω_x，ω_y，ω_z とすると

$$E = I_x\omega_x{}^2/2 + I_y\omega_y{}^2/2 + I_z\omega_z{}^2/2 \qquad (1.2)$$

となる。

ここで慣性モーメントとは，回しにくさ（あるいは自転しているものの止めにくさ）を表す量であり，物体に対して軸を指定して初めて定まる値である。くわしくは力学で学んで頂きたい。角速度は習慣的に，ギリシャ語アルファベットの最後の小文字オメガ（ω）で表すことになっている。

さて式 (1.1) と式 (1.2) とを比べるてみると，大変よく似た形式になっている。（並進の）質量 m に相当するものは（回転の）慣性モーメント I であり，速度 v に該当するものが角速度 ω となっている。両方とも3次元空間では3つずつの成分を持ち，両者を合わせて，物体の力学的自

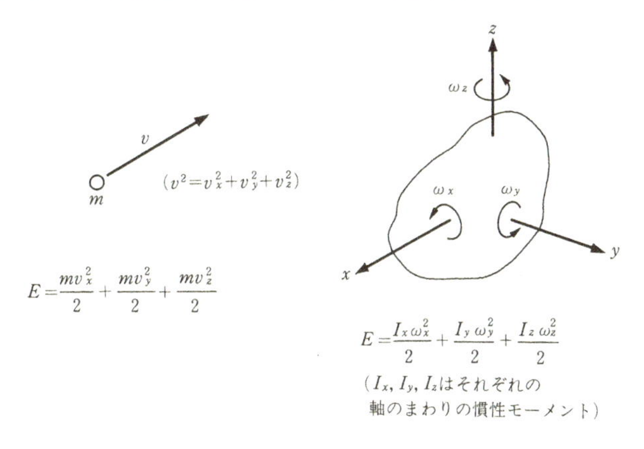

図 1.2　運動エネルギー（図左が並進，右が回転）

由度が6であるという。

エネルギーに不公平なし

ここで通常の力学は終り，小さなたくさんの粒子を対象とする統計力学，あるいはそれを巨視的な立場から見た熱力学に話を移すことにする。

熱力学については『なっとくする熱力学』などを参考にしてもらうことにして，たとえば分子程度の小さな物体がたくさん空間を走っているとき，エネルギー等分配という法則があることを認めてもらうとしよう。

もちろん，たくさんの粒子の集団を調べるのであるから，系（個々の粒子であれ粒子の集団であれ，注目する対象を系とよぶことになっている）の温度 T はわかっているものとする。ここで温度は絶対温度を使うものと約束しておく。

エネルギー等分配の法則とは，力学系の自由度（自由粒子1個で3，回転まで入れると都合6）の1つに対して——それが並進運動だろうと回転運動だろうと——$(1/2)kT$ だけの平均エネルギーが割り当てられる，という規則である。

等分配の法則などというから「割り当て」という配給制度のような言葉

を使ったが，要は粒子が並進なら１つの方向ごとに，また回転運動ならば１つの軸のまわりごとに，平均エネルギーとして$(1/2)kT$を持つ，ということである。

もっとも，固体原子のように単振動しているものについては，１方向当り，運動エネルギーと位置エネルギーの両方が割り当てられてkTとなるが，複雑な話は割愛しよう。

ここでkはボルツマン定数と呼ばれるもので

$$k = 1.380658 \times 10^{-23}\,\mathrm{J \cdot K^{-1}}$$

という小さな普遍定数である。この定数と温度Tとを掛け合わせたものが，つねに熱的なエネルギーの基礎になるというわけである。

並進運動のほうは，速い粒子も遅い粒子もあるけれども，たくさんの粒子は縦，横，高さの方向にまんべんなく走っているのだから，エネルギーの平均値をとると１方向当り$(1/2)kT$，したがって方向を無視して総和をとると$(3/2)kT$になることは，なんとなくわかる（くわしくは統計力学でのボルツマン分布参照）。

ところで回転のエネルギーについてはどうか。たとえば，粒子が重心に対して対称なら慣性モーメントI_x，I_y，I_zは同じ値となり，とくに問題はない。ところがイビツな粒子だったら，そうはなるまい……と思われる（図1.3）。ラグビー球のような回転楕円体だったら，長軸のまわりの慣性モーメントだけが小さい。また円盤のように皿状の粒子だったら，皿の面に垂直な軸のまわりの慣性モーメントだけが大きく，他の２つは小さい。だから３つの方向軸のまわりの回転エネルギーに対し，同じ量の配給$(1/2)kT$は不公平ではないか……という気がする。

しかし，（古典力学的な立場から論ずると）これは決して不公平ではない。へんてこな形の粒子が飛び，同時に回転しているとき，回転のエネルギーはどの軸についても同じだ，とみなしてよいのである。

ラグビー球をもっと極端にしたようなものが自転するときは，長軸のまわりの回転エネルギーだけが小さいではないか（慣性モーメントが小さいから），と言いたいところだが，そうではない。かりにこの小粒子が熱平衡にあったら，どうなっているか。熱平衡については『なっとくする熱力学』『なっとくする統計力学』で詳述したが，変な形状——ラグビー球，さらには棒状のもの——の小粒子の場合はどうなのか。

そのときは，慣性モーメントの小さな軸のまわりは，ものすごく大きな角速度で自転しているのである。そして，これに垂直な 2 つの軸のまわりの自転は，それほど激しくない。要は，棒状の物体は棒軸のまわりを容易に自転するから，じゃんじゃん回ってしまうのである。一定温度の中にしばらく浸しておけば，多粒子系の粒子は必ずそうなってしまう。熱平衡というのは，このような状態をいい，どんな物質でも時間さえたてば，必ず熱平衡の状態になるのである。

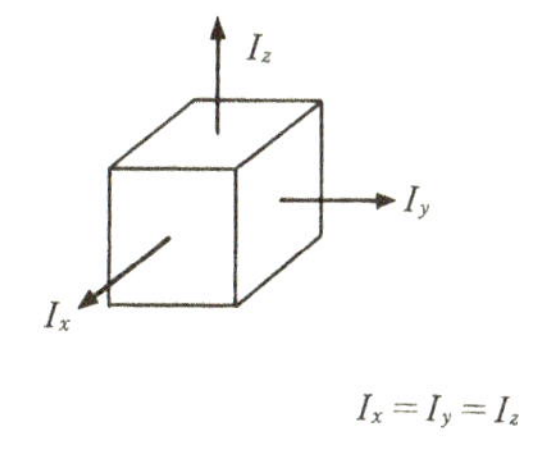

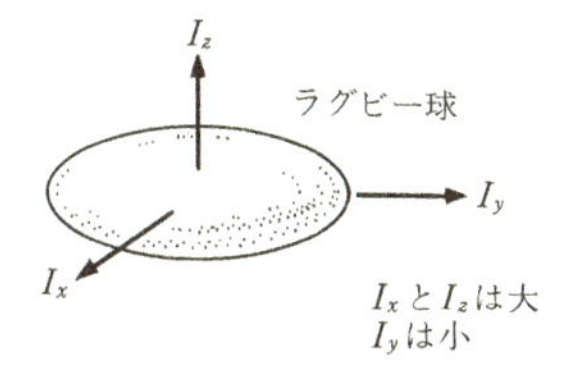

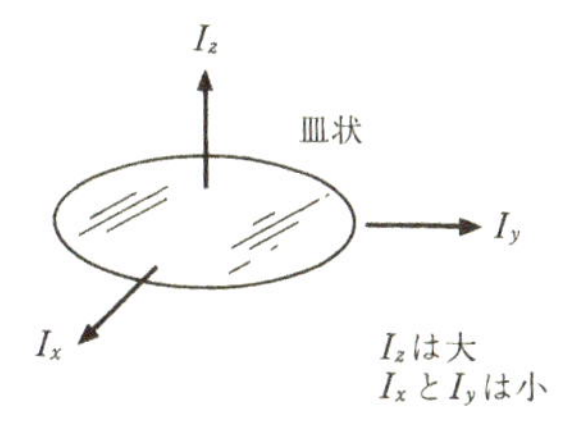

図 1.3　慣性モーメント。矢印は，その方向の慣性モーメントの大きさを示す。

棒を無限に細くすると……

慣性モーメントの相違にずいぶんこだわるようだが，この先，量子論の一例を理解して頂くために，なお続けなければならない。

さて棒状の物体（長軸方向を z としよう）をどんどん細くしていく。回転エネルギーは式（1.2）に示したように

$$E = (1/2)(I_x\omega_x^2 + I_y\omega_y^2 + I_z\omega_z^2)$$

であるが，I_z を極度に小さくしていったらどうなるか，の話をしている。

これまでの結論では，I_z が小さくなれば ω_z^2 が大きくなるというふうに両者の増減は相殺し，上式の第 1 項，第 2 項と同じく第 3 項も平均的に $(1/2)kT$ となるはずである。

そしてその棒を細く細くして，とうとうI_zをゼロ（棒の肉を削って骨だけにするということか）としたらその極限では……。

実は，こうした場合に「極限」などという概念を持ち込むのは数学者であって，物理屋（現実主義者）にとっては，まことにわかりにくい。とにかく物理学では，剛体の自由度は形態のいかんにかかわらず6であり，1自由度あたりのエネルギーは等分配の法則により（1/2）kTとなる。

棒を無限に細くしていったら，慣性モーメントも無限に小さくなる。無限に速くなる角速度がこれを相殺する……というのが数学的形式論だと述べた。

別の例をとりあげよう。下図の折れ線ABC (a) の長さは$\sqrt{2}\ell$であることはすぐにわかる。それでは頂点を2つ持つ折れ線bの長さは……これも$\sqrt{2}\ell$である。頂点4つの線のcの全長も，当然$\sqrt{2}\ell$となる。それでは無限に頂点のある折れ線の長さは——これも$\sqrt{2}\ell$である，というのが数学的結論であり，それはそれでよろしい。無限に直線に近いが，その実，どの線分も45度の方向をむいており，足し合わせたら，直線のℓではなく，折れ線の$\sqrt{2}\ell$になる。

この論法をそのまま踏習すると，棒が無限に細くても——したがって慣性モーメントが無限に小さくても——棒の軸のまわりの回転エネルギーは$(1/2)kT$でなければならない。

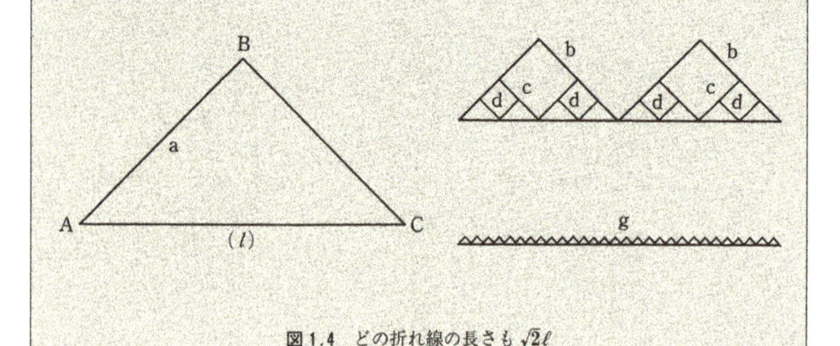

図1.4　どの折れ線の長さも$\sqrt{2}\ell$

さて，図1.4に戻り，無限に細かな折れ線にしたとき，本当に長さは$\sqrt{2}\ell$か。いや「無限に」細かい折れ線などというものが，この世に存在するのだろうか……と極めて現実的な立場に立つのが物理学だと思う。数学のように形式論をとことん押し進めると「フラクタル」などという学問が発生（?）するわけであり，正三角形のなかに無限個の小さな正三角形を描いていく，というような場合，折れ線全体は1.5849……次元という不思議な結論に到達する。これは，描かれた図形を電子顕微鏡か何かで，どんなに拡大して見ても，もとと同じような三角形がいっぱい……という不思議な仮定から出発した理論である。

フラクタルについては，数学書を参照して頂きたい。要は，いくら小さく分割しても，百兆分の1，千兆分の1にしても，依然としてもとのままの性質がそのまま残っている，というのが数学一般の考え方になっているということである。

図1.5　フラクタルの一例。シェルピンスキーのギャスケット。無限に多い正三角形である。

しかし，物理学はこのような形式論とは違う。現実の自然界はどうなっているかを実証的に調べる学問である。そうして小さく小さく分割していったその先は――フラクタルとは違って――全く思いもしなかった事態になることが発見されるのであり，その思いもしなかった事柄こそ，科学の新分野としての量子論である。

小さくしていったその極限は……の問題として，話の途中であった回転エネルギーを再度考えていく。古典物理学によれば，たとえ小さなものであっても，回転（もちろん自転のこと）には3方向の軸があり，それぞ

れが $(1/2)kT$ だけのエネルギーを持っているから，合計で $(3/2)kT$ となる。ここで $(1/2)kT$ はあくまで粒子1個あたりの平均値ではないか（だから観測だって困難ではないか）というなら，多数粒子（1モル）の総合エネルギーをみればいい。

アボガドロ数を N とすると，気体定数 R とボルツマン定数 k との間に $Nk = R$ の関係があり

$$R = 8.314510 \quad \mathrm{J \cdot K^{-1} mol^{-1}}$$

だから，1モルの気体分子の全運動エネルギーは，並進と回転とを合わせて，つねに

$$E = (3/2)NkT + (3/2)NkT = 3RT \tag{1.3}$$

でなければならない。ただし古典力学が通用すれば……の話である。

串ダンゴは語る

さてここで，ダンゴ状の分子，たとえば水素（H_2），窒素（N_2），酸素（O_2），あるいは玉が3つの二酸化炭素（CO_2：O＝C＝O）を考えてみよう（図1.6）。

これらはきわめてポピュラーな気体であり，簡単に手に入るから，実験も容易である（と言っても個人で調べるわけにはいかない。大学とか研究所とかの施設を使えばたやすいという意味である）。

ダンゴの重心を通る軸はダンゴ軸に垂直な方向に2本，ダンゴ軸（串）そのものが1本で計3本であり，

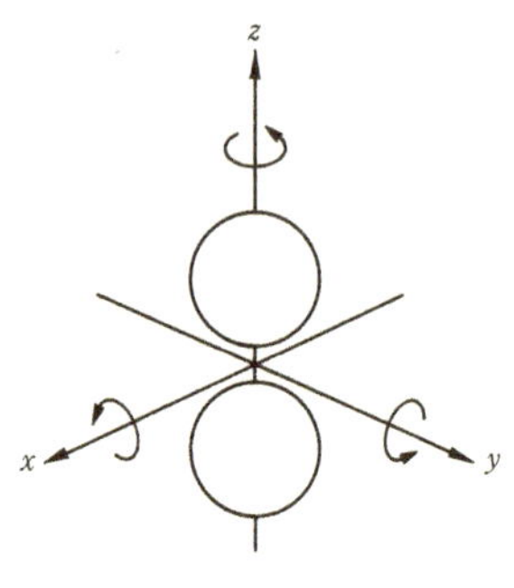

$$E = \frac{I_x}{2}(\omega_x^2 + \omega_y^2) + \frac{I_z}{2}\omega_z^2$$

図1.6　ダンゴ状分子の回転運動エネルギー(E)。対称性により I_x と I_y は等しい。

3方向に回転する。

慣性モーメントは，ダンゴ軸のまわりのもの（I_z）は他の2つ（I_xとI_y）と比べてずっと小さいが，慣性が小さければ熱平衡の理論に従って速く回っているはずであり，要は回転の自由度が3，したがって分子の回転の全エネルギーは$(3/2)kT$であり，巨視的に（分子・原子のような小さな――微視的な――立場にとらわれず，ものを通常のスケールで見て）1モルの分子があるとすれば，回転だけのエネルギーは$(3/2)RT$となるはずである。慣性モーメントI_zだけは，I_xやI_yに比べてぐっと小さいが，このことが等分配の法則をこわすものではない*ことは先述した。

混合気体の並進運動のエネルギーを考えてみる。かりに軽い水素(H_2)と重い窒素(N_2)とが熱平衡にあるとしよう。熱平衡だから両者の速度分布あるいは平均の速さは同じだ，と熱学を知る人は，かえってこのように思いがちである。熱平衡＝エントロピー最大＝両者は完全にまざっている＝だから平均の速さも同じ，という図式から来るのだろうが，これは違う。速さではなく運動エネルギー（$mv^2/2$）の平均が同じなのである。水素は軽い。だから速度のほうで頑張って，窒素よりもずっと速く走って，両者は初めて肩を並べるのである。

ちなみに，15℃における分子の速さの，2乗平均の平方根は，H_2で1,888 m/s，N_2で506.5 m/sだといわれる。要は，軽い水素は速さのほうでかせぐしかなく，混合して十分時間が経過すれば，上記のような値になることを言いたかったのである。窒素が遅く，水素が速い状態が最もよく混ざっているわけであり，エントロピーの大きな状態である。

というわけで，ダンゴの串の慣性モーメントI_zは小さいが，これについては角速度でカバーして，3軸とも同等権利，ということになりそうである。ノーマルな古典的思想ではそうなりそうだが，実際にはそうはならなかった，そこが量子論だ，ということをこれから述べ

* 古典的熱学でも，量子論的思考の導入なしに，対称的なものの自由度はないものとして計算している。くわしくは『なっとくする熱力学』P.177参照。

ようとしているのである。

理屈より事実

百の議論よりも一つの事実というのが自然科学の方針である。二原子分子1モルのエネルギーは……というよりも，エネルギーの絶対値は測るのがむずかしいから，それを温度 T で微分した（ただし体積一定のまま）定積比熱 C_V（正しくは定積モル比熱）

$$C_V = \mathrm{d}E/\mathrm{d}T \tag{1.4}$$

を測定するのが常道である。

微分というのは，馴れない人にはやたらにむずかしく感じられるが，要は，系の温度を1度上げるのに何カロリーの（SI 単位でいうと何ジュールの）熱を（もっと一般にはエネルギーを）与えなければならないのか，を測ればいい。

これは簡単な操作によって，すぐに結果が出る。そして理論式（1.4）と比べてみて，理論が正しいか正しくないかを判定すればよい。

さてダンゴ形分子の比熱は(もちろん並進と回転との総合で) $C_V = 3R$ になるはずである(比熱はエネルギーを T で微分するため $E = 3RT$, $\mathrm{d}E/\mathrm{d}T = 3R$ になる)。ところが実験ではそうはならなかった。比熱は3Rでなく(5/2)R となった。そこで量子論の出番なのである。

いきなり量子論を持ち出されても戸惑うかもしれない。しかし量子論では二原子分子(CO_2 のように一直線の分子なら同じこと）の回転エネルギーは(3/2)kT ではなく，kT（つまり 2/2 kT）なのである。

とすると，3軸のまわりの回転のうち，ダンゴ軸のまわりの回転エネルギーだけがゼロ（仮にダンゴ軸以外の2軸のまわりの回転エネルギーをゼロと考えると，$I_x = I_y$ から，この分子の全回転エネルギーは (1/2)kT となってしまう）と考え，したがって，それに由来する比熱(1/2)k も「なし」と思ってよいのだろうか。

一つ一つの分子が回っているかどうかなどわかりはしないが，$N = 6$

×10^{23}個（1モル）も集った気体分子では，全体の比熱は正しく観測され，十分確かな結論が出される。

観測の結果，やはりダンゴ軸には回転エネルギーはないと結論するほかなかった。では，ダンゴ軸のまわりの慣性モーメント I_z があまりに小さいために，この軸の回転エネルギーはなかった……と解釈してよいのか。

そう解釈してはいけないことは，すでにフラクタルその他の例でさんざん見てきた通りである。通常の力学では，ダンゴは軸のまわりを回転するのであるが，原子・分子のような小さなものについては，「この回転」はないのである。

何回も説明してきたように「あって当然」なのに実際には「ない」。では小さな対象となると，そんな妙な話になってしまうのか。その通り，大きな物体の場合とは本質的に違ってくるのである。

なぜ違うのかと詰め寄られても困る。それが，観測される自然の姿である。そうして，この自然の姿を示すのが量子論なのである。

常識的解釈が通じない！

慣性モーメントが無限に小さい（数学的概念では，無限に小さくても自転は存在した），と考えてはいけないし，分子はダンゴ軸のまわりには回転しないのだろう……というような常識的な解釈もしてはならない。二原子分子（あるいはまっすぐな二酸化炭素など）がダンゴ軸のまわりを回るという「発想法」がないのである。回るということがナンセンスなのである。これを専門用語で表すと「対称的」という。

分子が軸の周囲360度にわたって対称だということは，そこには右上とか左下とか，1時の方向とか7時の方向とかの「分類」がないのである。頭の中でいくら回してみても，実際にはそれは回ったという意味を少しも持たない。

普通のダンゴであったら，上の方の玉にキズがあるとか，下の玉の一部にタレが少ないとかの「区別」がある。当然，それは回せばわかる。ところが分子では，回してもわからないのではなく，回すということが意味をなさない。その意味をなさなくするようなものが量子論的な分子なのである。

常識とは質的に違う事柄であるから（けっして量的な相違ではない），これについては全く新しい力学を適用してやらなければならない。この力学のことを量子力学と呼ぶのである。

回転を知らない世界

二原子分子の場合，もしかしたら回転の1自由度当りに分配されるエネルギーは$(1/3)kT$になるのではないか（それなら全回転エネルギーはkTとなる），との疑問が湧くかもしれない。しかしそれも違う。対称性という概念は極微の世界ではきわめて重要な意味を持っており，（たとえ回してみても）もとと全く同じであるなら，回すということが無意味である，と結論するのである。

その証拠には，一原子分子であるヘリウム（He），ネオン（Ne），アルゴン（Ar）などの分子（原子といっても同じこと）は全く球対称であり，その1モルの運動エネルギーは並進だけの$(3/2)RT$であり，回転エネルギーは全くない。

通常の物体なら，バレーボール，野球，ピンポン玉，ビー玉のいずれの大きさのものでも，たとえ十分に磨いてまん丸くしても，投げれば必ず回転する。しかも3軸のまわりに多かれ少なかれそれぞれ自転するはずであり，回転のエネルギーを持つことになる。

ところが，一原子分子にはもともと回るという発想がないのである。おかしな言い方になったが，このような微視的な球対称のものについては，回転する……という事柄は**ない**，と教えるのが量子力学である。そしてその（何よりも確固たる）証拠は，モル比熱が$(3/2)R$になることである。

水蒸気分子（H_2O）は「く」の字型に曲っている。ダンゴ軸のようなものはなく，3軸の周囲に自転するはずであり，事実そのモル比熱もほぼ$3R$——並進$(3/2)R$と回転$(3/2)R$との和——である。これに対し，繰り返すが，一原子分子には回転は全くなく，二原子分子では1方向の軸の回転だけがない，という（奇妙な）事実をとり扱うのが量子論であり，それを数学的にしたのが量子力学である。

巨視的には熱力学で，微視的には統計力学で学ぶが，断熱変化の場合，圧力 P と体積 V との関係は PV^{γ}＝一定である。ここに γ は比熱比と称されるものであり，$\gamma = C_P/C_V$ である。そうして定圧比熱 C_P と定積比熱 C_V との差は，$C_P - C_V = R$（ただし1モル当り）ときまっている。そこで C_V の値だが，一原子分子なら $C_V = (3/2)R$ だから $\gamma = 5/3$，二原子分子なら $\gamma = 7/5$，H_2O のように回転の自由度が3のものは $\gamma = 4/3$ となり，ほぼ実験値と一致している。そうしてそれは，自由度の数だけエネルギーが等分配されるため，と解説されている。もちろん，それはそれで正しいのだが，なぜ一原子分子の回転はゼロ，二原子分子は2軸のまわりで，また対称性のない H_2O などは3軸について分配があるか……は説明されていない。

これは……説明せよというほうが無理である。小さな世界はそうなっているのだ，と理解するほかはない。比熱比の値が，さらには P と V との関係が上述のようになる，ということがその動かぬ証拠である。むしろこの事実から，極微の世界の不思議さを探しだす，という態度が重要であり，量子論はこんないきさつからもでき上がっていった，と考えたほうがよさそうだ。

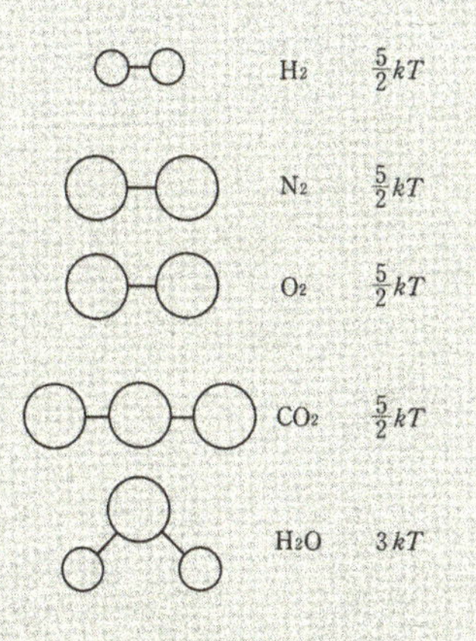

図1.7　等分配の法則による各分子の運動エネルギー（回転と並進の和，振動は省く）

シミ・ソバカスは量子論のたまもの（?）

量子論というのは物理学の特殊部門であり，力学や熱学と違って特別な場合（たとえば研究対象がきわめて小さいとき）だけに現れる特殊現象に用いる，と一般には思われている。

たしかに今世紀における物理学の二大革命である相対論のほうは，とんでもなく速く走る物体だけに適用されて，日常の事柄にはあまり現れてこない。だからこそ，かえって謎めいてくるわけであるが，いま一つの量子論のほうは，小さい対象に適用されるのはもちろんだが，日常生活に必ずしも無関係ではないのである。

熱学で，熱の伝わり方には熱伝導，対流，放射の3種類があることを習う。最後の放射について考えてみよう。

電波発進器に周波数の高い交流電流を流してやると，そこからは電波が発せられる。しかし，発信源がそのように機械的なものでなくても，ただ熱いだけの物体であっても，やはり放射が出てくる。熱いということは，その発信源の中で分子や原子がすばやい振動的な動きをしているということであって，要は発信器と理屈は同じである。ただ，出てくる放射の波長は電波よりもはるかに短い（周波数でいえば，うんと大きい）。その短波長の放射線を皮膚に当てるとき「熱い」と感じ，もっと短波長のものは眼球に入って視神経を刺激する。すなわち可視光である。

さらに発信器を特殊な装置にするとX線が放射され，放射性元素を発信源とすればガンマ線その他が出てくる。そうして，電波からガンマ線に至るこの放射線は，質的にはすべて同じものであり，これを電磁波と呼ぶ。

波長が100～1μm（マイクロメーター：1メートルの100万分の1）程度のものを熱線，このうち短波長で可視光線に近いものを特に赤外線と呼ぶが，ここでは熱線を中心とした電磁波のエネルギーを考えてみる。

波動には一般に媒体があって，それが波の進行方向に振動して（これは縦波），あるいは進行方向と垂直に振動して（これは横波，2方向にゆれる），波が伝わる。媒体の密度をρ（ロウ），波の速度をc，振幅をa，振動数をν（ニュー）（$\nu = c / \lambda$：λ（ラムダ）は波長）とするとき，若干の古典的計算の後，単位時間に単位断面積を通過する波のエネルギーIは

$$I = 2\pi^2 \nu^2 a^2 \rho c \tag{1.5}$$

となることがわかる。

ここで注意したいのはIが，振幅の2乗と振動数の2乗とに比例していることである。一般には，海の波でも固体中の波(地震なども，その一例)でも，繰り返し繰り返しやってくる場合，振幅が大きいのも振動数が大きいのも（つまり，波長が短い)，どちらも「同じように」エネルギーの大きな波として感じられる。

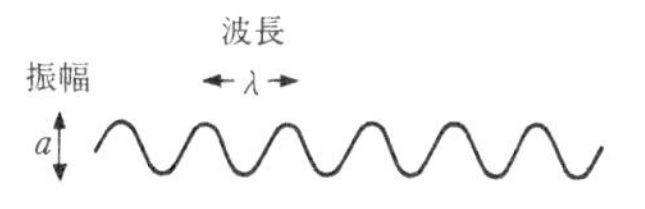

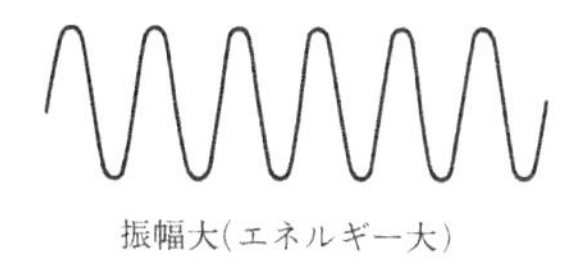

振幅大(エネルギー大)

振動数(周波数)大
(エネルギー大)

図1.8 波動のエネルギー

ただし音波の場合は，耳に聞こえる音の大きさは必ずしもエネルギーに比例しているわけではない。これについては実験結果がかなりまとめられていて，1,000ヘルツ程度のものが，同じエネルギーでも最も大きく聞こえ，低周波になると聞きとりにくくなる。くわしい結果は理科年表（東京天文台編，丸善刊）を見て頂きたい。

電磁波でも長波長の電波，さらに通信用の波長がメートル，センチ，ミリ程度のものは正確さ（つまり雑音の入らないこと）が求められて，空中を走るエネルギーはそれほど問題にされない。とにかく受信器が発信器と同じ信号を受けさえすれば，あとは自分の電源で信号を相似的に拡大し，音でも画面でも「もと」とそっくりに再生できる。日本の精密工学のお家芸ともいえる分野である。

ところが熱線や光線のように，数マイクロメーターの波長の電磁波である場合には，エネルギーが問題になる。放射線がどのくらい熱い（あるいは暑い）か，どれほどまぶしいかがわれわれの生活に大きく影響する。そうして熱源から出る熱，光源から出る光は，普通には（方向性をもたせなければ)，熱源からの距離の2乗に反比例して小さくなる。ただし波動エネルギーは振動数の2乗，そして振幅の2乗に比例することは，式(1.5)に示したとおりであり，一般にはどちら（振動数か振幅か）が大きいから強い放射線なのかは，古典波動論では直接にはわからない。

ただし受信スペクトル（たとえば光ならプリズム）を見れば，やってくる波長は（したがって振動数も）量的にきわめてはっきりとわかる。そこで一つの面が受ける熱や光の全エネルギー（これが実はあまりはっきりとしないことが多いが）から，振動数の2乗ぶんを引いたものが，振幅の2乗に相当するぶんであろう，と推察することはできる。

式(1.5)に従ってくどくどと述べたが，要は放射線のエネルギー（つまり太陽の直射光線とか，たき火による暖かさとか）というものは，古典論ではどうも判然としたものではない，と言いたかったのである。放射線が強かったり，光が明かるかったりするのは，波長が短いためかもしれないし，振幅が大きいためかもしれないが，そんなことはどちらでもよかった。式(1.5)のように ν^2 と a^2 との影響によるものであることは，式の上では一応判然としているが，現実的には熱放射線は熱いのであって，それ以上のせんさくをしても仕方がない，という考え方が主流であった。

ところが量子論になると，放射線のエネルギーを，何でもかでもコミにして強いというのではなく，振動数に相当するぶんとそれ以外の要素とに分けて考えなければならない，ということがはっきりしてくる。一見して古典論をいじっているにすぎないような感じもするが，量子論というものはこのあたりをはっきりさせて，しかも，かなり日常生活にその影響がみられる，ということを述べたいのである。

筆者の個人的経験であるが，大学（旧制度）の2年生のとき，朝永振一郎教授の「量子力学」の輪読があった。学生時代の授業の内容などはほとんど忘れてしまうものであるが，一つだけ覚えているのは，「夏の暑い日に，30分も海岸で肌をさらせば黒くなる。ところが冬にストーブを焚いてそれに2時間，3時間も当っていても肌がどうこうなるものでもない。要はこんな身近なところに量子論はあるのだ」

との話であった。この話は朝永博士が量子論のキー・ポイントとしている話で，実は同氏著『量子力学Ｉ』（みすず書房。P.57）にも書かれている——ただし著書のほうは，太陽に５分間さらされても……となっている——。筆者はこの話を聞いたとき，日に焼けるのは当り前であり，ストーブの熱に当るのとはわけが違うから，不思議でも何でもないような気がした。

しかし朝永博士は放射熱の質について強調しているのであり，量子論の身近な例として，海岸とストーブの話が最もわかりやすい，と考えておられたことをだんだんと知るようになった。逆に言うと，身近な量子論の例は他にあまりないということであろうか。放射熱（光）の質については，後にくわしく述べるが，グループで高山を歩いたとき，ある女性の美しい顔の肌に（こんなことをいうべきではないかもしれないが）一面にソバカスができたのを憶えている。１日のうちに驚くべき速さで顔面に現れたのを見て——もちろん口には出さなかったが——朝永博士の指摘は本当だなあと痛感したものである。女性がもし，直射日光がシミ，ソバカスの敵だと思うなら，それは量子論のせいだと思って頂きたい。もっとも，こんな結論を下すと，量子論は女性からは徹底的に嫌われる危険があるのだが……。

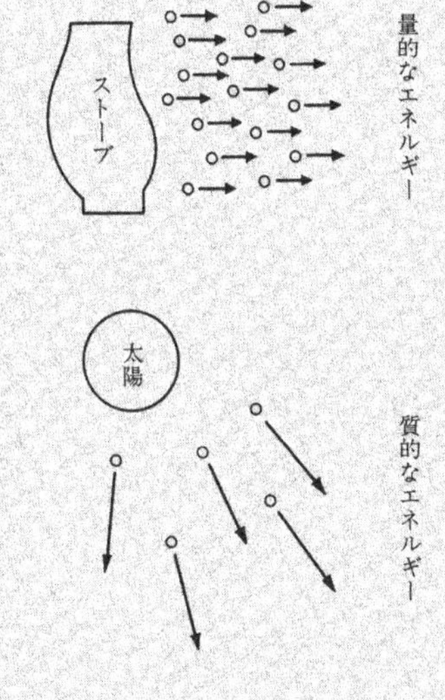

図1.9　放射エネルギーには質と量とがある。

「時間さえかければ」の古典論

量子論が出現する以前の科学では（実際には量子論が現れたわけではない。昔は研究する人間がそれに気づかなかっただけである），物質も，放射線のようなエネルギーも，すべて連続的なものと考えられた。皮膚に当ってシミ，ソバカスをつくるのも，皮膚を黒くするのも，熱線（あるいは可視光線：要するに光のこと）のエネルギーが人体に当るためである。その他，光による種々の化学反応，たとえば緑の葉に及ぼす光合成反応や，写真フィルムでのヨウ化銀の分解（$AgBr \rightarrow Ag^{+} + Br^{-}$，ここで Ag^{+} は動きやすく，現像液に浸されると銀イオンが動いた部分が黒くなる）など，すべて放射エネルギーによって反応は進行する。

そうして放射エネルギーを連続的なものとすると，そのターゲットは，反応が起こるのに十分なだけのエネルギーが貯まるまで待たなければならない。

要するに古典物理学では，熱も光も次々に連続的にやってくるものであるから，時間さえかければ，肌にも写真フィルムにもある程度のエネルギーは貯まる，と考える。つまり時間という要素抜きでは，上記のような諸現象は考えられないのである。

カメラを趣味とする人は，だから露出時間は重要であり，達人になればなるほど時間の読みは鋭い，というかもしれない。しかしその考え方は，基本的には古典的なのである。

量的に推定すると，化学反応を起こすには粒子（原子でも原子でも）1個当り 1 eV（エレクトロンボルト。電子が1ボルトの電位差で加速されて得た運動エネルギー。ほぼ $1\text{eV} = 1.6 \times 10^{-12}\text{erg}$）程度，あるいはその数倍のエネルギーが必要である。

では放射線を受けるほうのエネルギーはどれほどになるか。もちろん熱源（光源）が単位時間に出すエネルギー，熱源（光源）との距離，光学などでは受光する面の傾きが問題になるが，的（まと）が分子のような「粒」であったら正面直射と考えていいだろう。そのほかに古典理論として大切なのは，エネルギーを受け続ける時間と，受ける的の大きさである。

電球の光は見るのに100分かかる？

くわしい計算は避けるが，100ワットのタングステン電球の光度はほぼ100カンデラ（≈キャンドル＝燭光）とみていい。この光が四方八方に広がるとき，10メートル離れて，光線に垂直な1平方センチの面が1秒間に受けるエネルギーが，ほぼ10エルグになる。エルグといっても，なかなかピンとこないだろうが，10^7エルグ（1千万エルグ）が国際単位系の1ジュールであり，粒子1個の化学反応に使うeVとの関係は$1\mathrm{eV} \approx 10^{-12}\mathrm{erg}$であることは先に述べた。

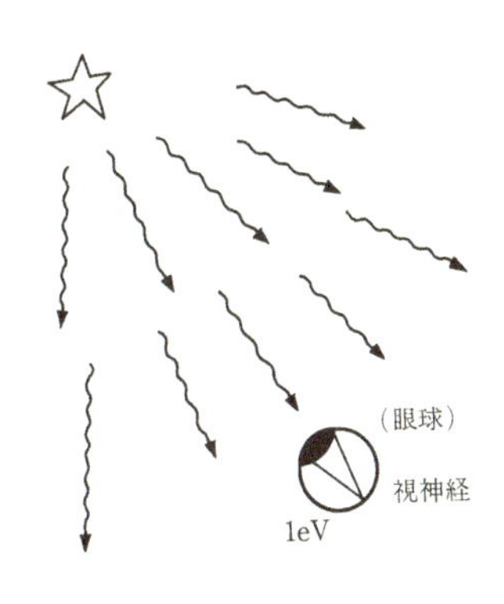

図1.10　遠い星からの光は数分間貯蓄しなければ視神経を刺激しない。

さて光源から10メートル離れた場所で，1平方センチ内には何個の分子があるか。分子の大きさは1Å（オングストローム：10^{-8}cm）であるから，この面内に分子は10^{16}個（1兆個の1万倍）ある。これらが全部で10エルグのエネルギーを受けるのだから，分子1個当りは

$$10 \times 10^{12}\,(\mathrm{eV}) \div 10^{16} = 10^{-3}\,(\mathrm{eV})$$

つまり分子が1秒間に受ける光のエネルギーは，千分の1エレクトロンボルトにすぎない。

光が眼で見えるためには，視神経の分子に対し数eVのエネルギーを与えて，分子の状態を励起させなければいけない。そのためには視神経は数千秒，つまり100分程度，結局は1時間ほどエネルギーを貯めて，初めて100ワット電球が見られる……という馬鹿げた結果しか出てこないのである。光波のエネルギーは立体的にマンベンなく連続的に空間に広がるという古典論にマジメに従うと，こんな結論になってしまうのである。

ただしこの論法（以上は，実はトモナガ論法と呼ばれるのであるが）に

は，反論がないわけではない。眼は，水晶体という凸レンズにより，瞳孔に当った光を小さく絞っているのだから，少ない光でもものが見えるのだと。確かにそのとおりだが，外部の景色を認識する視神経の数は十分に多いはずであり，やはり理論的には10メートル先の100ワット電球が直ちに見える……という結論は，古典波動論からは出てこないのではなかろうか（もちろんこれには，眼の水晶体という凸レンズが，どれほど光を収束するかという生理学的な問題を解決しなければならないが……）。

さらに100ワットの電球を直接見るのは——10メートル離れていても——まぶしく，その反射光を見ているのが生理的にはいい。このように，弱い反影光とか陰の部分とかも瞬時に眼に見えるのは，やはり光波というものが古典波動論とは違って，特別な理論（これが量子論）に従っている，と考えるのが当を得ているように思える。

夜空の星を眺める場合にはもっとはっきりと，この理屈が適用できる。三等星，四等星でなく，たとえ一等星でも，そこから空間に散る光エネルギーを計算すると，地球上の人間の眼に入るエネルギーは桁違いに小さい。だから視神経の分子を刺激できる1eV程度のエネルギーになるためには，星からやって来た光を何年も貯めておかなければならない。ということは，何年も夜空をじっと見続けた後，やっと星が見えるということになる。北極星以外であればどんどん動いていってしまう。つまり光や熱の放射エネルギーをまともに計算したのでは，現実とは合わないのである。

常識の中にも量子の発想

以上は，古典論的に計算したのではどうしようもないという一つの証左であるが，現実には，先にも少し触れたが，放射エネルギーの質の問題を重要事項として取り上げなければならない。

太陽に直射される場合のエネルギーは確かに大きい。晴れた日には1平方センチ当り，毎分2カロリーにもなり，この数値を太陽定数と呼ぶ。したがって1オングストローム（10^{-8} cm）四方の分子が1秒間に受けとるエネルギーは，確かに100eV以上にもなる。だから直射日光にさらされると，シミ，ソバカスができ，肌が黒くなるのだ，と言われそうである。

それも一応，量的に間違いではないが，皮膚への影響などは海岸や高山で特に激しく，同じ日照の場所でも森林浴（ただし日なたにいなければ不公平である）ではそれほどでもない。やや曇った日に，単位面積の受けるエネルギーが森の中で海岸の半分なら，海岸で10分で焼けるものなら，森林浴では20分で同じ状態になるはずである。弱くても時間さえかければ，「強いが短時間」の場合と同じになるというのが古典物理学である。

ところが，赤々と燃えた暖炉の近くで放射熱を長時間浴びたら，トータルとして受けるエネルギーは海岸での10分間よりもはるかに大きい。にもかかわらず，暖炉ではソバカスもできないし，肌も焼けない。

それは，暖炉を焚くのは冬だから，部屋は原則として寒いからだろう，などというのは素人考えであり，ここで問題にしているのは，光(熱)源から直接走ってくる放射エネルギーなのである。暖炉の火の影になる所では寒いかもしれないが，暖炉側のエネルギーはあくまで式 (1.5) に示す通りであり，太陽に照らされた場合と同じである。

太陽のほうは光だが，暖炉のほうは熱だから違うのだ，と，ここは常識的には答えたいところである。そしてこの常識的な発想こそが量子論であり（量子論は非常識から発する，と言いたいのだが，話は逆になってしまった），マジメな古典論の式 (1.5) こそ考え直さなければならないのである。

量子論のうぶ声

これまでは，古典論的に考えたらどうもツジツマが合わない，という例を挙げてきたが，量子論の教科書的な第一歩は光電効果である。物理的な現象であるがために，身のまわりの例とは言いがたいが，この現象を通常は量子論の入口としている。ただし内容は，これまでに述べてきたように星がなぜ見えるのか，海岸ではどうしてソバカスができるのか，の話をうまく整理したものにすぎない。

光電効果とは，金属に光を当てたときに金属表面から電子がとびだす現象である。ドイツの物理学者ハルヴァックス（1859～1922）が1888年に発見したものだといわれている。後にドイツのレナルト（1862～1947）の

ヘンドリック・アントン・ローレンツ(1853〜1928)。ローレンツ収縮，ローレンツ変換の名で広く知られているが，1896年，ゼーマン効果にもとづいて原子内の電子の存在を立証しようとした。22歳で学位をとり，その3年後にはライデン大学教授となった俊英。

陰極線実験などにも支えられて，これが光電管，露出計その他数多くの通信用真空管に利用されることになる。

特に，この現象でのポイントは，ある波長よりも短い電磁波(たとえば可視光線の青色部分から紫外線など)でなければ，いくら放射エネルギーを大きくしても電子は金属からとび出してこない，という事実である。

というわけで熱線や光線，いや電磁波すべてにわたって，その質と量との違いが問われるようになった。そうして光を(電磁波一般ではあるが，簡単に光と呼んでおこう)古典物理学風の連続体だと考えるかぎり，とても電子などとび出させる力はない。けっきょく光というものは，電子という目標物に対して，大砲の弾のようにドカンと瞬時に当るものである，との結論に達した。

もっとも，19世紀には，電子，さらには原子の構造についてはそれほどよくわかっていなかった。しいていえば，原子は電子を所有している，そうして金属内には原子に拘束されずに自由に動き回る電子がある，という程度の知識であった。

近代物理を解説する教科書では，ここで真空放電の例を示して電子の存在を実証することにしているが，本書では割愛しよう。量子論では，電子はどんな振る舞いをするものであるか，から話が始まるのである。

電子の存在そのものはすでに19世紀に確認されて，電流とは導線中を，古典電磁気学でいう電流とは逆の方向に電子が移動するものであることがわかっていた。その質量や電荷も，おおよその値は知られていたが，20世紀になってから磁界中の電子線(ベータ線ともいう)の曲がりや，アメリカでのミリカン（1868～1953）の油滴実験（1909～13）などにより，今日では次のような値が得られている。

$$
\begin{aligned}
&\text{質量} \quad m = 9.1093897 \times 10^{-31}\ \text{kg} \\
&\text{電荷} \quad -e = 1.60217733 \times 10^{-19}\ \text{C}
\end{aligned}
\tag{1.6}
$$

なお，冒頭にも触れたが，19 世紀末にはオランダの理論物理学者ローレンツ（1853～1928）が，電子を剛体球とみなして，これにニュートン力学を適用して，さまざまな電磁気現象を説明した。その理論をローレンツの電子論と称し，放射線と磁場との関係の研究により，彼は弟子のゼーマン（1865～1943）とともに 1902 年度のノーベル賞を受けた。

ただし，電子を剛体とみなしただけでは，まだ量子論とはいえない。剛体のようでもあり，そうでないようでもある，と，へんてこな話になって初めて量子論的な思考になるのである。

光は本当に粒だろうか？

さて図 1.11 は（固体論の教科書などによく見られるものだが），金属中の自由電子の振る舞いを模式的に書いたものである。

A B 間が金属であり，縦軸はエネルギーを表す。高さ E_F（これをフェルミ・エネルギーと呼ぶ）まで，桶（おけ）の中の水のようなかっこうで入っているのは，イオン（金属から，電子をとり去った残り）中の自由電子であり，その表面から桶のふちまでの落差を仕事関数と呼ぶ。

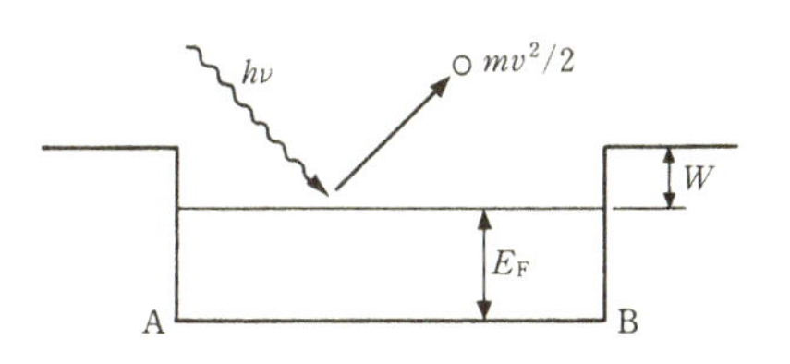

E_F：フェルミ・エネルギー
W：仕事関数
$h\nu - W = mv^2/2$

図 1.11　光電効果

さて自由電子は，仕事関数 W 以上の光のエネルギ

アルバート・アインシュタイン(1879〜1955)。ベルリン特許局の技師であった頃の1905年に，特殊相対性理論と光量子仮説を発表。その後も，ブラウン運動，固体比熱の理論，一般相対論，量子統計力学の確立など，天才と呼ばれるにふさわしい数々の業績を残した。

ーを貰ったときだけ金属外にとび出すことができる。ところが古典光学では，電子が W だけのエネルギーを得るためには，強い光を当てても数十分も数時間もかかる，という計算になる。しかし実際には，光，特に短波長のものあるいは紫外線を当てると電子が容易にとび出してくる，というまぎれもない事実が存在する。

ということは，ここでは古い波の理論は完全に捨て去らなければならない。金属表面の電子には，波動像からは想像もできないようなエネルギーの弾丸が打ち込まれないと，電子は深さ W の穴をはい上がって外に出ることはできない。「弾丸」とはいかにもモノモノしいから粒子と呼ぼう……というわけで，こんな場合は光を粒子と考えなければいけない，としたのである。

光は粒子であるという光量子説は1905年に，かのアインシュタイン(1879〜1955) により，はっきりと提唱された。特殊相対論を発表したのと同じ年である。

この弾丸は最初，光量子（light quantum：ライト・クァンタム）と呼ばれたが，後にもっと簡単に光子（photon：フォトン）と称せられるようになる。そうしてこの場合の弾丸１個のエネルギー E は，波動論での振動数を ν とするとき，必ずこれに比例することが実験でわかっている。

$$E = h\nu \tag{1.7}$$

であり，比例定数 h は，この本の最初にも紹介したが，

$$h = 6.6260755 \times 10^{-34}\ \mathrm{J \cdot s} \tag{1.8}$$

となり，これをプランク定数と呼ぶ。プランク定数は普遍定数であり（つまり宇宙のどこへ行ってもこのとおりの値であるという，すごい定数のこと。普遍定数にはこのほか，光速度 c と万有引力定数 G などがある)，量子力学には常に現れてくる。

いま一つの h の特徴は，たとえばSI単位で表したとき，「あまりにも小さい」ということである。もっと基本的な長さや時間に関しても，こんな小さな値は，宇宙開闢（びゃく）のビッグバンのときくらいしか現れてこない。

光の弾丸のエネルギーは（後に示すように光だけでなく，物質波すべてについて言えることではあるが)，さいわい大きな振動数 ν がかかっているから，結果的にはそれほど小さくはならない。ちなみに可視光線では(波長を $0.5\,\mu$mとして)

$$h\nu = hc/\lambda = 6 \times 10^{-34} \cdot 3 \times 10^{8}/5 \times 10^{-7}$$

$$\approx 3 \times 10^{-19}\,[\mathrm{J}] = 3 \times 10^{-12}\,[\mathrm{erg}] \approx 3\,[\mathrm{eV}] \tag{1.9}$$

と，ほぼ粒子1個当りの化学エネルギーになってくれるのである。

教科書を見ても書いてないこと

以上が教科書的な説明であり，このことは全く正しい。つまり電子というのは原子よりもはるかに小さいから，これに古典的な（連続的な）光が当るとすると，その量は極端に小さくなる。電子に降り注ぐ放射エネルギーを何日も，いや何年間も貯め込んでおいて，初めて光電子（こうでんし）（光の照射で金属外にとび出す電子）が現れることになる。古典的な計算によればそうなるのであるが，現実にはすぐに光電子がとび出してくるのだから，光は粒子でなければならない。

しかし，ここで話を終わってしまったのでは，それこそ「とおり一遍の教科書」にすぎない。問題点を挙げると

「電子の大きさを，どれほどに見積っているか」

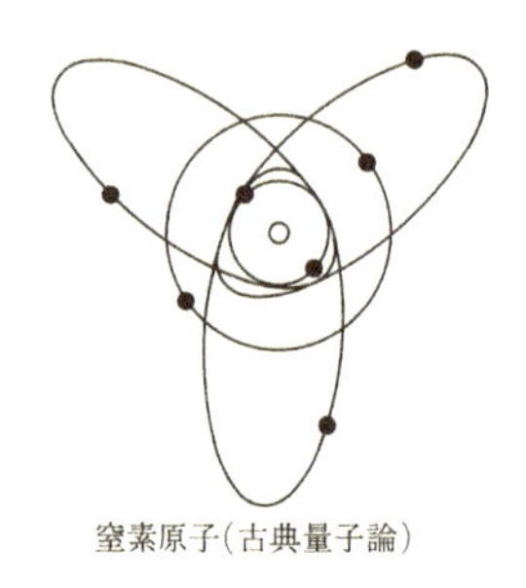

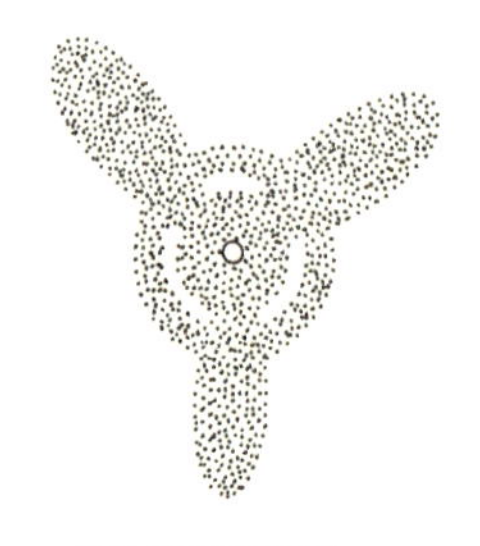

図 1.12　窒素原子の核外電子

という疑問がある。光電効果の理論が出た頃は原子模型はまだ確立していなかったが，とにかく電子は非常に小さいものと考えられていた。ローレンツも，ほとんど大きさのない点のように考えていた。

1911 年のラザフォード散乱を経て，原子とは原子核と，それをめぐる電子とからできていることがわかったが，原子の大きさ（$1\text{Å} = 10^{-10}\text{m}$）に比べて，原子核はその 10 万分の 1 程度，電子はもっと小さくて，原子の中は何もないスカスカ（？）の空間だと考えられていた。

電子の直径はいくらと書いた本はないし，質量や電荷なら式 (1.6) のとおりだが，それでは大きさはどうなっているのか。とにかくうんと小さいというなら，それが自由電子として金属の中を走っているとき，粒子としての光がうまく電子に衝突してくれるものなのだろうか。

固体中の自由電子の個数（1 cc 中）は 10^{22} 個程度であることがわかっている。金属原子の密度は簡単にわかり（6×10^{23} をモル体積で割ればよい），1 個の原子が 1 個（一価金属）もしくは 2 個（二価金属）の電子を放出していると考えると，おおよその電子密度がわかるのである。この数字を見ると金属の中には随分たくさんあるような気がするが，もともと電子は極端に小さい。原子核の直径 10^{-15}m よりも小さいとしてよかろう。ということになれば，光の粒つまり光子がどんどん降り注いでも，金属中の電子にはなかなか当らないのではなかろうか。たとえはまずいが，高空を飛ぶ敵機の編隊めがけて高射砲を連発しても，めったに当るものではな

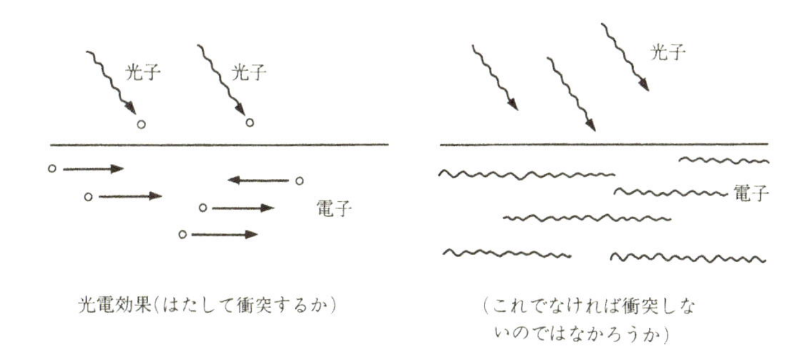

図 1.13　自由電子をどう考える？

い。電子の衝突によって金属全体の温度は上がるかもしれないが，光電効果が簡単に起こるとは（特に電子の断面積を考えると）とても思えない。ところが，量子論のあかしとして光電効果を挙げる場合には，このことについての説明は全くなされていないのが普通である。

弾丸とマトの大きさが問題

光が電子と衝突する可能性は（あるいは頻度といったほうがいいかもしれない），当然ながら光子の大きさにも関係する。それでは光子の大きさはいくらか。直径 1Å(=10^{-8}cm) か，1 フェルミ（=10^{-13}cm）か。

このことについては，どんな量子論の本を見ても絶対に書いてない。物理学を勉強する初心者としては大いに知りたいところであるが，量子力学を知っている著者とか教授は，こうしたわからないものには触れないのが普通である。なぜわからないのか。本書では，これについてはすぐ後に述べることにして，まずは電子の大きさについて考えよう。

変幻自在の電子のサイズ

後に「不確定原理」から解説していく予定であるが，電子は小さくもあり大きくもある。この妙なところが量子論なのである。箱の中の気体分子もそうであるが，金属中の自由電子は——いささか極端な話だと思われるかもしれないが——その金属の中にどこにもいる，という考え方をするのである。長さ 20 cm の金属中であれ 1 辺 30 cm の箱の中であれ，気体分子や自由電子は局在する理由が全くない。全くないということは，どの部分に存在するとはいえない。つまり電子は，容器中のどこにでもいる……というような言い方をしなければならないのである。

原子中の電子についても，ボーア - ラザフォード模型では，核外電子は円軌道あるいは楕円軌道を描いて公転するが，1920 年代の本格的量子力学になって，電子はむしろ雲状と考えたほうがいい，ということになった。雲としての密度の大きい所は電子の存在する可能性が高く，雲が薄くなると，そこにはあまり存在しそうもない，と解釈するのである。

金属中の自由電子はすべて，金属中に希薄な雲となって広がっている。本当に雲状（あるいは霧状）かと言われると少々困る。困ることばかりが多くて，最後には読者から信用されなくなるかもしれないが，衝突というメカニズムを考えたとき，どこででも待ち受けている（つまり衝突する可能性をもっている）という意味で「雲」なのである。

だから“敵機に高射砲”ではなく，“大きな雲に高射砲”であり，光子は，電子とたやすく衝突する。ただし衝突された電子は，その瞬間に大きく広がった雲であることをやめて，小さな小さな粒子になる。そうして光子のエネルギーをそっくり貰い，金属外に光電子となってとび出す。

なぜ雲が急に粒になるのかと問われれば，それが量子論だ，量子力学だと答える以外に方法はない。そんなおかしなことが，と言われるかもしれないが，そのおかしなことが自然界の真実なのである。このおかしな思想が量子論であり，これを数学的に処理する手段を，繰り返して強調するが，量子力学と呼ぶ。だから量子力学は，ニュートンの古典力学とは全く異なるために，物理学を研究するためには「全く新規に」勉強し直さなければならない。

光を受ける的(まと)が電子よりもずっと大きい原子でも，この的は一筋縄ではいかない。図 1.14 は固体結晶に光（実際には波長の短い X 線）

を当てた図であるが，X線は原子の並んだ層で反射されるため，反射光の干渉縞を利用して層の間隔 d を調べることができる。ブラッグの実験と呼ばれるが，波動学の応用にもなるので，高校教科書に出ていることもあり，ときには大学入試の対象にもなる。

ここでブラッグ反射の条件式を調べようというわけではない。結晶内の原子層の面で，教科書などにあるように，うまく光を反射してくれるものかどうか，筆者は疑問に思っていた。確かに原子層として線を1本引けば，理屈どおりに作図できる。しかし原子層つまり原子の並びは細い線（実際には面）でいいのか。

かりに並んだ原子が小さいとすると，原子間隔はうんと広くなり，光はほとんど衝突することなく通り抜けてしまうだろう。ブラッグの反射は期待できない。

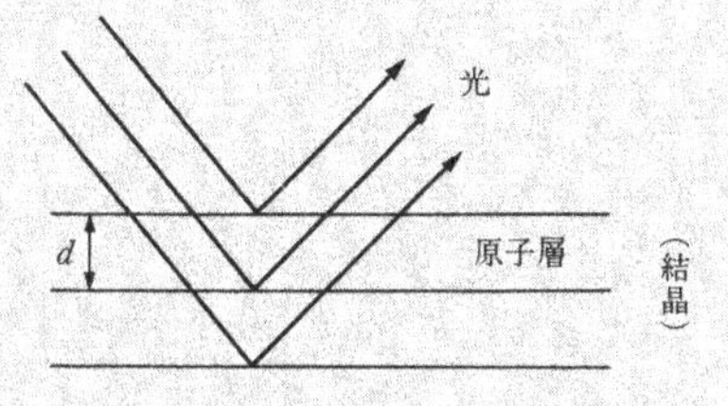

$2d\sin\theta = n\lambda$
（ブラッグ反射の条件）

図1.14　原子層とX線反射

逆に原子が十分大きく，互いにほとんど接していると考えると，光が通り抜けることは不可能だ。この場合も，ブラッグ反射にとっては具合が悪い。

と以上のように考えるのは，あくまでも古典イメージを抱いた常識論らしい。原子とか，それが並んだ結晶とは，そのようなものではないらしい。原子の層というのは，あまり原子の大きさに関係なく，その層で，光をうまく反射するところの面，と考えなければならないらしい。それが量子論である。

原子を点のように考えたければ考えてもいい。しかしその層は（隙間というものはあまりなく）光をはね返すようになっている。線でもない点がなぜ作図通りにはね返すのかと問われても，それが結晶とい

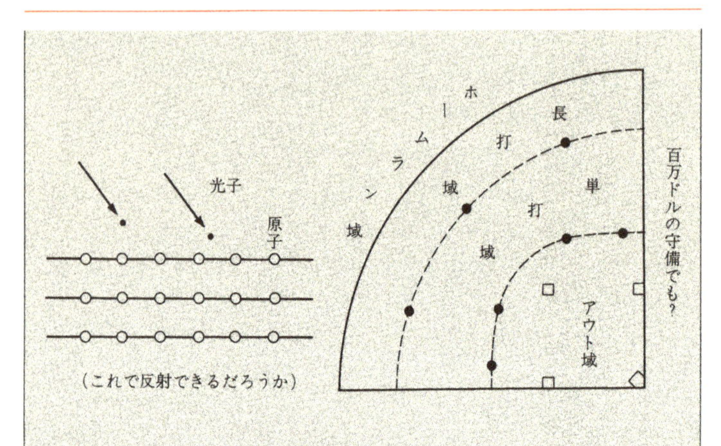

図1.15 点は線で止められるのか？

うものの実体だ，実験事実だと答えるほかはないのである。

野球場を上から見ると，キャッチャーを除いた8人の野手が点状に展開している。この配置を見るたびに，筆者はブラッグ反射の理論を思いだす。点を結んだ内野の線は，この線で止めればアウトになる（ときには内野安打というのもあるが……）。3人の外野手を結ぶ線が単打線であり，これを越したら長打になる。上から見て，けっして線が引かれているわけではない。百万ドルの防備は，点としかみられないものでも，実際には線をつくっている。結晶論とはあまり関係ないが，なにか暗示的な気がするのである。

光子はかなり大きい？

光子の大きさについて言及するはずであった。これは困った話である。光を粒とか粒子とか言うが，マルイわけでもなく，と言って弾丸状なのを観測した人もいない。つまりは，光とは走っているときには波動的であるが，何かに衝突した場合には，それにドスンと $h\nu$ のエネルギーを与えるところの「不可思議な存在」であること以外の何ものでもない。

最も連想しやすいから光を，「粒子」と呼ぶにすぎない。的にぶつかるか，ぶつからないかだけが問題なのである。的としての機構（原子や分子あるいは電子）が，ちょうど $h\nu$ だけのエネルギーを欲していた場合にだけそのすべてを与え，それよりも少し大きい，あるいは小さいエネルギーがほしいという相手に対しては素通りする。そして，真っ黒な物体などは，どんな大きなエネルギーでもいいから欲しい，と叫んでいる欲張りである。

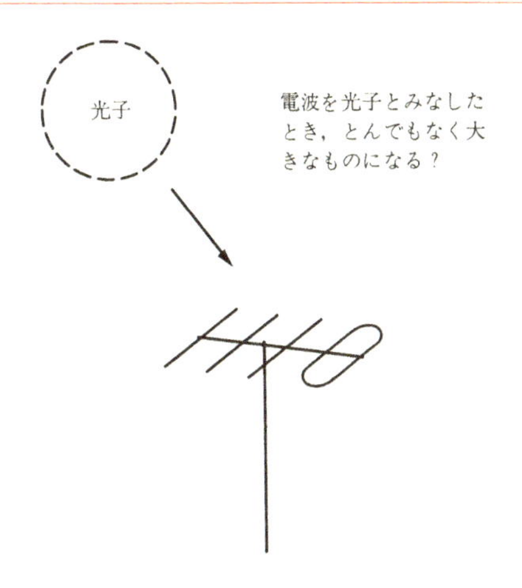

図 1.16　光子の大きさ

可視光から赤外線，熱線程度までは量子論的に光子というが，それより長波長の電波の流れを光子と呼ぶ習慣はない。習慣はなくても，同じ電磁波だから，東京タワーの上からＴＶ局の光子がとび出していると言ってもよかろう，と詰め寄られれば「そのとおり」と答えるしかない。

各家庭のＴＶアンテナは，光子さえもらえば（つまり受信すれば）いいのだからうんと小さくてもいい……というわけにはいかない。八木アンテナにみられるように，アンテナは古典的な電磁波を受けるのに最適なようにつくられている。もしＴＶ局からやってくるのが光子なら，このアンテナ全体とうまく相互作用しなければならない。

とすると，長波長電磁波の光子はかなり大きなもの，直径数十センチのものとも考えられるが，そこまで突っ込んで考えている人はいないようである。

第2章

光よ，光

粒子は没個性

分子，原子，さらにもっと小さい電子の世界ともなると，単にものが小さい（むろん質量も小さくなる）というだけではなく，巨視的な目で見た世界とは本質的に異なることを見てきた。さらに続けて，この量子の世界の奇妙さをもう少し具体的に調べていこう。

統計力学は，古典的粒子を統計的に扱うことから始まるが，粒子が小さくなると量子論に従うから，それを考慮しての量子統計力学という分野がある。くわしくはそちらを参照して頂くことにして*，たとえば2つの部屋に2つの粒子が入る方法の数は，図2.1のように通常の粒子では4通り（図のA，B，C，D）であるが，量子としてのボース粒子（1つの状態に多数の粒子が入り得るもの）では3通り，フェルミ粒子（電子のように1つの状態には1つしか入り得ないもの）では1通りしかない。つまり極微の世界の粒子では，これとあれという「区別ができない」のである。

だから粒子とは，ボールのような物体ではなく海の中の1個の波のように考えて，「水が盛り上がっている現象」と認識するのがいちばん当を得ている。こちらの盛り上がりがAで，あちらの盛り上がりがBだと言っても，それは量子の世界では通用しない。盛り上がりは単なる盛り上がりにすぎず，物体（ボール）とは違う。個性もなにもあったものではない。ちょうど光を $h\nu$ のエネルギーの塊とみなした場合，それぞれの塊には全く

* 『なっとくする統計力学』図7.4（p.250）

個性がないのと同じことである。

ただし光の振動数（わかりやすくいえば色）が違えばエネルギーも異なるから，$h\nu$ と $h\nu'$ とは（$\nu \neq \nu'$），エネルギーの違う塊として区別できる。光子だけでなく，図 2.1 にみるように，光子や電子より大きい原子・分子程度になっても，これとあれという区別はない。こうした区別できない粒子として，極微の世界をみつめていくのが量子論である。

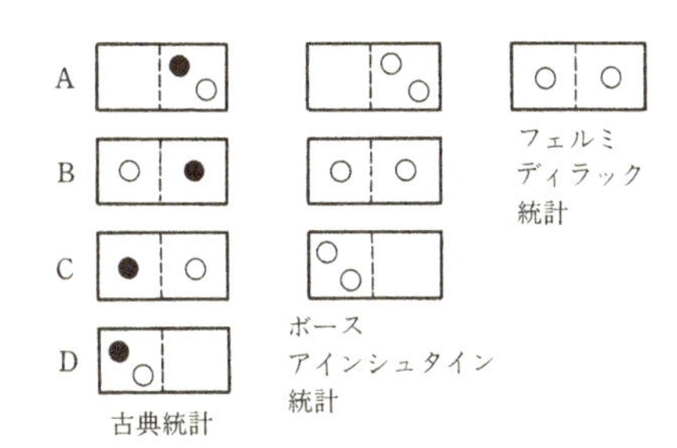

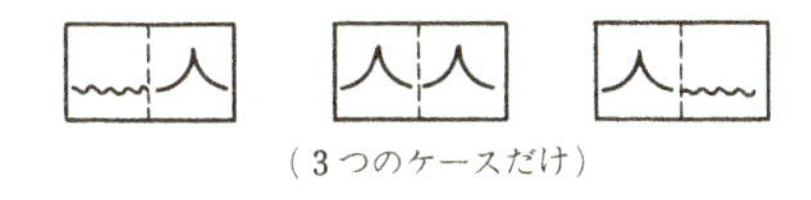

図 2.1　2つの部屋に2つの粒子が入る場合の数。2個の粒子——というと数学では白玉と黒玉が出てくる。そうして，この2個の玉が2つの部屋に入る入り方は，上図のA，B，C，Dの4通りである，とするのが古典統計である。ところが，BとCとは区別できない，したがって部屋の入り方は3通りだと考えるのが量子論であり（ボース-アインシュタイン統計），2つの粒子（光子，ヘリウム原子など）は全く区別できないものと見なしている。これについては，図下の波のアナロジーがわかりやすいだろう。なお，フェルミ-ディラック統計では，1つの部屋（量子論的状態）には1個の粒子しか入れないとしている（電子，陽子，中性子など）。

何でも波と思え

前章で光（さらには電磁波一般）はエネルギーの塊として振る舞う場合もあることを示した。その塊のことを——ほかに適切な表現法がないから——粒子と呼ぶわけであり，現在，光には光子という立派な名前が付けられている。

逆の事柄も成立しはしないか，と疑ってみる必要がある。つまり，塊と思われていたのが波として振る舞うことはないのだろうか。図 2.1 のように分子や原子が粒子であれば，2つの玉が左右両方の箱に1つずつ入る確率は 2/4 ＝ 1/2 であるはずだが，実験してみると（もちろん直接に微粒子2つだけを観察するわけではない。あくまで間接実験ではあるが……），左右の箱に1つずつ入る確率は，1/3 になる。

ということは，分子も原子も，1個1個の個性などまるでない波（現象）のように考えなければならない。平らな水面でなく，水が盛り上がっているという“事柄”が，分子であり原子であり，さらには電子その他の素粒子であると考えなければならない。そこに物質としての粒があるのではなく，変化した空間が存在しているのである。

物質を細かく切りきざんでいった最終要素は粒ではなく，一つの“現象”なのである。「それ」に力を及ぼしたとき，適当に加速するから，われわれは「それ」に質量を認める。また電界中で加速することもあるから，「それ」が正や負の電荷を持っていると考える。「それ」ではわかりにくいから，最もふさわしい言葉として粒子と呼ぶわけである。

波は粒子のようにも考えられる，という例が光であるが，図 2.1 に戻ると，粒子は波のようにも考えられる。「場（空間）の変化」は粒子というよりも波としてのイメージが強い。人間の身体は，さらには自然界のすべての「もの」は，最終的には波動的なものだ，と言ってもいい。言ってもいいどころか，むしろつねにそのような考え方を持っていなければならない。それが量子論的な思想である。

放射能があってもなくても放射線

原子番号の大きな元素には，放射性元素といって，いながらにして放射能を出す物質がある。トリウム，ウラン，アクチニウムなどがそうであるが，これらは α（アルファ）線，β（ベータ）線，γ（ガンマ）線の3種類の放射線を出す（図 2.2）。

発信器や黒体から出る電磁波も，放射線と呼ばれるから，いささかまぎらわしい。昔は電磁波のほうを輻射線と呼んで区別したが，輻の字はややこしいというので止めになった。放射線が放射能をもつ線（α，β，γ線）か単なる熱や光かは，その場その場で判断するほかはない。

ガンマ線は波長が非常に短いが，電磁波の一種である。しかし電気は帯びていない。電磁波と名乗りながら電気を持っていないのは妙な気もするが，熱線や光線が電場・磁場に左右されないのは納得できよう。

ベータ線は電子の流れである。さきにも述べたように，今世紀の初頭には原子の構造はよくわかっていなかったが，とにかく原子の中や金属の中に電子というものが存在し，陰極線と称して，それが束になって真空中を走ることは信じられていた。

アルファ線の正体については必ずしもはっきりしなかったが，とにかく電子よりずっと重い粒子の流れであることは推測されていた。ただしベータ粒子（電子）は陰電荷を持っているが，アルファ粒子は陽電荷を帯びているとされる。アルファ粒子が磁界の中で，磁界に垂直な方向に走ることは，フレミングの左手の法則ではっきりしていた。

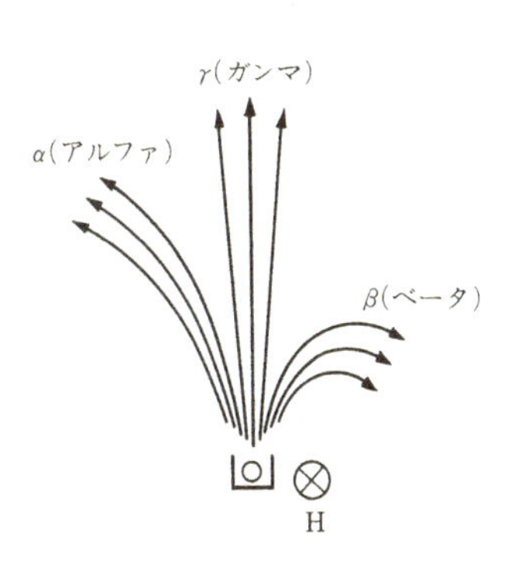

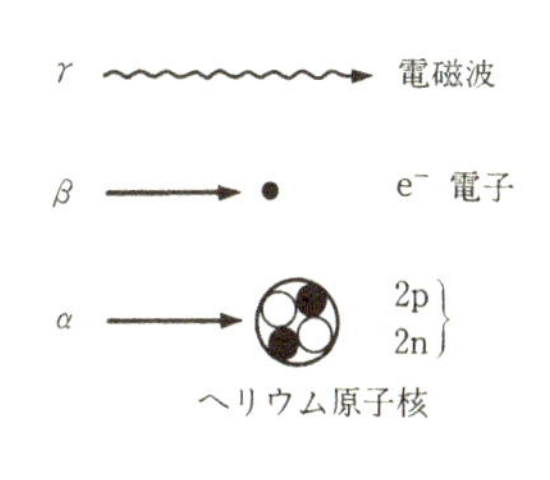

図 2.2　3種類の放射線

実際には，電子の流れを考えるのがわかりやすいが，一般に物質粒子が（換言すれば光子ではなく，質量をもった粒子が）空間を集団的に流れるとき，あたかもそれは波動と同じような現象を示す。つまり，多くの粒子がバタバタ走っていくにもかかわらず，回折も干渉もするのである（次ページ図 2.3 参照）。

物質粒子がいつのまに波になってしまうのか，と問い返してもどうにもならない。それが自然の本当の姿だと思うほかはない。これを物質波といい，その研究の第一人者はフランスの物理学者ド・ブロイ（1892〜1987）である。

ド・ブロイはパリで（最初は歴史学を，そのあと物理学を）学び

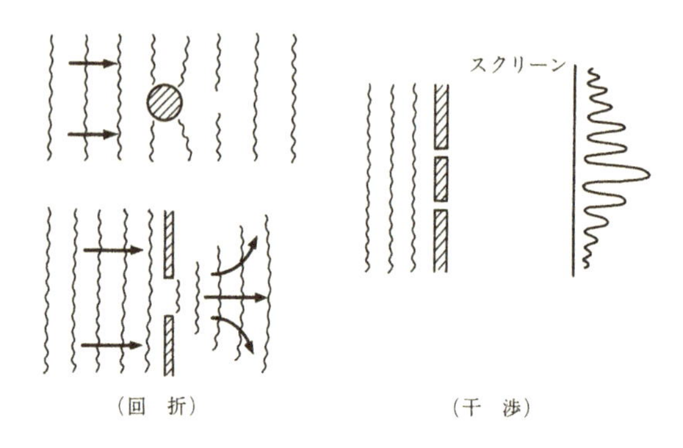

図 2.3　波動の性質

1932 年にパリ大学教授になる。粒子性と波動性との共存の研究にうち込み，物質波は別名ド・ブロイ波とも呼ばれている。その業績で 1929 年度のノーベル賞を授けられているが，彼の研究はすぐにシュレーディンガーに受け継がれて，量子力学の第一歩となるのである。

ド・ブロイの研究そのものを量子論とは言わないが，彼の物質波の数式はそっくり量子力学に移行され，量子論の発展に大きく貢献した。特に粒子的イメージとして考えられる粒子の運動量 p と，その物質波の波長 λ との関係

$$p = h/\lambda \tag{2.1}$$

は，波動から粒子を導く $E = h\nu$ の関係と並んで，知っておかなければならない関係式である。式 (2.1) の h はもちろんプランク定数である。

教科書に試行錯誤は出てこない

原子核の崩壊の話は，高校物理の教科書の最後のほうに記載されているのが一般である。それではウランなどが，α，β，γ 線を出して鉛の同位元素などに変化していく現象を量子論の一環とみなしている

のか。正面からそう質問されると返答に困らないわけでもないが，量子論の書物であるかぎり，ここらあたりはハッキリとさせておかねばなるまい。

原子，電子，原子核はもちろん古典物理学の対象ではない。といって，これらを粒子とみなすことが量子論だともいいかねるようだ。量子論とは，先述のように回転エネルギーが消えたり，光波が粒になったりする不思議な現象を記述するものであり，単なる粒子として扱うかぎり，いくら小さくても量子論とは言いにくい気がする。

ローレンツの電子論が必ずしも量子論ではないように，原子核崩壊も核物理学の初歩だと述べておくくらいがいいのではないか。といって，本当の意味での核物理学は陽子や中性子間の力を量的に調べる方法を考えるものであり，これはこれで極めてむずかしい，奥深い物理学の一分野になっている。

ラジウムなどの大きな原子核は自然崩壊する。α 線とは α 粒子の流れであり，α 粒子は 2 個の中性子と 2 個の陽子とが固く結び付いた複合粒子（複数の粒子が，あたかも一つの粒子のごとく振舞うもの）であるから，α 崩壊で質量数（陽子と中性子のかずの和）は 4 減り，原子核の正電荷は 2 つ減る。核の正電荷が 2 つ減れば，核外の電子は，原子全体が電気的に中性になるように 2 つ減る。減るというのはおかしいかもしれないが，とにかく電子は離れていってしまうわけであり，そのため原子番号は 2 つ減る。

誤解されやすいのは β 崩壊のほうである。核の質量数は不変で，原子番号が 1 つ増える。電子がとび出していくにもかかわらず「増える」ということは納得できない。初めて話を聞いたひとは，原子番号が 1 つ減ってもいいではないか，と思う。

核の外にある電子が減れば，確かにそれは原子番号が減ることに相当しよう。といっても，ただ電子をはぎとるだけでは，原子がイオンになるにすぎない。ところが β 崩壊というのは，原子核の中の中性子 n が電子 e と電子ニュートリノ ν_e を放出して $n \rightarrow p + e + \bar{\nu}_e$（$\bar{\nu}_e$ は反ニュートリノ）のように陽子 p に変わるのである。

電子の質量は陽子や中性子と比べても1800分の1程度であり，さらにニュートリノは質量があるのかないのかわからないほど微妙である。というわけで，β崩壊では原子量は変わらず，核の正電荷が1つだけふえる。核が正電気を帯びれば，核外電子も1つふえて，その結果，原子番号も1つだけ大きくなる。

核外電子がふえるというが，その電子は一体どこから来るのか。核からは今，1つとび出したばかりではないか，との質問をしばしば受ける。一応，矛盾した話のように思えるが，

① β崩壊での電子は核からとび出したものであり，最初から核のまわりにあった電子（これが核外電子である）とは違う。

② 核の陽電荷が1つふえると，それに見合うように，「外部のどこかから」電子がやってきて，原子全体で電荷は釣り合う。

どこかからやってくる，とはあまりに不自然な，できすぎた話のようでもあるが，そんなことはない。核の変化のほうが大仕事であり，原子に電子をくっつけたり（これを親和力という），離したり（これをイオン化エネルギーと呼ぶ）は，核の機構と比べたらとるに足らない仕事であり，電子は小さなエネルギー（せいぜい1eV程度）で離れたり，どこかからやってきたりする。原子番号とは確かに核外電子の数のことであるが，原子番号を変える（つまり別の原子にする）ためには，原子核を変えるという，大きな仕事が必要なのである。

メンデレーフの原子の周期表がほぼ完成に近づいた頃，明治時代の日本の著名な物理学者が，「金（Au）の原子番号は79，水銀（Hg）は80。水銀から電子を1個はがしさえすれば，はるかに価値の高い金になる。化学者はなにをぼやぼやしているのか」と言ったとの話がある。もちろん，この物理学者の言は間違っている。できるのは水銀イオン（Hg^+）であり，イオンはじきにどこからか電子を呼んできて，水銀に戻ってしまうのである。

なおγ線を放射しても，核内の粒子には変更はない。ただ，γ線は光よりも，X線よりもエネルギーの大きな電磁波である。

自然科学や技術の歴史には，失敗談が山ほどある。水銀を金に，などはその代表例であり，また第二次大戦中の日本では水を石油に，というような常識的には考えられないような事柄が話題になった。といって，ウランの同位元素を集めれば一つの街が瞬時にして消えてしまう，というのは不幸にして本当だった。何が真実で何がまやかしであるかは，案外後になってみないとわからない。

そうして教科書には，成功例だけが整理して書き並べられているから，後の人間は，先人は迷わず研究を進めた，と思いがちである。ところがその陰には，一生を科学の研究に費したが，それは結局間違っていたという生涯を送った人も数多いのである。

昭和初頭の物理書を，古本屋で買ったところ，原子核についての記載は次のようであった。簡単に質量数 4，正電荷 2 のヘリウム原子核（α 粒子）を例にとれば，その中には 4 個の粒子と 2 個の電子とが入っていると書いてあった。学生時代に（昭和 22 年前後），十数年まえには，まだこんな風に教えていたのか，と妙に感心したものである。イギリスの物理学者チャドウィック（1891～1974）が中性子を発見したのが 1932 年（昭和 7 年）だから，神田の古本屋街に図 2.4 の初期の模型として語られた本があったのは当然である。しかも，この模型のほうが β 崩壊を合理的に説明できる。

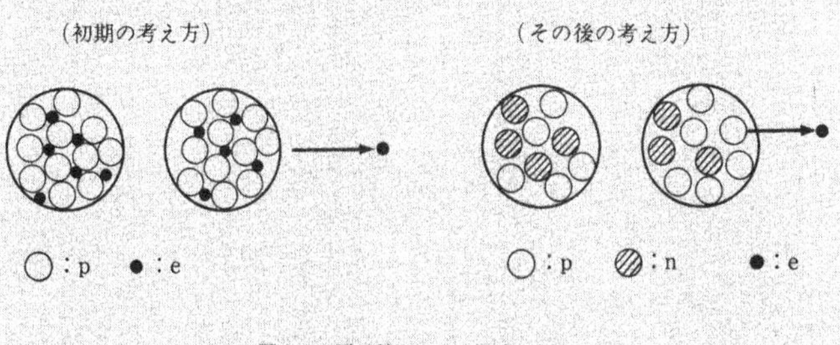

図 2.4　原子核とその β 崩壊の解釈

自然界は（できることなら？）簡単なほうがいい。数少ない粒子だけで説明されるほうが望ましい。というわけで，原子核の中は陽子と電子だけだと考えるほうが理にかなっている。

しかし，それではだめだった。ヘリウム原子核について言えば，核全体の持つスピン（自転角運動量）と磁気モーメントは，4個の粒子からなる複合体のものであり，けっして6個の複合体のものではなかった。その他さまざまな理由により，核の中には重い粒子が4個で電子なし，と認めざるをえなかったのである。こんないきさつから，それまで考えられもしなかった中性子という新しい素粒子を，自然界を構成する粒子の一つとして導入しなければならなかったのである。この意味では，自然はシンプルを好む，という一般的思考に逆行する破目になった。興味深いことに，その後の素粒子論においても，科学は単純に単純にとの方向を模索しているにもかかわらず，新参者を次々と許可することになっていくのである。

原子説，不遇の時代

さて物質波は，後に量子的見地から眺められることになり，量子力学の基礎的な方程式となるのであるが，それは後まわしにして，引き続いて古い物理学では解決できない新現象をいくつか探し出していくことにする。

量子論の誕生は，通常は，マクス・プランクが1900年の暮れに光について，そのエネルギーが従来のように連続的なものではなさそうだ，と提唱したときとされている。

まさに20世紀とともに生まれた新しい学問ではあるが，その瞬間にけっして物理学がパッと変わってしまったわけではない。数百年の歴史をもつ古典物理学の中にも真実はあり，捨ててはならない法則が多数存在していた。とくに今世紀の最初の20年ほどの間は新旧入り混じって，かなり混乱していた。また何をもって量子論というかの定義も混沌としていた（定義の話になると，今でもいろいろ異説はある）。

さきにも述べたが，ローレンツの電子論は，確かに電子というものをミクロの世界から導きだしはしたが，使う力学はすべてニュートン式であった。電子についてのすばらしい記述ではあっても，それを眺める目はむしろ古典論であるから，（筆者は）これを量子論の仲間に入れるにはいささか躊躇（ちゅうちょ）するのである。

それでは原子構造の研究となるとどうか。量子論的な考え方もとり入れてはいるが，と言って初期のものはけっして完全な量子論ではない。

アボガドロ（1776～1856）の頃はまだ原子説と呼ばれていたが，定比例の法則（1799年）や倍数比例の法則（1802年）を経て，19世紀の末には，原子は確実な存在と考えられるようになった。特に気体論を通して，原子1個の質量，したがって一定量中の個数，また拡散の速度から，分子衝突の多さから，分子さらには原子の大きさもほぼ見当がついてきた。そしてオングストローム（$\mathrm{\AA} = 10^{-10}\mathrm{m}$）などという単位も便宜上つくられた。金属から電子がとび出す現象については先程もくわしく述べた。

金属という固体も，要は原子がいっぱいに詰まって並んだものである。とすると電子は，結局は原子が所有していたものと考えざるをえない。しかも金属（というよりも，ほとんどすべての物質）は電気的に中性であるから，原子の中には電子以外にプラスの電荷をもった何ものかがなくてはならない。そして電子は軽いから，原子の質量の大部分は，正電気を帯びた部分（？）がもっていなければならない。

今世紀の初頭においては，原子に対する知識はせいぜいこの程度のものであった。だって原子というのは，当時としては一応最小の単位粒子であり，これがどんな構造になっているのか，物理学者は全力を挙げて調査すべきではないか……と考えるのは，近代物理学が発達してからの話である。

19世紀の末には，力学，波動学，熱学，電磁気学はすべて研究し尽され，最小要素などというのはいささか観念的（あるいは哲学的）な対象であり，まあそんなものを仮定して考察するのも一方法だな，というくらいの気持ちしかなかったのかもしれない。

原子模型としては，1904年（明治37年）に提唱されたイギリスのJ．J．トムソン（1856～1940）のものと，わが国の長岡半太郎博士（1865～1950）のものとが有名である。ほかにも原子模型がないではなかっただろうが，今日，この２つだけが有名なのは，この２つのモデルが対照的だったせいもあろうが，物理学の中心課題が「究極粒子のあかし」という方向には向いていなかったことの証拠ともいえよう。

原子の大きさは，オングストローム（10^{-8}cm = 10^{-10}m）程度であることはわかっていたが，トムソンはその程度の大きさの球状のものがあって，それ自体は陽電気を帯びている。そしてその中に無数ともいえる電子が入っていると考えた。

電子の個数が非常に多いということは――このことは長岡模型でも同じであるが――金属表面に短波長の光線や紫外線を当てたとき，次から次へととどまることなく電子がとび出してくることから推測できた。

原子の模型としてトムソンが，さしわたし１オングストローム程度の陽電荷球を仮定したのには，むろんそれなりの理由がある。球形の陽電荷の中で負電荷の電子が静電力によって単振動をするというのは，電荷の分布からすぐにわかる。そのときの振幅がオングストロームの半分，つまり正電荷の球いっぱいであれば，その振動数は計算できて，光のそれと同じ程度（10^{15}Hz くらい）になる。

ジョセフ・J・トムソン（1856～1940）。イギリスの物理学者。1897年，電子の電荷と質量の比を測定。1899年，電子の電荷を決定して電子の存在を確認した。1903年，トムソンの原子模型を提唱。1906年，ノーベル物理学賞を受賞。

原子物理学の初心者は，なぜトムソンがあんな妙な模型を考えたのかといぶかるかもしれないが，彼は彼なりに精密な計算の結果，導き出したのである。先人の努力は，たとえそれが失敗であっても，後の者はその過程を十分に知っておかなければなるまい。

一方，長岡模型では，原子の中心に陽電荷を持った重い球があり，その周囲をあたかも土星の環のように電子がとり巻いていた。

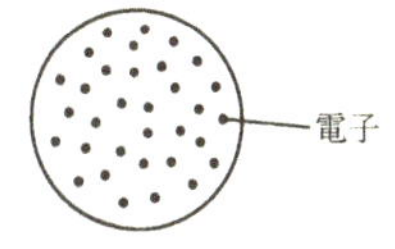

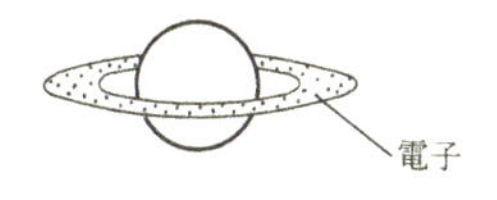

長岡博士の原子模型

図 2.5　原子の形。トムソンは原子全体に広がる 1 個の陽電荷の球を考え，その中に電子が埋まっていると考えた。

陽電荷の球（これが後の原子核である）と電子とが，初めから離れて存在しているというところが，この模型の特徴である。だが電子の面が，なぜ土星の環のように一つの平面に乗っているかは，団体原子が整列しているらしい（つまり結晶）ということから導かれたのか，それとも，電子の公転面はそうデタラメに存在しているわけではないと考えたからかは，定かではない。

この 2 つの模型を比べてみると，長岡式のほうがはるかに現実の原子に近いけれども，当時の日本の数学・物理学会には受け入れられなかった。というわけで，この論文をイギリスの物理学会に投稿し，そこで初めて印刷物として出版されることになった。

長岡半太郎（1865～1950）。長崎県に生まれ，東大物理学科卒。ボーアに先立って原子の長岡モデルを発表。わが国物理学界の草分け的存在とされる。東大教授，阪大総長，学士院々長などを経る。文化勲章受賞。

のちになって長岡模型の先見性がわが国でも見直された。同博士は，ひたすら研究室に閉じこもって世間の雑事は全く念頭になかった……と噂されるようになった。原子模型の発表時は日露戦争時にあたり，後の話だが「研究熱心な学者の中には，あまりに研究，研究で，日露戦争のあったことも知らなかった」という噂が流れ，今日においても一種の話のタネとして伝えられている。その対象は長岡博士であるが，噂はもちろんウソである。

その当時，彼は国外留学していた関係もあるが，外国にあっても日露戦争を知っていた証拠はいくらでもある。おそらく学に志す者は，世事に惑わされるなという七分の尊敬と，学者の世間知らずという三分の揶揄（やゆ）とが入り混って，ちょうど手頃な話ができあがったものと思われる。否定するより肯定することのほうが面白いこの手の話は，尾ひれがついてふくれ上がっていくのであろう。

なお，長岡模型の特徴は，違う粒子（陽電気の球と電子）は異なる場所にある，ということであるが，この事柄の内容をいま少し，厳密に考えてみよう。

長岡モデルの正しさ

物理学というより，むしろ哲学の命題に次のようなものがある。

① 同一物体が同一時刻に，相異なる場所にいることはできない（異なる2つ以上の空間を占有することはできない）。

② 同一時刻に，相異なる2つ（あるいは2つ以上）の物体が，同一空間を占有することはできない。

この2つの定理（？）は当然のことだと思われる。これを考えるのにけっして高度の思考力は必要としないし，要は，当たり前のことを言ったにすぎない。

ところが量子論になって，実際には，①でもなければ②でもないという，へんてこな物体（粒子）を扱わざるをえなくなった。いや粒子でなく，むしろ波動とみなして，①も②も——当然の命題とも思われる事柄を——否定していったのである。しかし，この基本的な話は，後に出てくる光の粒子性という量子論の大仕事の項に譲り，トムソンと長岡の模型に戻ろう。

量子論が確立していない1900年代や，一歩手前の1910年代には，当然ながら①と②の命題は守られていた。長岡模型は，電子と陽球とが同一場所にはいないという②に従っていた。

この意味ではトムソン模型は，むしろ②の常識を破るものではあるが，彼はそれほど観念的に原子模型をとらえていたわけではなさそうだ。陽球というのは，ヨウカンよろしく中にものが食い込んで，それが振動できるような柔かな（?）ものだと思ったらしい。

②の話のついでに，原子が何個か結合して分子をつくる機構を，19世紀末から20世紀初頭にかけてどう思考したかを振り返ってみよう。

たとえば水蒸気は，1つのO（酸素原子）と2つのH（水素原子）が結合したものであることはわかっていた。しかし結合とは，どうなることか。2つのHと1つのO原子との重心が重なって，3原子が同一箇所にあってもいいではないか，原子という微小の世界においては，結合というのは巨視的な力学感覚とは違ってもかまわないではないか……との疑問が提唱されることはなかった。

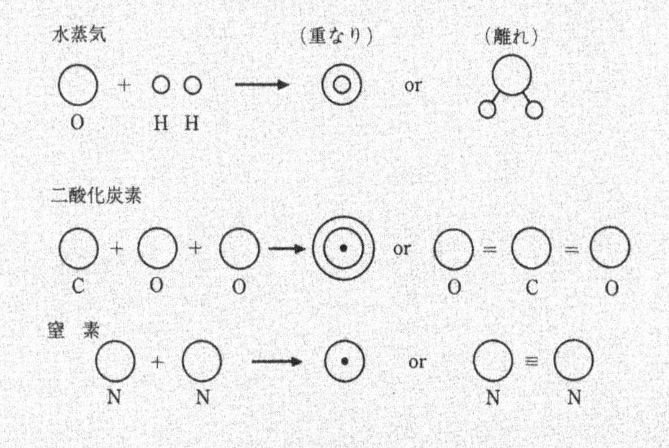

図2.6　原子の結合としての分子

学者の中には，そのように考えた者もいたかもしれないが，口に出して発表することはなかった。微視の世界では何が起こっているかわからない，結合した原子はすべて同一の場所を占めるのだと叫んだ人は，残念ながら一人もいなかった（らしい）。現在の学習者である大学生も，それをいいだす者はいない。というのは，原子の組み合わせでできた分子が，あまり見事に形態的に（いささかむずかしい言葉で形而下的にとでもいうべきか）判明しているからである。

分子の形など誰が見たのかと言われるかもしれないが，今日では電子顕微鏡を使って，ある程度わかっている。あるいは赤外線分光器で形態を察知できる。分子の構成では，超古典哲学的な②は順守されていて，この部分では量子的思考は常識どおりで（原子を結ぶ電子の話ともなれば別だが），人を驚かす新概念はなかったのである。

勉強中の学生で「化学結合して原子が結ばれるとき，それらが同一地点に集まって，分子というものになるという発想法はなかったのですか」と質問する者がもしいたら，この学生の思考力は抜群である。しかし残念ながら，三十数年間の筆者の教員生活で，このような疑問を呈する学生はいなかった。

勝敗はどちらに？

トムソンの模型は，陽電荷球と電子の同居という意味で，いささか斬新だとは思われる。しかし彼に量子的センスがあったわけではない。

そんなことより，その後のトムソン対長岡の勝負をみよう。

要は陽電荷をもった球が，原子全体に大きく広がり，したがって陽電荷の密度はのんべんだらりと固体の面いっぱいに広がっているか，それとも長岡式に小さく，要所要所を堅固に守っているか（？）の相違である。

本質的に異なるこの2つの原子模型は，1911年のラザフォード散乱という軍配によってケリがついた。アーネスト・ラザフォード(1871～1937)はニュージーランドに生まれ，後にケンブリッジ大学に学び，1896年にケンブリッジのキャベンディシュ研究所でJ．J．トムソンの下で研究を行った。彼は1911年，すでにガイガーとマースデンによって試みられていた「α粒子の大角度散乱現象」を独自の理論で説明し，それによって原子の中に原子核が確かに存在することを立証した。このため，α粒子の散乱は「ラザフォード散乱」の名で呼ばれるようになったのである。

ラザフォードは1908年に「元素の崩壊および放射性物質の化学に関する研究」というテーマでノーベル化学賞を受けている。しかし彼の業績としては散乱実験が名高く，ノーベル賞受賞後に大きな研究をした希少な学者といえるだろう。

そしてラザフォードのあとを継いで原子模型を理論的に解明しようとしたのは有名なニールス・ボーア(1885～1962) である。そのため初期のころの原子についての考え方を，ボーア-ラザフォードの模型という。

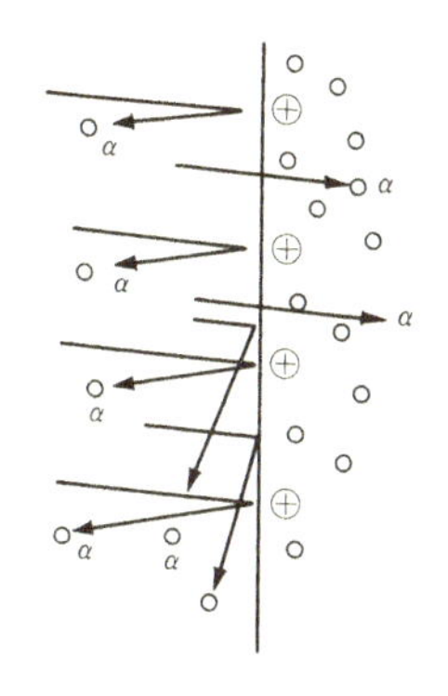

図 2.7　ラザフォード散乱

ところでラザフォード散乱とは，金の箔にプラスの電気を帯びたアルファ粒子をぶつけることであった。ド・ブロイ流にいえば，金箔にアルファ線の波を当てることであった。

もしトムソン式に，広がった正電荷の中に電子が埋もれているような原子だったら，電子が極めて軽いこともあって，アルファ粒子は電気的クーロン力としての斥力も引力も，それほど強く受けないに相違ない。つまりアルファ線は金箔に当ててもそれほど曲がることはないだろう。

ところが実際には，アルファ線の一部は（こんな場合には粒子像で説明したほうがわかりやすい。一部のアルファ粒子は）角度で90度以上も曲げられたのである。とすると，金の原子の中に，局部的に陽電気をもった（小さな）球があると考えざるをえない。大部分のアルファ粒子はそれに当ることなく，反発することもないが，たとえ一部のアルファ粒子でも強く曲げられれば，長岡式の原子を考えなければならない。

ラザフォードはこの実験から，原子の中心には陽電荷をもった球があり，その周囲に電子が存在するということを確かめた。つまり実験結果をくわしく分析して，正確な散乱式を得ることに成功したのである。現在記号などにもなっている，あの原子の形は，こうしてラザフォードによって提唱されたものである（図 2.8）。

このあと，主として化学の方面から，電子の個数が原子番号に等しいこ

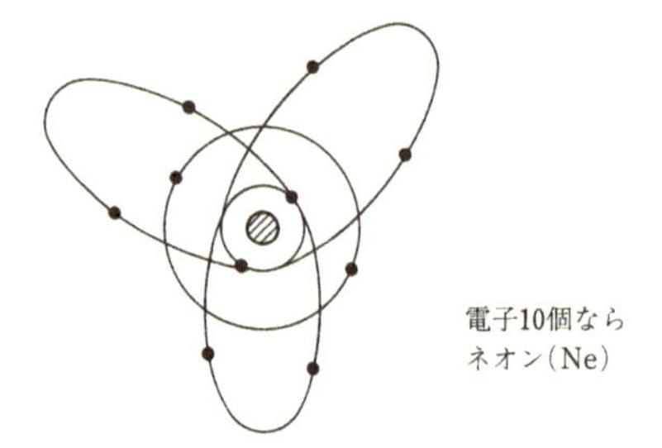

図 2.8　ボーア-ラザフォードの有核模型

とがさまざまな方法で確かめられた。中心部の陽電気の重い部分は原子核と名づけられ，原子の大きさ（オングストローム程度）と比べると，原子核ははるかに小さいことも明らかになった。とすると，原子の中身は，中心の核と周囲の電子だけであり，ともに非常に小さいことから，ほとんどが真空の空間だという，妙な結論にならざるをえないのである。

常識人間への挑戦

こうして原子模型はでき上がったが，話を少し前に戻そう。長岡模型にも当然のことながら反対する者がいた。陽電子の周囲を陰電気をもった電子が回っている，というと，いかにももっともらしいのであるが，この事実は物理的にみて，大問題であった。

戦前あるいは戦後のしばらく，世界にそれほど量子力学の書物が少なかった頃，ドイツのハイトラー（1904〜1981）著の『輻射の量子論』という本が教科書として使われることが多かった。

輻射は，現在では放射と訳されるが，ドイツ語で書かれたこの本は，古典から量子論への移り変わりを，かなりガッチリと論理を追い，いかにもドイツ式精密さで述べられていて，ずいぶんと難解であった。

このハイトラーの本の最初が，電子軌道の矛盾を突いたものであった。電子が原子核の周囲を公転するなど，できる話ではない，ということを古典力学を用いて計算していた。

現在，量子力学を学ぼうとする人は，原子模型は当然のカタチとでも思っているかもしれないが，あのような事柄はあってはおかしいのである。

われわれは地球の周囲の月などの衛星の公転，太陽のまわりの地球などの惑星の公転を見馴れており（見馴れるというのはおかしい。知っているというべきだろう），だから核の周囲を電子が永久にまわるのは当然……と思いがちであるが，こうした思考のなれあい（麻痺とでもいうべきか）は大いに警戒しなければならない。

電気をもった粒子――それが電子でもアルファ粒子でもかまわない――が等速運動をするかぎり，エネルギーの損失はない。金属中を移動する電子は多かれ少なかれジュール熱を出しているが，これとて超伝導体にすれば，電流は永遠である。惑星や超伝導電流は永久機関とはいわないが，一応，永久運動である。しかし原子核をまわる電子は，けっして永久運動ではない。くわしい計算は省略するが，電子はその周囲に負の電界をつくり，等速運動によって磁界も形成する。それは，それだけならかまわない。電界や磁界が，等速直進運動する電子（プラスの電荷を帯びた粒子でも同じ）に素直についていくだけである。

ところが電子の速度が変わる，つまり加速すると話は違ってくる。いささか妙な言い方かもしれないが，荷電粒子が加速すると，電界（電場）や磁界は追従することができずに，おき去りにされる。おき去りにされた「場のエネルギー」は，その場にとどまっているわけではない。光速度で空間へ散っていく。これが電磁波である。だから，ラジオのような長波を出す放送局は２本のアンテナを立て，この間に張られた線の中に電気振動を起こさせている。

加速運動というのは，直線上で速さが変わるものばかりではない。たとえ等速でも円運動は立派な加速運動である。したがって，公転する電子は電磁波を出して，エネルギーを減らす。くわしい計算によると，原子核の周囲を回る電子はすぐさまエネルギーを失って，中心の核に衝突することになるのである。アッという間に原子の形態は崩れ去らねばならない。これが長岡模型の欠点であった。

それなら，地球などの惑星の公転，月などの衛星の公転も重力エネルギーを発して，軌道がどんどん小さくなるのか。どんどんではないが，原理的にはそのとおりである。どう考えても，核のまわりを電子が定常的に（要するに永久にということ）公転することなどありえないのである。ところがいささか（いや大いに）強引に，ありうるとするのが量子力学なのである。

量子力学とは，そんな筋の通らない無理難題を押しつけるものなのかと詰問されれば，そのとおりだと答えるほかはない。一種の開き直りにも見えるこの思考は，先に述べたダンゴ状分子の回転を否定し，波を粒とみなせという強引さと共通のものであり，自然界を調べていくと実はそうなっているのだ，というよりほかはない。常識人への一種の挑戦である。

回り続ける大変さ

なお地球の公転の場合にも，その質量が加速運動（楕円運動）しているために，わずかなエネルギーが宇宙空間に発散されているのである。その発散されているエネルギーが重力波であるが，電磁波と比べてきわめてきわめて小さい。重力を電磁気力と比べる場合には素粒子の大きさで比較しなければならないが，重力は一般にほかの力の 10^{-33} 倍（1兆分の1の1兆分の1の1億分の1程度）と考えていい。地球の発する重力波など，とても観測できるものではない。

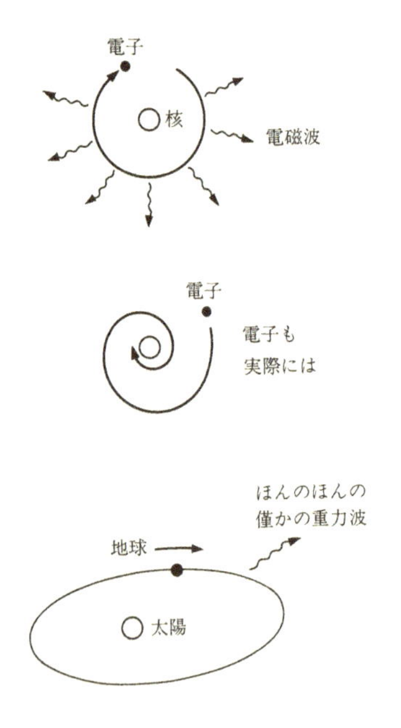

図 2.9　円運動はエネルギーを放出する。

1960年代の末に，アメリカのウェーバー博士が重力波の検出に成功したと発表したが（もちろん宇宙の彼方の，巨大な星の重力崩壊らしきものからやってくるもの），それには地球上の離れた2カ所以上での同時測定が必要なため，それを確実なものとは考えていない学者もある。

とにかく，まわる電子がエネルギーを失うのは——単なるたとえにすぎないが——スケートを見ていれば納得する。直線運動はほとんど摩擦がないから，後足で蹴らずとも静かにかなりの所まで進む。ところが，ひとたび方向を変えると，速さは急に衰える。スケートでは，方向転換は熱エネルギーになるのだから電磁波を出すわけではないが，それでも放っておけば止ってしまう，というのは理解できよう。原子の中の電子も同じことで，核のまわりを回り続けるというのは，常識的には不可能だという考え方が必要である。

複雑な計算になるので，結論だけを述べるが，水素原子中の電子のエネルギー W が単位時間に減少する割合（$-\mathrm{d}W/\mathrm{d}t$）は

$$-\frac{\mathrm{d}W}{\mathrm{d}t}=\frac{2}{3}\frac{e^6}{m^2c^3r^4}\quad \text{（CGS 静電単位）}$$

これから半径の減少 $-\mathrm{d}r/\mathrm{d}t$ も

$$-\frac{\mathrm{d}r}{\mathrm{d}t}=\frac{4}{3}\frac{e^4}{m^2c^3r^2}$$

となり，実際には，ら線を描きつつ小さくなるが，10^{-11} 秒（千億分の1秒）ほどで，電子は中心の原子核に激突してしまうことになるのである。古典電磁気学ではこのようになるのであるが，実際にはそうならないことの説明として，量子力学というものが必要になる。

何のための光？

物理学は，いや自然科学一般は窮極的な why に答えるものではなく，how を解決するものであるとされる。その方針にそって原子内の電子の話をそのまま続け，最も簡単な水素原子に注目しよう。

水素原子の中央にある原子核は，正電荷を帯びた陽子1個だけであり，

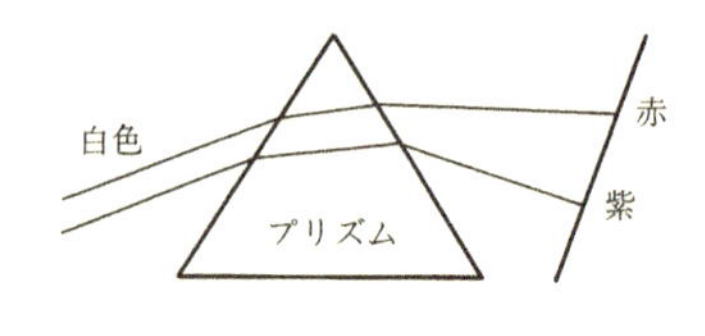

図 2.10　分光

周囲には同じくただ1個の電子のみが回っている。

なぜ電子が公転しているか，は問わないことにしよう（科学はwhyを問題にするわけではないから）。初めて学ぶ者には大いに不満であろうが，電子を見る目も年を経ると変わってくるから，ここは曲げて，水素原子中の電子は電磁エネルギーを発することなく，公転運動をしていると認めて頂きたい。しいていえば，ミクロの自然界とはそういうものである。

とすると，公転半径はどのくらいか，というのはまさにhowの問題であり，これについては十分に調べてやらなければならない。

19世紀末に，物理学の一分野として分光学が大いに発達した。分光とはさまざまな色の混ざった光を，色ごとに分けること，あるいは分けられたものをいう。もともとはスペクトルという言葉を和訳したものであるが，スペクトルといった場合は，もう少し広義に解釈する。たとえば質量スペクトルという言葉があり，これは同位元素（たとえば原子量238のウランと235のウラン）を分けるような場合にも使われる。

光を色ごとに，物理的にいえば異なる波長ごとに分けるには，簡単には三角プリズムを使えばいい。しかし回折格子などを用いた実験器具は大いに発達し，顕微鏡，望遠鏡などの精密化と並行して，驚くほど精度のよい分光器がつくられるに至った。現在の半導体技術と違って，器械そのものがシンプルだから，当時の職人芸が大いに生かされたのであろう。

というわけで，水素原子だけを集め（もちろん分子状をなしていてもかまわない。不純物さえなければ十分である），これを高温にして，そこから出てくる光の波長を調べてみた。そうしたら，いろいろな波長の光がテンデンバラバラに入り混って出てくるのではなく，きわめて規則性のあることがわかった。

波長を調べてどうするのだ，分光学に力を入れて，どのようなメリットがあるのだ，と思う人がいるかもしれない。実際には光そのものに興味があるのではなく，光を出す源の電子が問題なのである。

分光学というと，いかにも光の研究のように聞こえるが，その実，原子の研究である。後に赤外線の分光学も大いにさかんになったが（現在でも行われている），これは分子構造を調べるのにたいへんに役に立つ。

なお後に，核磁気共鳴といって，原子核に振動磁界を与えて，どの周波数の波長を吸収するかを研究するようになったが，これも振動する磁界の研究ではなく，核の構造の調査である。このように研究の名称にも，「敵は本能寺」式に，ほかに主要目的を持つことがある。

驚くべき一致

さて水素原子から出てくる光の波長はどうなのか。まず有効数字6桁という精度に驚かされるが（物理実験で，これほどの精度で結果が出ることは珍しい），次に挙げるような波長の光が出てくることが確かめられた。

656.279 nm　　486.133 nm
434.047 nm　　410.174 nm
397.007 nm　　388.905 nm
383.539 nm

単位はナノメーター（10^{-9}m）であり，656の光は赤っぽいが，486ともなれば緑みの青，410以下ではほとんどが青紫である。このスペクトル群は，スイスの高等女学校の教師であったバルマー（1825～1898）によって発見されたもので，バルマー系列という。

これらの波長は，たとえば水素原子の温度，気体の圧力その他に全く依存しない。要は日本で調べても，ドイツで実験しても，アルプスの山頂で測定しても，これらの波長の光だけが出てくるということで，考えてみれば驚くべき事実なのである。

水素原子からは常にこのような波長の光だけが出てくるという事実には，それなりの理由がなければならない。物理的な理由は後まわしにして，この数列(？)はどのような規則に従ってできたものなのか。いやその前に，ここに並んだ数字に規則はあるのか。

純粋な数学の問題だったら，よほどカンの鋭い人か，大型コンピュータを使える人でもないかぎり，とてもではないが解決できるものではない。値はともかくとして，数列の相対関係だけを，といわれても，暗号解読と同様の手数が必要になる。ただちに結論を示そう。上に挙げた水素原子のスペクトル群は次の式に従う。

$$\lambda = 364.56\frac{n^2}{n^2 - 2^2} \tag{2.2}$$

ただし $n = 3, 4, 5, 6, 7, 8, 9$
なのである。理論式 (2.2) の係数が有効 5 桁であるのに，前ページの実験値のほうが 6 桁とは妙な話であるが，当時の実験家はとことん精密に求めた，ということなのであろう。

ちなみに式 (2.2) を計算してみると，

656.208 ($n = 3$)，486.080 ($n = 4$)

434.000 ($n = 5$)，410.130 ($n = 6$)

396.965 ($n = 7$)，388.864 ($n = 8$)

383.498 ($n = 9$)

となり，前述の実験値との一致は驚くべきものがある。もちろん 4 桁目，5 桁目が違うことなど当然でもあろうが，実際には有効数字 2 桁くらいまで一致すれば上出来，というのが一般である。

とすると，式 (2.2) で計算した数列がなぜ現実に現れるのか，それから，その絶対値（つまり全体にかかる係数）はどのような物理的な意味をもつかを考えていかなければならない。

まず式 (2.2) の係数 364.56 を B とおいて，$\lambda = Bn^2/(n^2 - 2^2)$ としてやる。しかし分母が引き算になっている式は扱いにくい。分母でなく分子が引き算なら簡単に 2 つの項に分けられるというわけで，次のように書く。

$$\frac{1}{\lambda_n} = \frac{1}{B}\left(\frac{n^2}{n^2} - \frac{2^2}{n^2}\right) \tag{2.3}$$

先にも書いたように，n という数値が指定されたときの原子から出てくる波長をλ_nと書く。実験では，λ_3，λ_4，λ_5……などがバルマーによって確かめられたのである。あるいは，この式は次のようにも書かれる。

$$\frac{1}{\lambda_n} = R\left(\frac{1}{2^2} - \frac{1}{n^2}\right) \tag{2.4}$$

ただし$R = 2^2/B$である。

ここでの係数Rは，精密な分光学実験の進歩とともに，だんだんとくわしく求められていくようになるのであるが，その実験値は

$$R = 1.0973735153 \times 10^7 \mathrm{m}^{-1}$$

という，まことに驚くほどの桁数が，現在では明らかにされている（理科年表より）。当初はこれほどくわしくはなかったが，スェーデンの学者リュードベリ（1854～1919）によって1890年に提唱された。

では，なぜ，このような数値になるのか。それには原子（特に簡単な水素原子）の構造を原子論的に見ておく必要がある。

まず，光の発光源は電子である。もっとも，ガンマ線のように波長の短い（したがって強い）電磁波は原子核から出てくるものであるが――これが核のガンマ崩壊である――，エックス線から電波に至るまでの電磁波はすべて電子から出る。

物質は原子から成り，その原子は原子核と電子でなりたつわけだから，光は核から出なければ電子からとび出すのは当然といえば当然である。その電子が加速すると電波を出すことは先に述べたが，原子の中の公転電子については話が違う，と思って頂きたい。そこが量子論なのである。

光は原則として熱い物質から出てくる。熱い物質の中では分子・原子が過激に動き回っているのであり，光の発信源は原子中の電子である。ただし，電子は動き方がでたらめなので，これまたいろいろの波長の光が出る。その極限の物質を黒体と称して，あらゆる波長の光を全くでたらめに放出するものと考える。

あらゆる波長の光の寄り合い世帯は，結果的には白色光線となる。もっとも，蛍光といわれる光は，発光のメカニズムがこれとは少々異なるが

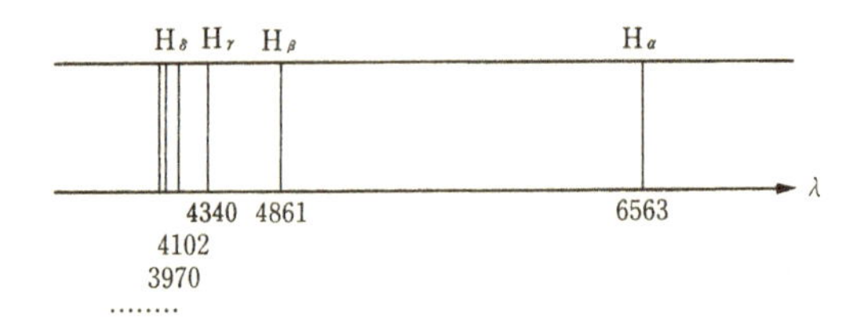

図 2.11　バルマー系列（数字は波長。単位はオングストローム）

(つまり熱くなくても放出されるが)，これも電子の運動がその原因であることに変わりはない。

光がとび出す理屈

光の放出の研究で，最も基本となるのがエネルギー保存の法則である。これは光とか力学とかいう一現象にかぎらない，物理学，いや自然科学の本質的な原則である。

物理学史の途中には，かの偉大なボーアが，ベータ崩壊を見て，ときにはエネルギー保存の法則も破れることはあろうと言った話は有名であるが，これは彼の失言であった。どんなに小さなもの——つまりこの書物のタイトルである量子——でも，あるいは逆にとんでもなく大きな宇宙論の世界でも，エネルギーの保存則は確かなものとして信じられている。

と，ここまで前置きして，バルマー系列を見直してみよう。

この一連の数値は波長の違いで並べられたが，振動数（周波数）ν に直してみるとどうなるか。光の速度を c とし，波長を λ で書くと

$$\lambda\nu = c \quad \therefore \quad \nu = c/\lambda$$

であるから，式 (2.4) は書き直されて

$$h\nu_n = chR\left(\frac{1}{2^2} - \frac{1}{n^2}\right), \quad n = 3, 4, 5, 6\cdots \tag{2.5}$$

となる。$h\nu$ は光のエネルギーであるから，２つの項の差，つまり水素原子内の２つの（正しくは２カ所の）エネルギーの差として，バルマー系列の光がとび出してくるのが見られたというように解釈される。

その解釈はいいが，原子内エネルギーを正（プラス）と記述してよいという保証はない。いや保証というよりも，エネルギー，特に位置エネルギーのゼロ点というのは意外ときめにくいものである（任意に選んでも，全体的に矛盾がなければかまわないのだが）。特に，原子内電子のエネルギーは，模型的に考えたとき，これをマイナスにとるのが普通である。

重い陽極のまわりを円運動している軽い陰電荷の粒子とか，太陽をめぐる惑星や地球を回る衛星など，その位置エネルギー（引力でなく，位置エネルギーであることに注意）は $-QQ'/4\pi\varepsilon_0 r$ および $-Gmm'/r$ とする。このようにきめれば，両者が無限に離れたとき（要するに相互作用が全くない，お互いに無関係なとき）位置エネルギーがゼロになるから，きわめて合理的である。引力を及ぼし合っている２つの物体間には，つねにマイナスのエネルギーが存在すると覚えておいていい。宇宙のようなスケールの大きいものでも，分子・原子のように小さなものでも，この事柄については変わりはない。この位置エネルギーを簡単に $-A/r$ と書く。クーロン力（あるいは万有引力）は当然 $-A/r^2$ と書かれる。また公転物体にかかる力が中心向きならマイナス，外向きならプラスと約束する。

さて公転物体は当然，運動エネルギー $mv^2/2$ を持っている。円運動をするための向心力（mv^2/r）はクーロン力とつり合うから

$$mv^2/r = A/r^2 \qquad (2.6)$$

が成立し（r は公転軌道半径），結局

$$mv^2/2 = (1/2)\,|A/r| \qquad (2.7)$$

そこで全エネルギー（運動のエネルギーと位置エネルギーの和）は

$$E=\frac{mv^2}{2}-\frac{A}{r}=-\frac{1}{2}\left(\frac{A}{r}\right) \tag{2.8}$$

というように，符号はマイナス，その絶対値は位置エネルギーの半分になる。

わかりやすい例でいえば，太陽をまわる地球にしろ，模型的に原子核をまわる電子にしろ，もし運動エネルギーが5なら位置エネルギーは必ず－10になり，合計は－5，もし運動エネルギーが23なら位置エネルギーは－46で，計－23になる。つまり，クーロン形の向心力で円軌道を描く物体の全エネルギーは必ずマイナスなのである。

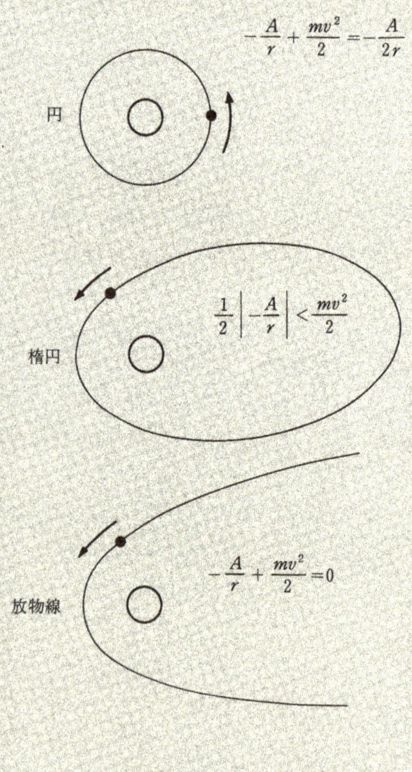

図2.12　クーロン力と公転軌道

それでは人工衛星などで，円運動の途中で火薬で噴射させて速度を増したらどうなるか。軌道は（もとの円の中心を焦点とする）楕円になる。もっと運動エネルギーを大きくして，運動エネルギーと位置エネルギーの絶対値とが等しくなると（つまり全エネルギーがゼロになった瞬間），軌道は楕円から急に（？）放物線になって，衛星は飛び去ることができる。地球から脱出できるこの速度を第2宇宙速度と呼び，ほぼ11.17 km/sである。これよりわずかに速度がふえると，軌道はたちまち双曲線になる。余談だが，楕円と双曲線の種類はうんと多いが，放物線はただ1種類しかない，つまりすべての放物線は相似形である，ということも，こんな事実からうなずかれる。

さて，水素原子核のまわりの電子のエネルギーはマイナスである，という立場に立てば，式（2.5）は

$$h\nu_n = \left(-\frac{chR}{n^2}\right) - \left(-\frac{chR}{2^2}\right), \quad n = 3, 4, 5, 6, \cdots \tag{2.9}$$

と書くのがいいようだ。とすると電子が，高い（絶対値が小さい）エネルギー状態 $-chR/n^2$（$n = 3, 4, 5, 6, \cdots$）から，それよりも低い（絶対値が大きい）状態 $-chR/2^2$ にドスンと落ちるとき，その差額のエネルギーが光となって外にとび出す，と考えるのが最も合理的である。したがって，水素原子のエネルギー（正しくは1個の核外電子の全エネルギー）は

$$E_n = -chR/n^2 \tag{2.10}$$

と表される。E_n の添字 n は，n という番号できめられたエネルギーであることを示す。$n=2$ も含んで，上のほうから $n=2$ の状態に落ち込む際に観測されるのがバルマー系列だと考えられる。そうして——どうした風の吹きまわしか——そのエネルギーは負で（負であることは通常の力学から納得できる），その絶対値は，整数 n の2乗分の1という，きまりきったものになっているのである。

この風の吹きまわしは，いわゆるwhy（ナゼ）を表すもので，ここでどうしてなのかと悩んでも始まらない。なるべく合理的な説明を付随させるだけである。というわけで，いま一度古典力学に還ってみよう。

古典論で電子の公転エネルギーを

水素原子核をめぐる電子の公転エネルギーを，いま一度くわしく調べていこう。クーロン・エネルギーは通常MKS単位で表され，$1/(4\pi\varepsilon_0)$の係数をつけるのだが，いわゆるCGS静電単位では係数を1とおく（このため，一般的記述として，式（2.6）などではAと書いた)。したがって公転電子の位置エネルギー（クーロン・ポテンシャル・エネルギーというが，最後のエネルギーという言葉は省略されることが多い)）は

$$U = -Q^2/(4\pi\varepsilon_0 \cdot r') = -e^2/r \qquad (2.11)$$

ここにr'はメートル単位，rはセンチ単位であり，電子の電荷についてはQはクーロン単位，eはCGS静電単位で表す。

$$1\text{クーロン} = 3 \times 10^9 \quad \text{CGS静電クーロン}$$

であり，電子の電荷は

$$-1.6 \times 10^{-19}\text{クーロン} = -4.802 \times 10^{-10}\text{CGS静電クーロン}$$

である。

科学一般にはMKSA単位（国際単位の基礎となるもの）を用いるのがつねになっているが，原子の研究には，わずらわしい$1/(4\pi\varepsilon_0)$のような係数はやめて，CGS静電単位として研究は進められる。要するに位置エネルギーは簡単に$U = -e^2/r$と書かれるのである。

半径rで公転するとき，先に述べたように向心力とクーロン力とを等しいと置き

$$mv^2/r = e^2/r^2 \qquad (2.12)$$

として，円運動の速さvと回転半径の大きさrとが関係づけられる。つまり一方が決まれば，他方は自動的に定まってしまう。

さらに古典式をいま少し押し進めると，質量mの小さな物体が速度vで走るとき，運動量はmvだとされる。そうして，ある点Pを指定したとき，P点からみて一定速度vで走る物体の角運動量p_θとは，P点から

その物体の描く軌跡（当然これは直線になる）に下した垂線の長さ r をかけた値 mvr をいう（図 2.14）。

とくに角運動量として興味をもたれるのが円運動であり，円の中心に対する角運動量は mvr となる。r は回転軌道の半径であり，中心から円周に下した半径が常に垂線になることはすぐわかるだろう。円運動の角運動量を問題にするとき，十分にわかっていることとして「中心に対する」という言葉は省略されることが多い。したがって水素原子の原子核をまわる電子の角運動量は，速さが v で回転半径が r なら，当然，mvr である。

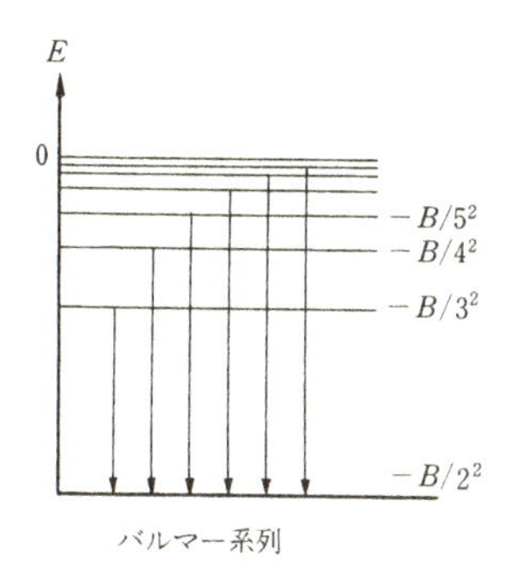

図 2.13　水素原子から出る可視光線

量子論でなっとく

さて，ここでいよいよ量子論に入る。ここまでの古典力学あるいは古典電磁気学（クーロン力やクーロン・ポテンシャル）だけでは，絶対にバルマー系列は説明できないのである。水素原子内の電子のエネルギー（もち

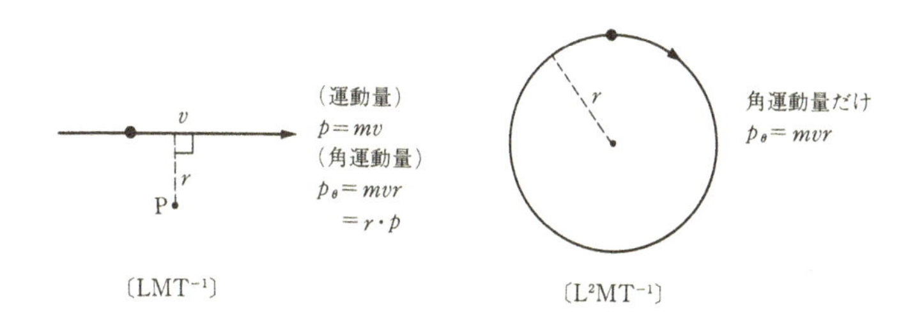

図 2.14　運動量と角運動量

ろん位置エネルギーと運動エネルギーとの和）が $-chR/n^2$ ときまってしまうことなど古典論ではありえない。不自然な整数 n など，自然界のどこにもないのだから。

電子の全エネルギーは，とにもかくにも $-chR/n^2$ なのだ，と宣言してしまうのも一方法かもしれないが，これではあまりにも乱暴である。結果は似たようなものではあるが，多少のいきさつを補ないながら，解説というものはなされなければならない。

量子論の誕生は1900年とされている。その前後のいきさつは後に回し，1910年代の，デンマークの理論物理学者ニールス・ボーア（1885～1962）の仮説を述べることにしよう。量子論の父といわれるボーアについては後にも触れる機会があるが，彼は回転運動をしている水素内電子の角運動量は，プランク定数を 2π で割ったものの整数倍とせよ，ときめた。式で書くと

$$mvr = n(h/2\pi) \tag{2.13}$$

である。この式こそ，電子軌道の量子的基礎概念とされる。

バルマー系列においては，$n=3$ 以上と $n=2$ との差額が現れるのであるが，この整数 n は――古典物理学ではもちろん，こんな「整数」は現れない――量子力学独特のものであり，これを量子数と呼ぶ。そうして式(2.13) をボーアの量子条件というのである（後にこの条件式はもっと一般化される）。

さて，式 (2.13) を認めると，円運動の速さ v は直ちに計算できる。すなわち向心力が mv^2/r であることを考慮して，これがクーロン力と一致していることから（式 2.12 参照），公転の速さ v と半径 r は

$$v = \frac{nh}{2\pi mr}, \qquad r = \frac{n^2h^2}{4\pi^2me^2} \tag{2.14}$$

となる。全エネルギーは式 (2.7 および 2.8) で示したように，運動エネルギーの符号を変えたもの $(-mv^2/2)$ と考えてもいいし，クーロン・ポテンシャルの半分 $(-e^2/2r)$ から計算してもいい。とにかく量子数 n を

含むから，量子数が n の場合の電子のエネルギーを，わざわざ n を添字としてつけて E_n とすると

$$E_n = -\frac{2\pi^2 me^4}{n^2 h^2} \tag{2.15}$$

となる。分母に整数 n の 2 乗がくるが，ほかはすべて普遍定数（m：電子質量，e：電子電荷，h：プランク定数）と呼ばれるものである。

さてバルマー系列は，n が 3 以上の大きな準位(エネルギーの値)から $n = 2$ の準位に電子が落ちる際に発するエネルギーだとすると

$$E_{m,2} = \frac{2\pi^2 me^4}{h^2}\left(-\frac{1}{n^2} - \left[-\frac{1}{2^2}\right]\right), \quad n = 3, 4, 5, 6, \cdots \tag{2.16}$$

と書かれることになり，先のリュードベリ定数は

$$R = \frac{2\pi^2 me^4}{h^3 c}\left(= \frac{me^4}{8\varepsilon_0{}^2 ch^3}\right) \tag{2.17}$$

でなければならない（括弧内は MKSA 単位）。そこで電子についての普遍定数と光速度を右辺に入れて調べてみると

$$R = 1.093 \times 10^7 \,[\mathrm{m}^{-1}]$$

となり（理科年表より），75 ページに挙げた実験値（実験値のほうが理論値よりも有効桁数が多い例は珍しい）と驚くほどよく一致している。とすれば式(2.14) は数値的にも，極めて正しいものといわざるをえない。ということになると，伝統的なしきたりを超えたボーアの量子条件 (2.13) も，いやでも認めなければならない。

見えない「光」にもあてはまる理論

回転電子の量子数 n が，2 より大きい場合だけを問題にしたが，$n = 1$ の場合はどうしたのか，という疑問は当然起こる（$n = 0$ は全く無意味なことはわかろう）。$n = 1$ という状態も，実は存在するのである。

$n = 1$ の状態はエネルギーの最も深い（マイナスで絶対値の大きい）レベルである。その（$n = 1$）のレベルに，量子数が 2 以上の状態から電子

が落ちるときに出る光のエネルギーは大きく（光子に直すと $h\nu$ の ν が大きい），波長は短くてすべてが紫外部に入る。したがって可視光線のグループより発見は遅れたが

$$\frac{1}{\lambda_n} = R\left(-\frac{1}{n^2} - \left[-\frac{1}{1^2}\right]\right),$$
$$n = 2, 3, 4, 5, \cdots \qquad (2.18)$$

はアメリカの物理学者ライマン（1874～1984）によって発見され，これをライマン系列と呼ぶ。バルマー系列の場合と全く同じ係数 R が用いられ，当然とはいうものの，この理論の正しさを裏書きしている。

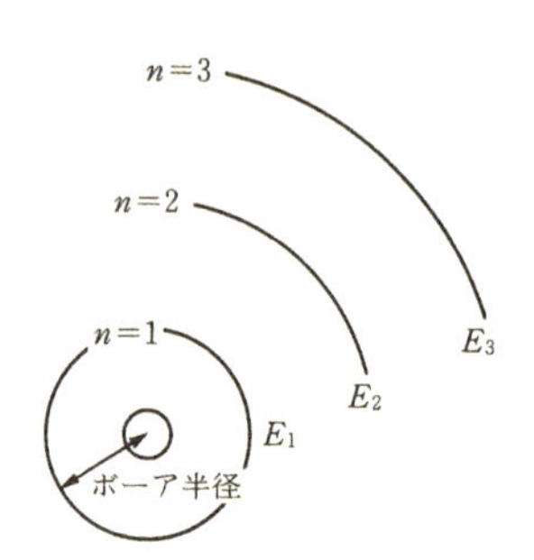

水素原子模型
（実際の公転半径は $r \propto n^2$ で，n が大きくなれば図よりもはるかに大きくなる）

図 2.15　水素原子のエネルギー準位

発見されたスペクトル群

なお一般に，電子のエネルギーは，量子論ではもはやクーロン・エネルギーと運動エネルギーとに分けることはしないが，量子数 $n = 1$ の場合

$$|E_n| = \frac{2\pi^2 me^4}{n^2h^2} = 2.17 \times 10^{-18}\,\mathrm{J} \fallingdotseq 13.58\,\mathrm{eV} \qquad (2.19)$$

となり，かりに公転軌道を仮定した場合の半径を改めて r_n と書くと

$$r_n = \frac{n^2h^2}{4\pi^2me^2} = n^2 \times 5.29 \times 10^{-11}\,\mathrm{m} \qquad (2.20)$$

となる。$-13.58\,\mathrm{eV}$ を，水素原子の基底エネルギーと呼び，最も短い半径である $0.53 \times 10^{-10}\,\mathrm{m}$ をボーア半径ということがある。ボーア半径の倍（つまり直径）が水素原子の大きさとみなされ，1Å（オングストロー

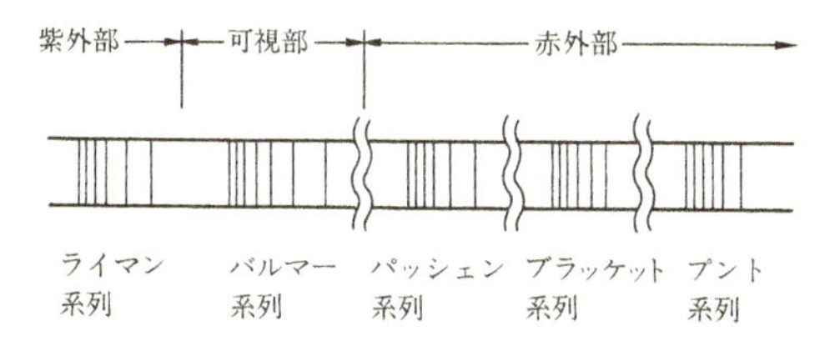

図 2.16　水素原子の輝線スペクトル

ム) = 0.1 nm（ナノメーター）が，水素に限らず原子のおおよその尺度だと思っていい。

それでは量子数が 3 の準位に，それより高い各準位から落ちるときの光の系列はないのか。可視光線より波長の長い赤外部にこれがみられ，パッシェン系列と呼ばれる。わかりやすくするため波長の逆数を書くと

$$\frac{1}{\lambda_n} = R\left(-\frac{1}{n^2} - \left[-\frac{1}{3^2}\right]\right), \qquad n = 4, 5, 6, 7, \cdots \tag{2.21}$$

である。さらに量子数 4 の準位に落ちる系列も赤外部にあり

$$\frac{1}{\lambda_n} = R\left(-\frac{1}{n^2} - \left[-\frac{1}{4^2}\right]\right), \qquad n = 5, 6, 7, \cdots \tag{2.22}$$

をブラケット系列と呼ぶ。さらにその上に

$$\frac{1}{\lambda_n} = R\left(-\frac{1}{n^2} - \left[-\frac{1}{5^2}\right]\right), \qquad n = 6, 7, \cdots \tag{2.23}$$

もみつかっており，プント系列という。

発達した分光学（当然，紫外線，赤外線も含めて）で見事なスペクトル群がみつかった結果であり，この事実についてはボーアの量子条件という，いささか（いや大いに）突飛な仮定を承認すれば，すべて「ことよし」ということになった。

これまでのスペクトル群を一括して書けば，量子数 $m \to n$ という遷移

において

$$\frac{1}{\lambda_{m,n}} = R\left(-\frac{1}{n^2} + \frac{1}{m^2}\right), \quad n = m + 1,\ m + 2,\ \cdots \tag{2.24}$$

となり，$m = 1$ ならライマン，$m = 2$ ならバルマー……となるのだと覚えておけばいい。共通のリュードベリ定数が用いられるのがポイントである。

なお式 (2.24) は，電子が 1 個だけある水素原子の場合であるが，2 個（ヘリウム）以上のときには，電子のエネルギー準位は若干変わってくる。そのときには式 (2.24) を補正した

$$\frac{1}{\lambda_{m,n}} = R\left\{-\frac{1}{(b + n)^2} + \frac{1}{(a + m)^2}\right\} \tag{2.25}$$

が使われ，実験データから a，b を知ることになる。

第3章

要するに座席探し

量子論のメッカ

相対性理論はアインシュタイン一人の力によるものであるが，量子論さらにそれの数学的手段である量子力学は，20世紀の初めに多数の物理学者によってつくり上げられたものである。すでにその準備として(結果的に準備となったということ）ド・ブロイの物質波の研究があったが，それを量子力学に当てはめてみると大変具合がいい，として，この方程式の意味を拡大したのはシュレーディンガーである。

ということになると，量子論の創設者は誰か。普通は，1900年のプランクの黒体放射の講演で量子論の幕が上がったとされている。しかし，1900年代はまだ五里霧中の段階であり，アインシュタインの光量子仮説などが古典物理学にとって代わろうとしていた。

1910年前後に，アインシュタインやオランダ生まれのデバイによって，固体の比熱が低温で著しく小さくなるのも，量子論の立場から見事に説明された。このへんの事情を知るために，1910年代のコペンハーゲンに目を向けることにしよう。

量子論誕生に際しては，プランクといま一人，ニールス・ボーアを挙げなければならない。先にも簡単に紹介したが，この量子論の父ともいうべき人物については，いま少し説明が必要であろう。

ボーアが特筆されるゆえんは，1910年代に量子条件（式2.13）のもとに原子の構造を解明したこともさることながら，1920年代に多くの若手

ハイゼンベルク（向かって左）と一緒のニールス・ボーア（1885～1962）。1913年，プランクの量子仮説で水素のスペクトル系列を説明。1921年，元素の周期律の定義を見いだす。対応原理，相補性の概念など，量子論の基本的問題にも大きく貢献した。

物理学者をコペンハーゲンに集め，世界的な研究の徒を育てたことである。言葉は悪いが量子論のボスであり親分である。特に20世紀の前半に，量子力学の卓越した論文を世に出した人々の多くは，一度はボーアのもとを訪れている。

ニールス・ボーアはデンマークに生まれ，コペンハーゲン大学に学んだ後，イギリスに渡ってケンブリッジ大学でJ.J.トムソンに，またマンチェスター大学でラザフォードに学んだ。帰国して1913年に，ラザフォード散乱と自らの量子条件とを組み合わせて，原子模型を提唱する。1916年にコペンハーゲン大学教授に任命され（31歳），1921年に付属研究所を創設した。「原子の構造とその放射に関する研究」というタイトルで1922年度のノーベル物理学賞を授けられる。ちなみにその前年，1921年度の受賞者がアインシュタインである。

この時期にコペンハーゲンを訪れ，1年，2年あるいは3年と留学した若手に，ドイツのハイゼンベルク，イギリスのディラック，スイスのパウリ，イタリアのフェルミなどがおり，日本からは仁科芳雄（1890～1951）

が1923年から1928年まで滞在した。

宗教上のことなどで，ある場所に同一目的をもって人々が集まり，そして散っていく地を（聖地というべきか？），回教都市の名をとってメッカと呼ぶ。まさに当時のコペンハーゲンは理論物理学の，特に新しく興った量子物理学のメッカであった。

なお1930年代に入ると，隣国ドイツでナチ党のユダヤ人に対する圧ぱくが強まり，ボーアの研究所の所員も漸減の傾向をたどることになる。そうして1940年の4月9日に，よく知られているように，ドイツ軍は突如デンマークとノルウェーに進攻する。研究所はその後も活動を続けたが，やがてドイツの締め付けがきびしくなった1943年に，ボーアは海峡を渡ってスェーデンに逃れ，続いて武器をはずしたイギリスの爆撃機の爆弾庫にかくれて10月6日，半死半生でイギリスに着いた。爆弾庫の中で，酸素マスクを付ける方法がわからなかった，という説がもっぱらである。

やがてアメリカにも渡って，原子爆弾の恐ろしさを説き，政治家たちの相談役もつとめた。1945年に，対ドイツそして対日本の戦争も終わったあと，そのまま残ってその地で研究を続けるように請（こ）われたが，「自分はアメリカ人でもイギリス人でもない。一刻も早くデンマークに戻り，コペンハーゲンの研究所を再開したい」と言ったという話は有名である。

とにかくボーアの研究時期は1910年代，そしてメッカと呼ばれるのにふさわしい時代は1920年代であるが，なぜ小国の一都市に，このように学者が集まったのか。最大の理由はボーアの人間の大きさであろう。量子物理学ではこの人を措いてほかになし，と思わせるほど，指導力その他に大きな影響力をもっていたに違いない。

いま一つは時と場所である。第一次大戦で，ドイツ，フランス，イギリスなど大国は疲労した。特にドイツは敗戦の痛手を受け，インフレその他の理由で研究どころではなかった。ドイツの次にはイギリスが量子論での先進国（？）であったが，両者の中央にある中立国デンマークは，研究には，しかもそれほど金のかからない理論物理には，最も適していたのではなかろうか。

コペンハーゲン市庁から北に走る目抜き通りのストロイエの中央あたり

をやや東に入ったところに，いまでもボーアの住居跡がある。この都市には，物理学者としてはほかにエルステッド（電流の近くに磁界が発生することを発見）が市民の誇りとなっており，アンデルセンの生家やマーメード人魚とともに知られている。

電子は回るから

前章で示したように，水素原子の電子について，ボーアは量子条件を設定した。極微の世界は量子数という整数をふくむ式で記載され，量子数としては自然数だけが許される。最もエネルギーの低い基底状況（$n = 1$）で $E_1 = -13.58\,\mathrm{eV}$，公転軌道の半径は $5.29 \times 10^{-11}\mathrm{m}$ であった。なおこの 2 つの量のほかに角運動量と磁気モーメントは――後にスピンの話でたいそう重要視されるため――是非とも知っておかなければならない。公転運動の際の角運動量は，図 2.14 にも示したが，改めてこれを L と書くと，量子条件式 (2.13) そのままに（ただし $n = 1$ とする）

$$L = mvr = (h/2\pi) \tag{3.1}$$

である。

さて話が急に飛ぶようであるが，原子あるいはもっと小さな素粒子については磁化の強さも知っておかなければならない。素粒子の研究を進めるのに，微小粒子の棒磁石としての能力がどれくらいかがつねに問題になり，それを基にして理論的計算が進められるからである。

なお多くの場合，素粒子自体が自転するために生じる磁化（これを磁気モーメントと呼ぶ）を粒子が所有する物理量の一つと考えていくのであるが，それよりもまず，原子中の電子の公転運動による磁気モーメントを調べていくことにする。模型的には公転軌道のほうがわかりやすい。

磁界をかけると磁気を帯びる物質のことを磁性体という。元素としては周期率表に並んだ鉄 (Fe)，コバルト (Co)，ニッケル (Ni) が強磁性体として有名だが，酸化物その他の物質にも強磁性体は多く，さらにこれからの話は，必ずしも強くない磁性体（たとえば常磁性体）などもすべて含んだ話になる。

物質を磁界に入れてやると，強いか弱いかの差はあるけれども磁気を帯びる。ということは，物体の一方がN極，他方がS極となるわけだが（これを双極子と呼ぶ），一方の磁気量 m （したがって他方は $-m$ となる）にNとSとの間隔 l （正確にはそれぞれの磁気の中心間距離）とをかけ合わせた量が磁気モーメントであり，単位体積あたりの磁気モーメント

$$M = ml \tag{3.2}$$

を磁化の強さ（もしくは単に磁化）と呼ぶ。

そうして M は方向をもち，物質中でS極からN極に向いた矢印として表せる。外からの磁場 H が通常，N極からS極に矢をつけるのとは逆であるから，気をつけなければならない。したがって，外磁場 H と磁化 M との向きは平行になるときが安定である。安定であるとは，位置エネルギー（あるいは磁気エネルギーともいう）の低いこと（極小になること）をいう。何らかの細工により，両者の矢印が反対向きになることを反平行と呼び，このときは位置エネルギーが高い。

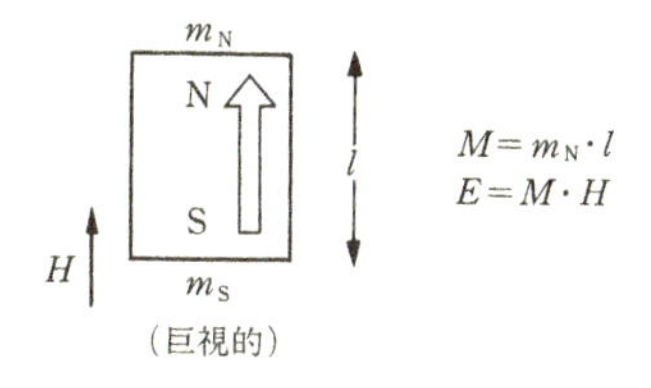

理屈は小磁石と同じ

この磁化の強さを，粒子1個あたりの大きさで考えたものが研究対象になり，スピンと呼ばれる。素粒子の特徴の一つである。要は素粒子の磁性といえども，電磁気学の M （の小さいもの）と本質は同じである。

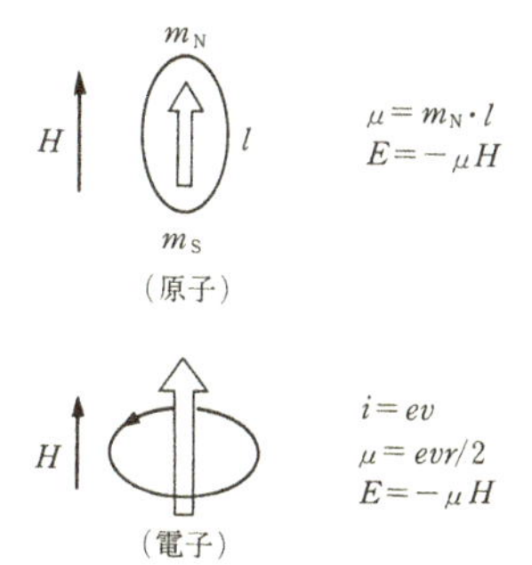

図3.1 磁化の強さと磁気モーメント。磁化の強さを M (白矢印)，小磁石と円電流の磁気モーメントを μ，エネルギーを E とする。

力学的な角運動量は式 (3.1) のようにわかっているので，公転電子1個がつくる磁気（双極子）モーメ

ントを計算しよう。電子の速度を v とすると，$2\pi r/v$ が1周の公転に要する時間，その逆数 $v/2\pi r$ が，単位時間に円周の一断面を電子が通過する回数になる。これに電子1個の電荷 e をかける（e そのものをマイナスとし，CGS 静電単位で記述する）と結局，電流の強さは

$$I = ev/2\pi r \tag{3.3}$$

である。円電流は（特にそれがソレノイド状に巻かれた導線を流れる場合），棒磁石と全く同じように周囲に磁界をつくる。もちろん一巻きでも立派な磁石であり，この円電流のつくる磁界は，それとは十分離れたところで磁気モーメントの大きさが $\mu = \pi r^2 I$ の小磁石のつくる磁界と同じである。したがって電子の公転運動のつくりだす磁気モーメント μ（双極子といっても小磁石といっても同じこと）は

$$\mu = \frac{evr}{2} = \frac{e}{2m}L \tag{3.4}$$

と簡単に書かれ，ボーアの量子条件 $L=h/2\pi$ を使えば

$$\mu_{\mathrm{B}} = \frac{eh}{4\pi m} \equiv \frac{e\hbar}{2m} \tag{3.5}$$

となる。なお，今後たびたび $h/(2\pi)$ が出てくるので，これを $\hbar$ と書き，エイチ・バーあるいはディラック・エイチということにする。この水素原子での基底状態の磁気モーメントを特にボーア・マグネトン（簡単にボーア磁子）と呼び，特別なものとして上式のように添字Bをつけることが多い（混同しないかぎり単に μ とする人もある）。

なお μ と L との比例関係の係数は

$$\mu = \gamma \cdot L\ ,\ \ \gamma = \frac{e}{2m} \tag{3.6}$$

である。公転軌道だからこそ，このような値（なお μ を負と考え，γ に負号をつけることもある）になるのであり，今後多くみられる自転軌道では

違ったものになる。電磁気の単位としては，CGS 静電単位を用いたが，MKSA 単位では ε_0 などが現れて（理屈は同じであっても）表現の形式は違ってくる。ただし以上の角運動量や磁気モーメントおよび比率 γ については後に詳述し，具体的な値は式 (3.50) などに示す。

古典もすてたもんじゃない

ボーアの量子条件から，水素原子の角運動量や電気モーメントに話が及んだ。基底状態でないものはどうなるのか，そうして電子の公転でなく自転のときは話はどちらに進むかなどが初期の原子物理学（原子の構造をきわめる調査）での問題であった。もちろん，量子論の応用ではあるけれども，これは後回しにして，最も量子論的な基本思想である量子条件について話を進めていくことにしよう。

水素原子の電子のエネルギーを規制する式 (2.13) を量子条件といったが，ボーアと，ボーアの量子条件をさらに一般化して前期量子力学の発展に大きく貢献したゾンマーフェルトの名をとり，ボーア-ゾンマーフェルトの量子条件というのは，次のような周期積分式で書かれる。

$$\oint p \, \mathrm{d}q = nh \tag{3.7}$$

式 (2.13) は一般式 (3.7) の特殊な場合にすぎない。ここに p は運動量（$= mv$）を表し，q は速度の方向の座標（たとえば x，y，z など）である。h はプランク定数で，n は（ゼロを含むか含まないかは場合によって異なるが）通常は正の整数とする。

1910 年代に，ボーアによって提唱された量子力学を前期量子力学あるいは古典量子力学と呼ぶが，それは従来の力学や電磁気学のメカニズムに，式 (3.7) さえ認めてくれさえすればいいとする。そしてこの式を導入することによって，破綻した古典物理学が立ち直ったのである。

周期積分の結果を，プランク定数という一定値もしくはその整数倍と仮定してやれば万事よろし，であり，この式(3.7)を認めさえすれば量子論の天地は開かれるとするのがボーア-ゾンマーフェルトの量子条件である。

それでは，この条件式はどのようにして導かれたのか。爾後の研究者は結果さえわかっていれば，その後の計算は新しく展開されていくわけであり，そこに至るまでの先駆者の過程は必ずしも知る必要はないかもしれない。物理学，とくに素粒子論が最先端にまで発展した今日，量子力学しかも前期量子力学がどのような考え方のもとで生まれたかは，もはや物理学の歴史の中に埋没してしまいそうである。

量子物理学といっても，ボーアひとりのカンででき上がったのでもなければ，自然に発生した理論でもない。物理学であるからには，いや自然科学一般として，古いものがそれほど間違っているはずはない。古典物理学はそれなりに，数多くの学者のぼう大な研究業績の結果として，自己矛盾することなくでき上がったものである。

ところが19世紀末ごろから低温物理，光のスペクトルなどの実験技術が急激に進歩して，古典論ではどうにもならない場面があちこちに現れるようになった。

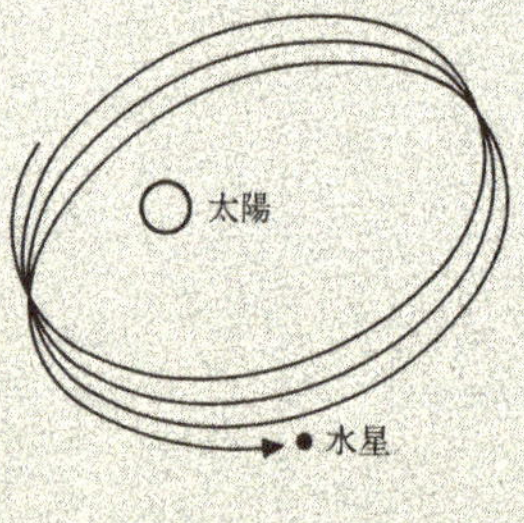

だからといって，古典論を捨て去れというのは暴論である。古典論は古典論として十分に認めつつ，あくまでその理論を基礎として，新しい考え方を導入していこう，とする気持ちがみなぎっていたのである。ボーアを中心としてこのむずかしい作業は少しずつ進められた。その過程は省略するが，たとえばエーレンフェスト（1880〜1933）らにより，古典物理学の断熱定理などを改めて見直し，どのような条件下で系のエネルギーが一定に保たれるかが調べられた。また周期運動をする力学系（もちろん巨視的な対象）をつぶさに調べ，系を記述する

図3.2　断熱でのトラジェクトリの一例。水星の公転軌道はわずかずつ変っていくが，描く面積は一定。

パラメータの微小な変化に対しては，q（座標）と p（運動量）とをそれぞれ直交軸とすると系の軌跡（これをトラジェクトリという。図3.2参照）の周期的変化がきわめて小さいことなどを手がかりにして，不変量をみつけだしていったのである*。

さらに解析力学におけるポアソン括弧〔p, q〕も，本当の量子力学（前期ではないということ。これはハイゼンベルクによって形成された）で，p や q の新しい定義のもとに，同じ名前で再登場してくる。

このように古典的な物理式あるいは古典的な概念，言葉，記号などを生かしつつ，そのまま量子力学へ移ろうとする「やり方」を広い意味での対応原理と呼ぶ。一見全く別ものに見える古典論と量子論も，対応原理によって結ばれているといえる。もっとも狭義には，ボーアの原子論においてこの言葉が用いられるが，先を急ぐ現代の物理学では，対応原理といっても，特に若い人たちには知られていないことが多い。

俊英たちのみつめた式

1920年代になって，式 (3.7) を用いても，いささか実験結果と合わない部分が出てきたため，コペンハーゲンに集まった若い俊英たちが「本当の量子力学」を組み立てていくことになる。その本当の量子力学が，極微の物質に対する考え方をがらりと変えてしまうわけであるが，その英才たちがいずれもボーアの指導を受けた学徒であることは誠に興味ぶかい。ボーアの功績は，前期量子力学の開発もさることながら，弟子たちに自分の研究を越えて自然界の「しくみ」を追求させたことにある，といってもよかろう。

さて式 (3.7) であるが，運動量 p とその座標 q との関係は，解析力学では共役（共役はもともと共軛と書かれ，2頭の牛をつなぐ軛（くびき）のように“対をなす”の意味がある）と呼ばれる。

* 古典物理学の基礎に立って，これを十分ふまえ，その延長上に量子論をつくっていった経過は，朝永振一郎著『量子力学 I』（みすず書房）に詳しく述べられている。多くの書物が省略しているこのくだりを，朝永博士はきわめてち密に解析しており，古典から量子への移行が，けっして不自然でないことが納得される。

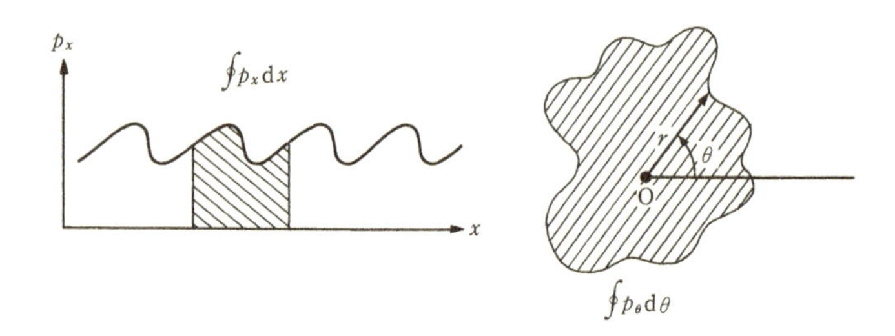

図 3.3　周期積分

直交座標（105 ページの図 3.8 左）では

$$x \leftrightarrow p_x = mv_x, \quad y \leftrightarrow p_y = mv_y, \quad z \leftrightarrow p_z = mv_z \tag{3.8}$$

という関係であるが，たとえば極座標（図 3.8 右）では

$$r \leftrightarrow p_r = mv_r, \quad \theta \leftrightarrow p_\theta = mv_\theta r, \quad \varphi \leftrightarrow p_\varphi = mv_\varphi r \tag{3.9}$$

というように，p の元（げん）は必ずしも〔LMT^{-1}〕とはならず，q も〔L〕とは限っていない。しかし，両者の積 $p_a x_a$ は，つねに〔$\mathrm{L}^2\mathrm{MT}^{-1}$〕である。広い意味で q を座標，p を運動量と呼ぶ（p_θ や p_φ は，実は角運動量になっている）。

次に音楽のト音記号にも似た $\oint$ は，変数は必ず周期運動をしていて，1 周期にわたって（ひと回りして出発点に戻るまで）積分することを意味する。当然，被積分関数が周期関係になっていなければ，この記号は無意味である。最も簡単に p が q の周期関数のときには図 3.3 左のように，この記号による積分は，1 周期にわたる面積を表すことになる。

単振動のように，物体が往って返ってくる場合の積分では，プラスとマイナスが相殺してゼロになりそうに思えるが，そんなことはない。往路では $\mathrm{d}q$ も p も正で積分値は正，復路は $\mathrm{d}q$ も p も負になり，結果はやはり正になって，周期積分は片道の倍になる。

円運動の場合は，円の中心に極座標の原点をおけば，p_φ は一定値であり，周期積分の結果は $[p_\varphi \cdot \varphi]_0^{2\pi} = 2\pi p_\varphi$ であることがわかろう。この最後の積分を実行して

$$\oint p_\varphi \, \mathrm{d}\varphi = nh, \quad \therefore \ 2\pi mvr = nh \ \text{あるいは} \ mvr = n\hbar$$

と「計算された」結果が，式 (2.13) にほかならない。

量子条件を書くなら，なにも不馴れな周期積分をもちださなくても式 (2.13) のほうが素直でいいではないか，と思われるかもしれない。確かに高校教科書などでは式 (2.13) で代表しているものもあるが，一般的には式 (3.7) のほうが幅広く周期積分で示されるものであり，ボーアも，この式を提唱したのである。

振動のエネルギーは

極座標での平面角 φ とその角運動量 p_φ をとれば，円形軌道の量子条件が得られることがわかった。それでは走り方を変えて，単振動をしている微小粒子，現実には固体の熱振動について量子条件を当てはめてみよう。これは低温での固体比熱の減少を説明することにほかならず，原子スペクトルとは別のルートから量子論の誕生につながってゆく。

1次元（x 方向だけ）の単振動をしている小粒子を考えよう。このような対象を，物理学では調和振動子と呼ぶ。力学的エネルギーを，運動量 p と座標 q との関数として書き表した関数 $H(p, q)$ を，解析力学ではハミルトニアン（もしくはハミルトン関数。アイルランドの数学者で物理学者のウイリアム・ハミルトンにちなむ）と呼ぶが，今の単振動の場合には

$$H = \frac{p^2}{2m} + \frac{1}{2}Kq^2 = \frac{p^2}{2m} + 2\pi^2 m\nu^2 q^2 \qquad (3.10)$$

となる。K はいわゆるバネの定数（あるいは弾性定数）と呼ばれるものであるが，粒子の質量 m，振動数 ν を用いて固体論的に書けば最右辺のようになる。

さて粒子の全エネルギーを改めて E（ここでは一定値）と書く。式の上ではハミルトニアン H と全く同じものであるが，H は p と q との関

数，E は単なる定数であるから，その違いをはっきり認識していなければならない。式 (3.10) を E とおいて，p をあらわに表すと

$$p = \pm\sqrt{2m(E - 2\pi^2 m\nu^2 q^2)} \tag{3.11}$$

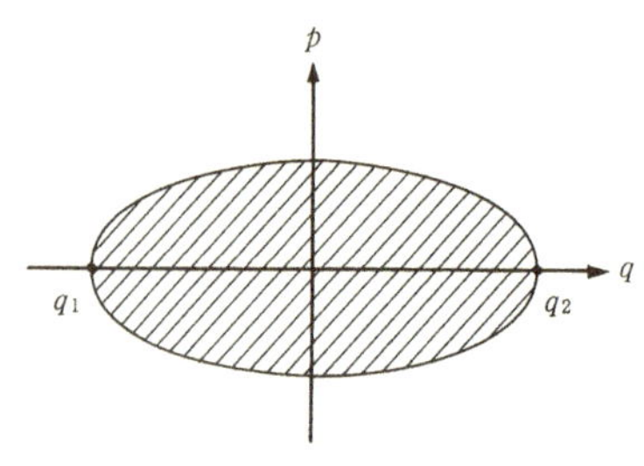

図 3.4　調和振動子における p とその積分値

普通に考えると，調和振動子は振幅の両端で速度ゼロ，したがって $v = 0$　$\therefore p = 0$ であるから，振動の中央で運動量 p ($\propto v$) が最も大きい。今回の場合も同様に，エネルギー一定のもとに p を q の関数として書けば，式 (3.11) のように中央 ($q = 0$) で p の値は最も大きくなる。そうして積分の下限と上限は，被積分関数式 (3.11) のルートの中をゼロにする値だから

$$q_2 = \sqrt{\frac{E}{2\pi^2 m\nu^2}}, \qquad q_1 = -\sqrt{\frac{E}{2\pi^2 m\nu^2}} \tag{3.12}$$

である。変数 (q) が $q_1 \sim q_2$ の間にあるとき式 (3.11) のルートの中は正（またはゼロ）なのだから，この要請は当然である。

後にシュレーディンガー方程式という本当の量子力学ができ上がり，この場合の積分領域は ($-\infty \sim +\infty$) となって，上記のボーア流との違いを改めて感じさせる。このような相異も，学問発展の途上にあったということは興味深い。

さて量子条件式 (3.7) に当てはめると，調和振動子は 1 往復で 1 周期，帰りは被積分関数 p も，微小量 $\mathrm{d}q$ も負であるから，結局両者の積は正になり，往路と同じ。したがって周期積分は往路の 2 倍になる。量子条件は

$$nh = 2\int_{q_1}^{q_2} \sqrt{2m(E - 2\pi^2 m\nu^2 q^2)}\,\mathrm{d}q \tag{3.13}$$

となり，これは公式を用いて簡単に解くことができる。

物理学の研究には，積分式がよく利用される。物理法則そのものは微分型で与えられるが——たとえばニュートンの第2法則では，座標 x を時間 t で2階微分する——，結果としては微分のない普通の式に導きたい。そのためにはニュートンやライプニッツの力作（？）である積分という演算を利用することになる。

もちろん積分式には解けないものが多い。というよりも，解けるもののほうが限定されているといっていい。公式集には，ずいぶん多くが掲載されているではないか，と思われるかもしれないが，任意に関数を書いてさあ積分しろ，と言われても原始関数を求められないほうが遥かに多いのである。

ところで式（3.13）は幸いよく使われる積分である。公式を全部暗記する必要はさらさらないが，この積分は公式集に掲載されているものの一つかどうか……のカンぐらいは働くようになって頂きたい。公式は

$$\int\sqrt{a^2 - x^2}\,\mathrm{d}x = \frac{a^2}{2}\arcsin\frac{x}{a} + \frac{x}{2}\sqrt{a^2 - x^2}$$

これは $x = a\sin\theta$（あるいは $a\cos\theta$）というように，変数を x から θ に変換する典型的な例であるが，計算過程は省略する。

式（3.13）では

$$2\pi^2 m\nu^2 q^2 = Q^2$$

と改めておけば

$$nh = 2\sqrt{2m}\int_{Q_1}^{Q_2}\sqrt{E - Q^2}\frac{\mathrm{d}Q}{\sqrt{2\pi^2 m\nu^2}}$$

上限および下限はそれぞれ $Q_1 = -\sqrt{E}$,　$Q_2 = \sqrt{E}$ と変更され，公式の右辺第2項は上限でも下限でもゼロになり，

$$
\begin{aligned}
nh &= 2\sqrt{2m}\,\frac{E}{2}\,\frac{1}{\sqrt{2\pi^2 m\nu^2}}\left[\frac{\pi}{2}-\left(-\frac{\pi}{2}\right)\right] \\
&= \frac{E}{\nu}
\end{aligned}
$$

というように積分結果はきわめて簡単なものになる。

ボーア-ゾンマーフェルトの量子条件により，単振動をしている微小粒子のエネルギー E は

$$E/\nu = nh \quad \text{あるいは} \quad E = nh\nu \tag{3.14}$$

となる，という結論に導かれる。n は正の整数ではあるが，ゼロを含むかどうかは前期量子力学のいささかアイマイな点である。しかし，この場合は（いろいろな辻褄合わせにより）ゼロをも含む，と解釈して頂きたい。

このようにして，1次元当りの単振動（これを調和振動子ということは先に述べた）のエネルギーは

$$E = nh\nu, \qquad n = 0, 1, 2, \cdots \tag{3.15}$$

のように**とびとび**だと結論される。これを位置エネルギーと運動エネルギーとに分けるという発想は全くない。量子力学では，とにかく全エネルギーがとびとび（離散的）であることを示すにとどまるものであり，それ以上にエネルギーを分解することは（正しくいえば分解できることは）全くない。要は位置（x）と速度（v）または運動量（$p = mv$）とに分けて考えるのでなく，つねに全エネルギーだけが問題になる。

「事実」は多いほうがいい

エネルギーが $h\nu$ 単位でそれの整数倍のものしかない……というのは，ここで紹介した調和振動子の場合と，先に述べた光（正確には電磁波）のケースと，全く同じ結果になったということだ。では，この両者に何か関係があるのか。おそらく関係はあるに違いないが，なぜ光と原子の振動が

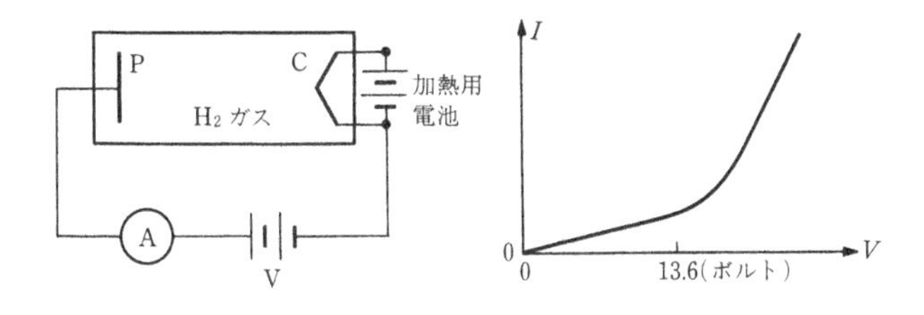

図 3.5　水素原子のイオン化

量子論的に同一結果になるのだろう。

この問題は後に 1929 年頃，ハイゼンベルクやパウリによって，場の量子論と称される数学的手法ではじめて明らかにされるのであるが，まずは光も光電効果からみて $h\nu$ 単位のエネルギーの塊であり，原子振動も同じく $h\nu$ 単位のエネルギーを持つことを認めて頂くことにしよう。前者の光（電磁波）については，まさに量子論の誕生を告げたプランクの公式の出現が画期的な事件であり，後者は，低温での固体比熱の減少を説明するための基盤になるものであるが，これらの重要事項については後にゆっくり述べることにする。

まずはボーア-ゾンマーフェルトの量子条件が，原子構造の説明にどのように役立っていくかをくわしく見ていこう。時期的にはプランクの理論やアインシュタインの光量子説（光が $h\nu$ の塊のこと）のあとになるが，比較的理解しやすい原子模型の構成経過をしっかりとみつめることが肝要である。これが前期量子力学に相当する。

原子の中の電子のエネルギーがつねにとびとびの一定値（符号はマイナス）であることは，原子から出る輝線スペクトルが示しているが，もっと簡単な検証方法もある。

図 3.5 のように真空管の両端に陽極Ｐと陰極Ｃとをおき，Ｃはヒーターで熱することができるようにしてある。管内には希薄な水素ガスを入れておく。熱せられたＣからは電子が蒸発する。電池ＶによってＣ Ｐ間にわずかな電圧をかけると，蒸発した電子はＰに走り，回路に電流が流れる。

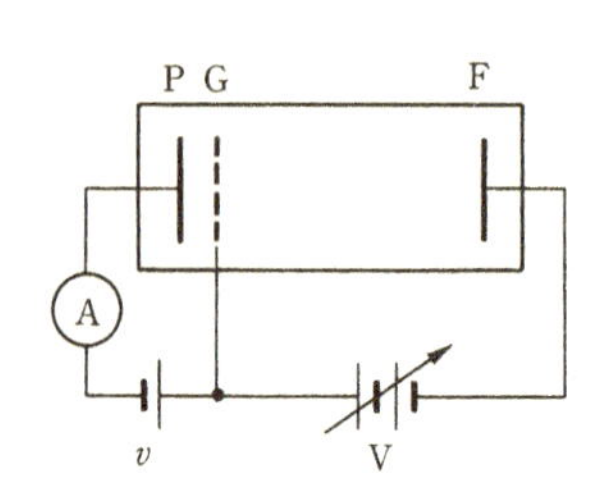

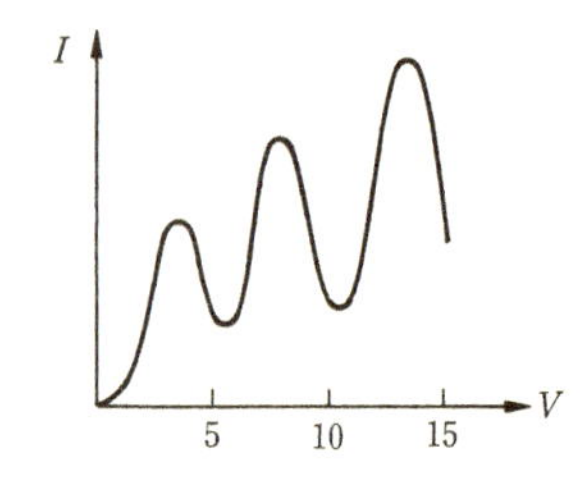

図 3.6　フランク - ヘルツの実験

ところが，電圧 V が 13.6 ボルト以上になると，電流が急に増加するのが認められる。なぜであろうか。

13.6 ボルトという電圧は，水素原子の基底状態（電子のエネルギーが最も低い状態。多くの原子はこの状態にある）から電子を引きはがす，いわゆるイオン化エネルギーに等しい。13.6 ボルト以上の運動エネルギーをもつ電子は，水素原子に衝突することにより，これを H^+ の状態にする。この陽電荷をもった原子が，陽極付近に溜っている電子の負電荷を打ち消すために，陽極電流が $V = 13.6$ ボルトを境にして急に大きくなる。

しかし，以上の説明では，電気性溶液の場合はともかくとして，真空管の陽極板付近に陰電荷が溜ってしまう，ということは納得できないかもしれない。ということで，この種の検証にはフランク-ヘルツの実験が示されるのが普通になっている。

フランク（1882～1964）とヘルツ（1887～1975）は図 3.6 のような装置を用いて，1913 年にこの実験を行った。ちなみに後者のグスタフ・ルードウィヒ・ヘルツは，電磁波で有名な，その名も振動数単位名として採用されているドイツのハインリッヒ・ルードルフ・ヘルツ（1857～1894）とは別人である。

管の中に水銀蒸気を入れ（水素でないのが残念だが，水銀のほうがはるかにきれいな結果が出る），フィラメント F と向き合わせに金網Gをおき，Gのすぐ後にプレート（陽極板）P を設置する。F と G の間に電圧 V

を，GとPの間にはVと反対向きの小電圧v（0.5ボルト程度）をかけ，フィラメントFからとび出してPに達する電子の量Iを電流計で測る。

電圧Vを0から徐々に大きくしていくと，IとVとの関係は図のように山と谷とを繰り返して順次大きくなっていく。詳細に見ると電子の流れ(つまり電流I）は4.9ボルト付近で急に減少し，さらにVを大きくしていくと9，14，ボルト……あたりでも同様に急減する。

水銀の基底状態W_1と，励起状態（それよりもエネルギーの高い状態）W_2とのエネルギー差をΔEとすると，走る電子のエネルギーがΔEを越えると，管中の水銀原子に衝突した際に相手をW_2状態に励起させる。そのとき多くの電子はΔEのエネルギーを失い，0.5 eV以下になった電子は電位差vに妨げられてPに到達することができず，Iは減る。

図からわかるように，4.9ボルトのほかに，9ボルト，14ボルトでもIの減少がみられるのは，電子の水銀原子に対する非弾性衝突（相手にエネルギーを与えてしまう衝突）が，1回，2回，3回……と起こったためと思われる。この装置と方法は水銀原子にかぎらず，いろいろな原子や分子のエネルギー準位の決定に用いられることになり，これにより発案者の2人は，1925年度の（まさに本格的量子力学の勃興期の）ノーベル物理学賞を授けられた。

このフランク-ヘルツの実験は，前期量子力学（1910年代）以後のもの——かなり量子論が佳境に入ってから——であり，ある意味ではボーア理論の再確認といえるだろう。

自由粒子の場合は

単振動をする原子に続いて，同じく直交座標で表される自由粒子の量子条件について述べておこう。容器の中の気体分子や金属中の自由電子がこれに当てはまる。単振動では粒子の位置エネルギーは$2\pi^2 m\nu^2 x^2$（ただしx方向）であり，水素原子模型ではrの関数として，$-e^2/r$と書かれる。しかし自由粒子は最も簡単で，位置エネルギーを持たない。いわゆる境界条件として，$x=0$とLとで粒子が反射する，というだけである。

自由粒子は器壁で弾性衝突（壁との間でエネルギーをやりとりしない衝

突）をすると仮定すると，どの粒子も器壁で速度の向きを変えるにすぎない。このことを考慮して，x，y，z の 3 方向に関する量子条件を書くと

$$2\int_0^L p_x\,\mathrm{d}x = n_x h, \quad 2\int_0^L p_y\,\mathrm{d}y = n_y h$$

$$2\int_0^L p_z\,\mathrm{d}z = n_z h \tag{3.16}$$

となる。ただし粒子は 1 辺の長さ L の立方体の容器に入っているものとした。1 周期は往復を意味するから，周期積分の値は 2 倍になる。運動量 p の粒子が y 方向や z 方向に対し垂直な壁に当ってもかまわない。弾性衝突というのはそのようなとき，とにかく x 方向の速度成分が（だから運動量成分も）変わらないものである。したがって量子条件は

$$2p_x L = n_x h, \quad 2p_y L = n_y h$$
$$2p_z L = n_z h \tag{3.17}$$

と簡単なかたちになる。この場合の 3 個の量子数 n_x，n_y，n_z は，単振動の場合と同じように，それぞれが独立である。

全エネルギーは，位置エネルギーがないのだから，各成分の運動エネルギーの和になる。すなわち $E = (1/2)mv^2 = p^2/2m$ より，

$$E = \frac{p^2}{2m} = \frac{1}{2m}(p_x{}^2 + p_y{}^2 + p_z{}^2)$$

$$= \frac{1}{2m}\frac{h^2}{4L^2}(n_x{}^2 + n_y{}^2 + n_z{}^2)$$

$$= \frac{h^2}{8mL^2}(n_x{}^2 + n_y{}^2 + n_z{}^2) \tag{3.18}$$

となり，この結果は，後に波動方程式を解いて得られるものと全く同じになる。

とにかく走っている粒子のエネルギーも，けっして連続ではなく，式 (3.18) にみられるようにとびとびになるところが量子論の特徴といえる。いい換えると，運動量がとびとび，結局，速さがとびとびであり，どんな速さで走ることもできる……というわけにはいかない，というのが量子論

の結論になる。

というものの式 (3.18) の係数 $h^2/8mL^2$ は，きわめて小さい。L は巨視的な大きさ（たとえば 10 cm とか）であり，h はとてつもなく小さいが，さらにその 2 乗になっている。つまり自由粒子のとびとびのギャップはきわめて小さく，結果的にはほとんど連続と見てかまわない。

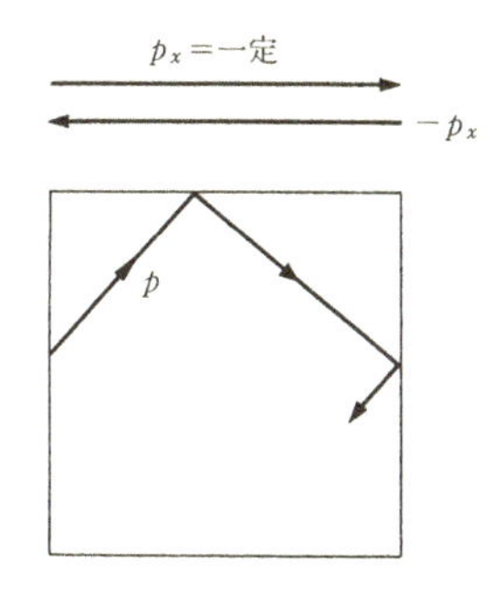

$$\oint p_x \mathrm{d}x = 2\int_0^L p_x \mathrm{d}x$$

図 3.7　箱の中の粒子の量子条件

自然界は自然数で

再び前期量子力学の水素原子の話に戻ろう。ボーア-ゾンマーフェルトの量子条件を基礎にすると，どこまで正確に原子構造が解明できるのだろうか。

われわれの住む空間は 3 次元であり，その中での位置を指摘するのに必要にして十分な変数の数は 3 個である。それらに対して，直交座標式 (3.8) や極座標式 (3.9) があることはすでに述べた (96 ページ)。

ところがバルマー系列の説明には，極座標のうちの φ（および角運動量 p_φ）だけが使われた。ほかの 2 つの次元に対する量子条件はどうなるのか，の疑問が残る。

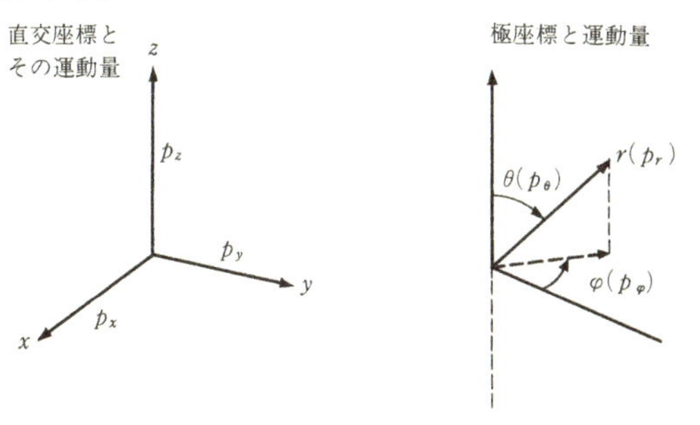

図 3.8　直交座標と極座標での運動量

原子模型のように，中心に重い核があるときには，これをめぐる電子に対しては極座標（r，θ，φ）を採用するのがいい。つまり

$$\oint p_r \, \mathrm{d}r = n_r h \tag{3.19}$$

$$\oint p_\theta \, \mathrm{d}\theta = n_\theta h \tag{3.20}$$

$$\oint p_\varphi \, \mathrm{d}\varphi = n_\varphi h \tag{3.21}$$

であり，式 (3.21) についてはすでに解いた。なお量子数は各次元ごとに n_r，n_θ，n_φ と書いたが，これら整数値は互いに独立である。

前章での式 (2.13) の mvr は実は φ 方向の角運動量 p_φ であった。量子力学のことゆえ，改めてこの角運動量を M と書くと

$$p_\varphi = M = (h/2\pi)n_\varphi = n_\varphi \hbar \ , \quad n_\varphi = 1, 2, 3, \cdots \tag{3.22}$$

となる。

さて水素原子に特別なことがなければ（たとえば外部から力——つまり磁場——が作用するというようなことがなければ），電子はつねに同一平面をまわり続ける（公転）。この平面を，極座標において $\theta = \pi/2$（$= 90°$）ととると，θ 方向の運動は問題にしなくていい。

p_r についてはどうであろう。等速円運動なら運動量 $p_r = mvr$ は一定であり，このような前提（円運動）で最初の量子条件 (2.13) は紹介したのである。一応のところこれでバルマー系列などは説明されたが，果たしてこれだけでいいものだろうか。とくに水素原子だけでなく，電子が 2 個あるヘリウム (He)，3 個のリチウム (Li)，4 個のベリウム (Be)，……と欲張っているようであるが，すべてをうまく説明してやりたい。

原子核をめぐる電子の公転軌道は，必ずしも円でなくてもいいではないか。古典力学によれば，中心部にクーロン型の引力で引かれている物体は，それを焦点とする楕円軌道を描く（図 2.12 参照）。原子物理学は奥深いものであるから，円軌道という固定観念は捨てて，一般に楕円軌道と考えたらどうであろう（放物軌道や双曲軌道では原子をつくることはできない）。楕円軌道なら，1 周期にわたって r（核と電子との距離）は当然変化する。そのためには式 (3.15) の量子条件について，周期積分を実行し

てやらなければならない。

さて r 方向の運動量が p_r（これを一定ではないとした。r について周期関数と考えるのである）であり，φ 方向の角運動量を式 (3.22) できめたように M とおく。たとえ楕円運動でも，全エネルギー E は一定である。中心部に近くなると（r が小さくなると）位置エネルギー $-e^2/r$ が深くなるかわりに，速さが増すことは古典力学でよく知られている。その全エネルギー E は

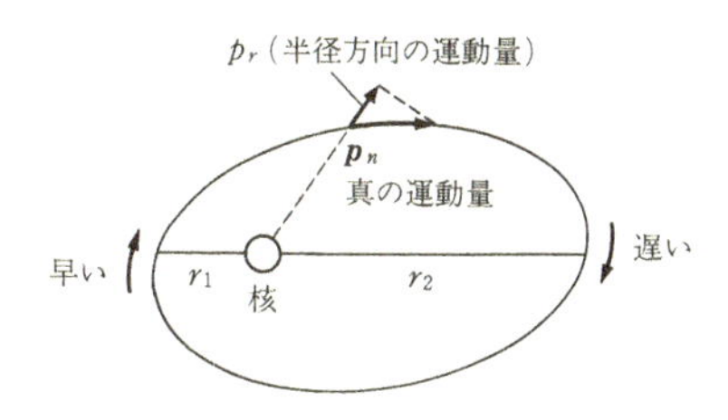

図 3.9　電子の楕円軌道

$$E = \frac{1}{2m}\left(p_r{}^2 + \frac{M^2}{r^2}\right) - \frac{e^2}{r} \tag{3.23}$$

である。右辺第一項は古典力学から導かれ，極座標を用いて書いた運動エネルギーである。ここで量子条件に当てはめるために，r 方向の運動量 p_r をあらわに書けば

$$p_r = \pm\sqrt{2mE + \frac{2me^2}{r} - \frac{M^2}{r^2}} \tag{3.24}$$

という，かなり面倒なかたちになる。M は φ 方向（図 3.8 参照）の運動量 mv_φ に r をかけた $mv_\varphi r$，つまり φ 方向の角運動量であり，p_r は核と電子とをつなぐ方向の運動量を意味する（図 3.9 参照）。量子条件は

$$2\int_{r_1}^{r_2}\sqrt{2mE + \frac{2me^2}{r} - \frac{M^2}{r^2}}\,\mathrm{d}r = n_r h \tag{3.25}$$

である。ただし r_1 と r_2 とは振幅の端であり，電子が核に最も近いとき (r_1) と，最も遠いとき (r_2) とでは，どちらも $p_r = 0$ であるから，r_1 と r_2 とは被積分関数を 0 とする値になる（r が r_1 と r_2 との間で，根号の中は正となる）。両者は

$$2mE + \frac{2me^2}{r} - \frac{M^2}{r^2} = 0 \tag{3.26}$$

の2根（ただし $r_2 > r_1$ とする）である。式 (3.25) の解法は長くなるから，巻末の付録Aにまわそう。やや複雑な計算の後（といっても，積分公式を当てはめればいいのであるが），$\oint p_r \, dr$ は付録（A.17式）のようになる。結局，r 成分についての量子条件から

$$-2\pi\left(M - \frac{me^2}{\sqrt{-2mE}}\right) = n_r h \tag{3.27}$$

が得られることになるのである。φ 方向の量子化された角運動量 M（$= \hbar n_\varphi$）を，いま一度もとの量子数 n_φ に戻して上式に代入すれば

$$E = -\frac{2\pi^2 me^4}{h^2}\frac{1}{(n_r + n_\varphi)^2} \tag{3.28}$$

となり，2個の量子数で表されることになる。ということは，n_r も n_φ も独立に（相手方の数値に無関係に）どちらも整数値をとればいい。n_r が5で，n_φ が2でもいいし，n_r がゼロで n_φ が38でもかまわない。ただし式 (3.28) からすぐわかるように，n_r と n_φ とが同時にゼロになっては（分母をゼロにしてしまうから）いけない。ということは，両者の和 $n_r + n_\varphi$ は自然数のみになる，というのが量子条件からの帰結であり，自然界はそのようにできているのである。

数学の範囲は単なる都合

後に説明するように3次元の調和振動子における3個の数値（$n_x h\nu$, $n_y h\nu$, $n_z h\nu$ の n_x, n_y, n_z のこと）は，そのまま（何の細工もせずに）独立の整数としている。ところが水素原子模型の場合，n_r，n_φ さらに後に n_θ も問題になるが，これらはそのまま用いるのではなく修正して用いることになっている。そのままでも自然界を正しく表すことには変わりはないが，それではいたずらに量子数に対する法則が混乱してくるばかりだからである。

エネルギーの式 (3.28) からわかるように $n_r + n_\varphi$ を1つの量子数とし，いま1つ（独立変数は2つだから，当然もう1つの自然数のきめ方がある）は n_φ そのものでもいいが，n_φ から1を引いたものにすると次のように書ける。

$$n = n_r + n_\varphi \tag{3.29}$$

$$l = n_\varphi - 1 \tag{3.30}$$

先に円軌道での量子数 n_φ を n と書いて，エネルギーを n^2 に反比例するものとしたが，改めて n とは式 (3.29) で定義されるものとする。こうすれば円軌道のみでなく，楕円軌道（当然，原子核はその焦点の位置にある）にも適用できる。これらの名は

n を主量子数（principal quantum number）

l を方位量子数（azimuthal quantum number）

と呼ぶ。量子数が0でいいか悪いかは，ボーアの量子条件が必ずしも精密でないため，ケースバイケースできめられると思っていい。この場合は当然，n と l は

$$\begin{aligned} &n = 1, 2, 3, \cdots\cdots \\ &l = 0, 1, 2, \cdots\cdots, n-1 \end{aligned} \tag{3.31}$$

の範囲ということになる。すでに原子物理学を学習した人は，なぜ n が1からで，l は0からか，そうして n は原則的には無限大まであるけれども，l のほうは $n-1$ でおしまいか（要するに n が3なら3ときまると，l は0，1，2でおしまい）を疑問に思われたこともあろう。量子数とは，繰り返しになるが，ゼロ（あるいは1）から無限大までの数をとり得るのが一般であるが，式 (3.29) と式 (3.30) でナマの n_r と n_φ とを修正してしまった結果，量子数に限界ができてしまったのである。自然界は r 方向にも φ 方向にも差別はないが，人間が研究するのにわかりやすく，勝手に制限ある整数にしたのである。

なお後半の真の量子力学においては，複素関数などを採用して，量子数 n に（たとえば空間を自由に走る分子や電子の場合）マイナスをも許すこともある。というわけで量子数というものは，古典物理学の断熱不変量などを基礎として出てきたものであるが，一面，ミクロの世界の振る舞いを

巧みに説明するものとして，人間が頭の中で考えだしたものである，といえなくもない。

軌道とはあとでサヨナラ

r 方向の量子条件の積分式 (3.25) の上限と下限とをそれぞれ r_2，r_1 とした。両者が同じなら円軌道であり，$r_2 > r_1$ なら楕円軌道である。つまり

(円軌道)：$r_1 = r_2 \quad \therefore n_r = 0, \quad \therefore n_\varphi = n \quad \therefore l = n - 1$ の場合にかぎって電子の公転軌道は円になり，l が n よりも 2 以上小さければ，それは楕円軌道を表すことになる。くわしい計算は省略するが解析幾何学から

$$長径 = r_1 + r_2 = \frac{h^2}{2\pi^2 me^2} n^2 \tag{3.32}$$

$$短径 = \sqrt{(r_2 + r_1)^2/2 - (r_2 - r_1)^2/2}$$

$$= \frac{h^2}{2\pi^2 me^2} n \cdot n_\varphi = \frac{h^2}{2\pi^2 me^2} n(l + 1) \tag{3.33}$$

となる。

$$(長径):(短径) = n:(l + 1) \tag{3.34}$$

であるから，l が n より 1 つだけ小さいときは円，それ以下なら楕円軌道であり，l が小さいほど楕円は平たくなる。このようにくわしい楕円軌道が求められるのが前期量子力学の特徴であるが，1920 年代の波動力学などによる新しい量子力学になると，せっかく求めた公転軌道というものが（長径や半径も）無意味になっていくのである。

ニックネームは 4 つで品切れ

主量子数 n にも，方位量子数 l にも，ニックネームの付いていることを紹介しておこう。n については殻（shell）といい

$n = 1$　を K 殻

$n = 2$　を L 殻

$n=3$　をM殻

$n=4$　をN殻

…………

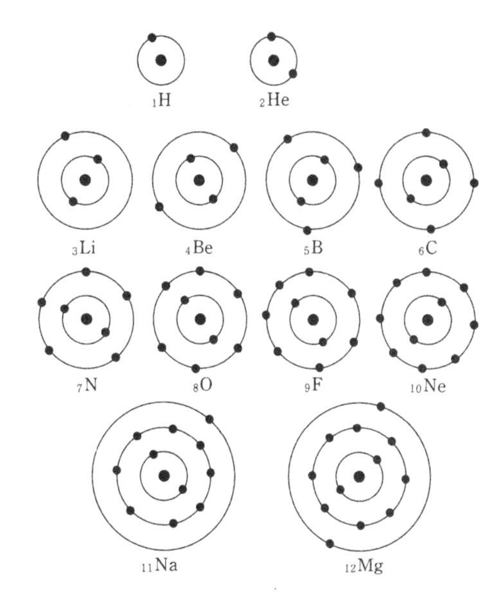

図 3.10　主量子数のみを考慮した原子模型

というようにアルファベット順に並べている。主量子数できめられる同じ準位を，閉じた殻（カク，カラ）のように考えたのであろう。L殻以下では当然，楕円軌道も存在することになるが，そのことを一切無視して（つまり方位量子数の違いは考えないことにして），殻を図示したものが図 3.10 である。かなり古い教科書などにはこの図が出ているが，現在では n が大きいほど原子核から遠い所に軌道がある，という程度に見ておけばいいだろう。K殻には最大 2 個，L殻には最大 8 個，……の電子が入り得ることは後に詳述する。

方位量子数 l についてのニックネームは多用される。分光学はもちろんバルマー系列だけでなく，後にさまざまな原子から出る光を分け，詳細にその波長を測定して，1910 年代に飛躍的に原子物理学が発達した。複雑な原子(たくさんの原子を抱えた——つまり原子番号の大きな原子)では，n だけでなく l によっても原子のエネルギーは左右される。そこで異なった l の状態は別名で呼ぶのが便利である。l の値はすべて項（term）と称することにし，分光学者は次のように命名した。

$l=0$　はｓ項（sharp：スペクトルが鋭い）

$l=1$　はp項（principal：主要項だった？）

$l=2$　はd項（diffusion：ボヤケていたらしい）

$l=3$　はf項（fundamental：基礎項か？）

$l=4$はg項，$l=5$はh項……は面倒になったのか（？）もはやアルファベット順にした。殻は大文字だが，項については小文字で表す習慣がある。そして，L殻の$l=1$も，M殻の$l=1$も，違う状態ではあるが，どちらもp項と呼ぶのである。

もう一つの方向は？

極座標のうちrとφ方向の量子条件は調べたが，いま一つθ方向はどうなっているのか。電子軌道は円であれ楕円であれ同一平面内にあるから，θの値はつねにゼロとしていいではないか，と思われそうであるが，一般論としてはそうはいかない。動く電子に磁界が作用したりすると，電子はもはや同一平面になく，面の上下に揺れるのである（図3.11）。

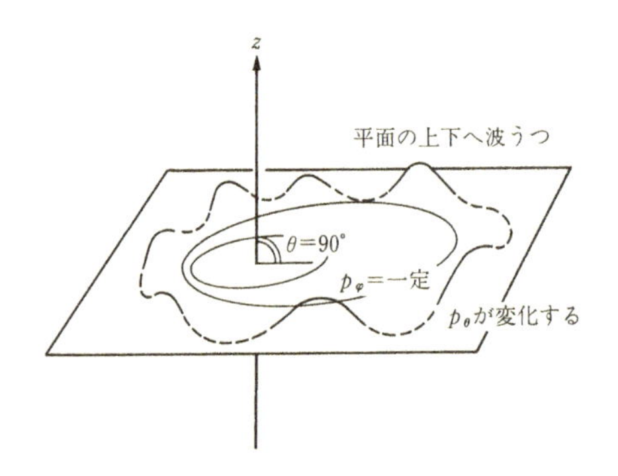

図3.11　磁界があるとp_θが変化する。

極座標で書かれた全エネルギーは古典力学により

$$E=\frac{1}{2m}\left(p_r{}^2+\frac{p_\theta{}^2}{r^2}+\frac{p_\varphi{}^2}{r^2\sin^2\theta}\right)-\frac{e^2}{r} \tag{3.35}$$

となる。式 (3.21) にさらに θ 方向の運動エネルギーを加えたかたちになっている。

式 (3.22) では，φ 方向の角運動量を M とおいたが，r，θ，φ と 3 次元的に 3 変数をとり扱う今度は，φ 方向の角運動量 p_φ を M_z とおき，全角運動量を改めて M と書くことにする。使う文字の規定はどうでもいいようなものの，実際にはこの M は，角運動量を軸性ベクトルとして表した場合のベクトルの大きさ（絶対値），そうして M_z とは，この記号からもわかるように，M の z 方向の成分（射影）なのである。

ベクトルには，極性ベクトルと軸性ベクトルとの 2 種類がある。極性のほうは通常用いる方向をも考慮した大きさであり，力，速度，電界や磁界などがこれに相当する。

一方，軸性ベクトルとは，まわっていることをベクトルとみなした（わかりやすくいえばベクトルにたとえた）ものである。たとえば自転も公転も軸性ベクトルであり，方向は右ねじまわしの方向，大きさ

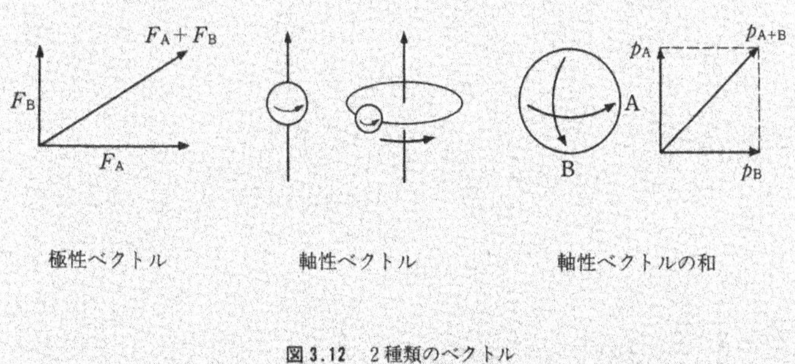

図 3.12　2 種類のベクトル

は回転速度（回転速度ベクトル）とか角運動量（角運動量ベクトル）とか，定めた約束によってきめる。角運動量ベクトルが最も多く問題となるが，その足し算は極性ベクトルの場合と同じである。

なぜ軌道角運動量の大きさ（絶対値）を M とし，p_φ（$= M_z$）を改めて

それの z 成分にするのか……は古典力学からのいきがかりである。いわゆる対応原理（古典から量子へ無理なく（？）移ること）にのっとって，長い考察のもとに導き出されたものであり，その過程については，まえにも挙げたように，朝永博士の書物*を参照して頂くことにしよう。ということで，M_z は M の z 成分であることは認めて頂くことにし，改めて極座標を用いての，3 つのボーア-ゾンマーフェルトの量子条件に用いられる被積分関数としての運動量を書いてみると，古典力学をそのまま適用して

$$p_\varphi = M_z \tag{3.36}$$

$$p_\theta = \pm\sqrt{M^2 - M_z^2/\sin^2\theta} \tag{3.37}$$

$$p_r = \sqrt{2mE + \frac{2me^2}{r} - \frac{M}{r^2}} \tag{3.38}$$

で表される。これに量子条件式 (3.19) ～(3.21)を適用して，E，M，M_z の 3 つの未知数を解くのである。すでに説明したように

$$M_z = \frac{h}{2\pi}n_\varphi = \hbar n_\varphi \tag{3.39}$$

は直ちに求められるが，式 (3.20) の周期積分は

$$n_\theta h = 2\int_{\theta_1}^{\theta_2}\sqrt{M^2 - \frac{M_z^2}{\sin^2\theta}}\,d\theta \tag{3.40}$$

を解かなければならない。

ただし積分の上限 θ_2 と下限 θ_1 は，被積分関数のルートの中をゼロとおいた式

$$M^2 - M_z^2/\sin^2\theta = 0 \tag{3.41}$$

の 2 つの根である。この式からは当然 $-M \leqq M_z \leqq M$ でなければならない。このことから，(いささか消極的であるが)，M_z の値というものが M

* 朝永振一郎著『量子力学 I』みすず書房。

と $-M$ との間にだけしか存在しないことがわかる。

式 (3.40) の計算は付録Bにゆずり，結果のみを書くと

$$n_\theta h = 2\pi(M - |M_z|) \tag{3.42}$$

である。

さらに式 (3.38) の p_r に関する量子条件の周期積分式 (3.19) は，付録Aのように計算されるが，むしろ結果式 (3.27) を利用して

$$E = -\frac{2\pi^2 me^4}{(hn_r + 2\pi M)^2} \tag{3.43}$$

となる。ただし，今度は θ 方向の角運動量が考えられて，$M = p_\theta$ としたのである。θ がつねにゼロの 2 次元の場合の式 (3.23) とは，M の定義が違う（前のときは $M = p_\varphi$，今度は $M = p_\theta$ で $M_z = p_\varphi$）ことを忘れてはならない。また，先の場合は，式 (3.28) の分母の $n_r + n_\varphi$ を n とおいたが，これは θ 方向の運動を考えていない場合の約束であり，いま一度，このとりきめをご破算にして，最初から定義のやり直しということにする。

現実を見て，しきり直し

さて，式 (3.39)，(3.42)，(3.43) にみるように，M_z，M，E の 3 要素がそれぞれ量子数 n_r，n_θ，n_φ で，あるいはその組み合わせで書くことができた。単振動する原子や自由に飛びまわる量子では，量子力学的な 3 要素は各成分ごとのエネルギー E_x，E_y，E_z である。ところが軌道運動する電子では，全エネルギー E と，角運動量 M と，M の z 成分 M_z が力学的 3 成分となる。なぜそうなのかは，古典論から量子論への長い過程（とくに対応原理）から引きだされたものだ，ということを述べたにとどまった。途中の精密な過渡期の思考経過をオミットしたい人は（現代の教科書および授業の大部分は，先にも述べたように，ほとんどこの面倒で根気を要する部分は割愛している），E，M，M_z が粒子の力学的な 3 要素である，と初めから認めて頂きたい。

量子論とはとびとびの思想であり，したがって極座標での量子数を n_r，n_θ，n_φ とした。n がゼロを含むかどうかは，ケースバイケースである。それでは E は n_r で，M は n_θ で，M_z は n_φ で単純に特徴づけられる（つまりその量子数だけで書かれる）のかというと，残念ながら事柄はそう簡単ではない。早い話が軌道運動のエネルギーは r 方向の速さ（および r 方向の位置エネルギー）だけでなく，θ 方向，φ 方向の速さにも関係してくる。直交座標で話が進められる自由粒子の運動や振動原子と違って，このへんが原子内電子の量子化のいささかややこしいところである。実は，エネルギーの値や角運動量の大きさや成分を量子論的にとびとびのものとして求める場合には，単純にそれぞれが n_r，n_θ，n_φ だけで表されるのではなく，これらの組み合わせで求められるのである。

改めてエネルギー式 (3.43) の分母を

$$(hn_r + 2\pi M) = hn \tag{3.44}$$

とおき，新しい量子数 n を導入する。これは形のうえでは式 (3.29) と全く同じであるが，今度は M の意味が違う。ただし名称はやはり n を主量子数と呼び，実験的に許されるその値は $n = 1, 2, 3, \cdots\cdots$ である。まえに述べたようにそれぞれをK殻，L殻，M殻と称することも変わりはない。そうして式 (3.44) のいま1つの項である角運動量 M は，もちろん正の値である。n を指定すると M は，n_r が正の整数しかとり得ないことから

$$M2\pi/h = M/\hbar = 0, 1, 2, 3, \cdots, n-1 \tag{3.45}$$

の n 個の整数しかとることができなくなる。もともと M は θ，φ 両方向の全角運動量であり，普通に量子条件を考えるなら，p_θ を θ で周期積分した値は $n_\theta h$ であるから，n_θ はどのような整数でもいいはずであった。ところが式 (3.40) で指定されたように n_θ をも抱き合わせて主量子数 n をきめてしまったために，角運動量は式 (3.45) で規定されるように，n 以上にはなれなくなった。このことは式 (3.31) のときにも触れたが，自然界のできごとを人間が勝手にきめてしまっていいものかという疑問につ

ながる。もちろん自然界にも遷移法則というものがあり，ケースによっては隣の準位にしか移れないという現実があるが，ここでは人間の約束であるから，もし M が大きければ主量子数も当然大きくなっている，と解釈するのがわかりやすいだろう。いったん n を指定したら，その指定の範囲内では $(2\pi/h)M$ （$=(1/\hbar)M$）は n より小さい（最大 $n-1$）……というように n を設定したわけである。

M は角運動量であり〔L^2MT^{-1}〕の元を持ち，これはプランク定数の元と同じである。したがって $(2\pi/h)M$ （$=(1/\hbar)M$ ）は元のない，単なる数値であることがわかるが，この数値も，対応原理の深い考察と実験事実によって，整数しかとり得ないことがわかった。これを改めて

$$(2\pi/h)M\left(=\frac{1}{\hbar}\cdot M\right)=0,\ 1,\ 2,\ \cdots\cdots,\ l \tag{3.46}$$

としてやると（式（3.45）のように $n-1$ でなく，l を使うのは今後の研究に好都合であるという理由にすぎない），l は 0，1，2，……，$n-1$ の値だけになる。同じことは式（3.30）でも述べたが，今度は本当に3次元の一般性をもった場合（θ 方向にも電子が動く）である。なお l を方位量子数と呼ぶほか，s 項，p 項などのニックネームも先に述べた言葉をそのまま使うことにする。

しきり直してわかったこと

エネルギー E と角運動量 M については，先に述べたことの繰り返しになってしまったが，新しい問題は角運動量の成分 M_z である。M_z も当然，量子論的思考によりとびとびでなければならない。そうして式（3.45）にみるように，$M/\hbar$ は正の整数であった。

とすると $M_z/\hbar$ の絶対値 $M/\hbar$ は，（l も含んで）l より小さいから，成分 $M_z/\hbar$ の方は l，$l-1$，……，$+1$，0，-1，……，$-l+1$，$-l$ という $2l+1$ 個の値が許されることになる。M_z が負になれば式（3.39）での量子数 n_φ も負になると考えるのである。量子数は原則として正の整数であるが，この場合は負にもなるとする。このように前期量子力学に

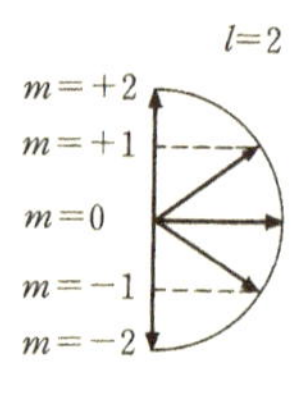

矢の長さは$\frac{h}{2\pi}l$

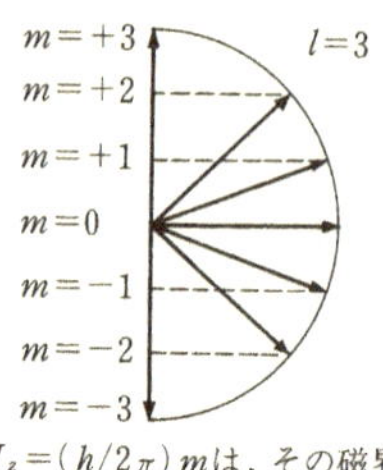

$M_z=(h/2\pi)m$は，その磁界の方向への成分

図 3.13　方位量子数（l）と磁気量子数（m）との関係

は，キッチリといかない面もあることを知っておいたほうがいいだろう。この量子数を

$$M_z/\hbar = m\,(=n_\varphi) \tag{3.47}$$

とおいて，mを磁気量子数（magnetic quantum number）と呼ぶ。

方位量子数lによってきめられる$M(=l\hbar)$も，磁気量子数M_z（$=m\hbar$）も，ともに角運動量と名づけられていることから，初めて学ぶ者は混乱する。また書物や大学の講義などにおいても，単に角運動量（あるいは後に述べるように，自転角運動のときはスピンという）といって，どちらであるかはっきりしないことが多い。このへんの言葉のあいまいさが，原子物理学の最初の段階で学習者がつまずく大きな原因の一つではあるまいか。

lは角運動量の大きさを表す値で，その電子の状態を表す最も主な量子数nが，たとえば3（これをM殻ということはすでに紹介した）だとすると，方位量子数lは，0，1，2のうちのそれぞれ異なったどれかになる。かりに$l=2$だとすると，ついで磁気量子数mは，−2，−1，0，1，2の5つのうちのどれかの状態をとることができる。逆にいうと，これ以外の状態になることはない。特にlとmとの関係は，今の場合$l=2$という絶対値のもとにmの値が何個かきまるので，図3.13に示すように，lは矢印の大きさそのもの，mはその矢がz方向に平行かそれとも傾いているかで示すのがきわめてわかりやすい。量子力学の書物は，すべてこの方法でmの値を解説している。

このような古典的なイメージはおかしいと思うひとは，mの値を，$-l$とlとを含めて，テン・テン・テンと一つずつ点でも記入すればいい。しかし，何といっても矢の長さは同じで，z軸方向への成分（射影）だけがとびとびだとするのが最もわかりやすく，理にかなっている。

要するに量子論とは，エネルギーをとびとび，運動量をとびとびだとするだけでなく，運動量の方向もとびとびだとしているわけである。方向量子化というのは正にこのことを言うのであるが，これが量子数 m につけられた呼称ではなく，l の呼び方だというのも何か誤解されそうな気がする。量子数 m が問題になるのは（くわしくいうと，m の違いによって分光器にわずかに異なる別の線が現れるのは），電子に磁界をかけた場合である。磁気量子数の名は，こんな事情からきている。

磁界 H をかけるとどうなるか，の話のついでに，簡単にスピンにまで言及しよう。電子そのものが自転しているために，これを小さな棒磁石と考えることができて，磁気モーメントを μ_B と書くことはまえに述べた。そうして1個の電子は，H と平行か反平行かの2つの状態をとることができる。逆にいうと，この2つ以外の（たとえば斜めのような）状態はない。というわけで，n，l，m で指定された各状態も，さらに電子の上向きと下向きとに応じて2つの状態が存在することになる。これらをわかりやすく書いてみると，次ページ上の表のようになる。括弧内は殻の名称であり，さらにN殻はもっと複雑になる。

量子論は座席探し

状態（state）という言葉をかまわずに使ってきたが，量子論を初めて習うひとには，この言葉の意味をはっきりとさせておかなければならない。量子論でいう状態とは，たとえば大劇場の指定席のようなものである。$n=3$，$l=1$，$m=-1$ というのはあたかも「3階の，への21」というようなものであり，それがダブルシート（2人掛け）になっているのである。その座席に電子が収まっていようと，あるいは空席だろうと，そんなことはどうでもいい。量子数をもとにしてこれまで積み重ねてきた話は，要するに座席探しなのである。というよりも広く一般に，量子力学は――前期のそれだけでなく1920年代の本当の量子力学も――つまりは座席をきめてやることに終始する，といっても過言ではない。

そうしてきめられた多くの座席に，粒子がどの程度に入り込んでいるか

$n=1$, (K)	$l=0$,	$m=0$	↑ ↓
$n=2$ (L)	$l=0$	$m=0$	↑ ↓
	$l=1$	$m=-1$	↑ ↓
		$m=0$	↑ ↓
		$m=1$	↑ ↓
$n=3$ (M)	$l=0$	$m=0$	↑ ↓
	$l=1$	$m=-1$	↑ ↓
		$m=0$	↑ ↓
		$m=1$	↑ ↓
	$l=2$	$m=-2$	↑ ↓
		$m=-1$	↑ ↓
		$m=0$	↑ ↓
		$m=1$	↑ ↓
		$m=2$	↑ ↓

表 3.1　電子の量子状態一覧

は別の問題である。原子においては原子番号と同じ数の電子が，原則的には番号の若い座席から順に埋まっていく。しかし単振動だの箱の中の気体分子だのの話になると，統計的手法が必要になる。全体の温度が低ければ，エネルギーの低い座席から埋まるが，高温度になると，下の座席をカラにして，エネルギーの高い座席に上ってしまうことも応々にしてあり，

①　水素原子以外では，公転電子は 2 つ以上あって，それらの相互作用のために，エネルギーは違ってくる。　②　磁界をかけてやると，磁界と電子の間の相互作用により，同じ殻内の電子でもエネルギーが違ってくる。

最初の①のケースは，いわゆる多体問題と呼ばれるべきもので，数学的とり扱いはきわめて難かしい。ただし分光学の結果から，ある原子の何の (n, l, m の) 状態のエネルギーはどれほどか，が測定される。

②については，いわゆる原子物理学の問題として 1920 年代から今世紀の前半いっぱいまで大いに研究された。物理学者のかなりの人たちがこれを学び，その後の発展の基礎とした。

磁界 H をかけてやると……と述べたが，力学的な回転と磁界とがどう関係するのか，と思われるかもしれない。

公転電子は式 (3.3) さらには式 (3.4) で述べたように，棒磁石と同じ能力をもつ。その磁気モーメントは式 (3.4) とみられる。

事実があるから式がある

電子のエネルギーは原則的に主量子数 n だけできまる。式 (3.29) のように，わざわざ足した数を新しい量子数に選んだのも，式 (3.28) の分母がたんに n^2 になる，という簡単化（？）のためである。前章でのバルマー系列などの説明では，量子数は1つしかでてこなかったが，今度は l や m も（そうしてスピンによる二重性も）問題になってきた。理論では l や m が現れるが，そんな量子数があることは理屈だけではないか，と思われるかもしれないが，けっしてそんなものではない。バルマーやパッシェンの発見以降，分光学は大いに発達し，その微細構造（わずかの波長の違いも見分けて区別すること）もきわめて精巧に観測されていったのである。磁場のない場合の水素原子については，前章の式 (2.9) あるいは式 (2.15) でよかったが，さらに研究は進んだ。これまでは単に解説ということで角運動量を L としたが，球座標3次元量子化においては，これに相当するものは角運動量の大きさ M である。したがって電子の軌道角運動量 M と，その磁気モーメント μ との関係は式 (3.4) のとおり

$$\mu = \frac{evr}{2} = \frac{e}{2m}M^{*} \tag{3.48}$$

であるが，式 (3.5) のボーア・マグネトン（磁子）μ_B を用いて書くと

$$\mu = -\frac{eh}{4\pi m}l = \frac{-e\hbar}{2m}l = \mu_B{}^{*}\, l \tag{3.49}$$

ただし $l = 0, 1, 2, \cdots, n-1$

となる。後に式 (4.4) で説明するように，陰電荷をもった電子の磁気モ

* 古い記述法では，磁気に関してはCGSemuという単位が用いられることが多かった。これはCGSesuとも違い，次のようになる。

$$\mu = \frac{-e}{2m}M, \quad \mu_B = \frac{eh}{4\pi m}\left(= \frac{\hbar}{2}\cdot\frac{e}{mc}\right)$$

ただし c は光速度を表す。

ーメントはマイナスとする。lが大きければ当然，角運動量も大きいから，それに比例して電子の磁気モーメントも大きくなるわけである。

模型的には，主量子数nが大きいということは，電子軌道の公転半径が長いことだと理解すればいいが，（nが同じで）lが大きいとはどういうことか，と問われてもいささか困る。とにかく角運動量および磁気モーメントの大きさはナシか，単位の1倍か，2倍か，……$n-1$倍かのどれかにきまっているのだ，と承知して頂くほかはない。ただし単位は

$$\begin{aligned}&\text{角運動量}\ M\ \text{は}\ h/2\pi = 1.05457 \times 10^{-34}\ \mathrm{J \cdot s}\\&\text{磁気モーメント}\ \mu\ \text{は}\ \mu_\mathrm{B} = 9.27402 \times 10^{-24}\mathrm{J \cdot T^{-1}}\\&\qquad\qquad\qquad\qquad = 1.165 \times 10^{-29}\mathrm{Wb \cdot m}\end{aligned} \tag{3.50}$$

である。文字Tはテスラで$1\mathrm{T} = 1\mathrm{Wb/m^2} = 10^4$ガウス，Wbはウェーバで磁気感応束（つまり磁束）のMKSA単位である。あまりに小さくて，これを人間が感覚的に理解することは困難である。原子の大きさの10^{-10} m（1オングストローム）や，原子核の大きさの10^{-14}m（1フェルミまたは1ユカワ）はまだ小さいものとして理解の範囲にあるが，プランク定数の小ささは別ものであり，10^{-33}m程度のものを，別名プランク尺度ということがある。宇宙のでき初めの時間（単位秒）とかそのときの宇宙の大きさ（単位メートル）など，きわめて特殊な，というよりも人間の想像を絶するような事柄にこの量が出てくる。きわめて力学的な量である角運動量というものが，このような小さな物指で測られるのは，量子論といえども珍しいことである。

式(3.6)で簡単に述べたが，μとM（さきにはLとした）との比を書くと，一般に

$$\gamma = \frac{\mu}{M} = -\frac{e}{2m} \tag{3.51}$$

であるが（負号をおとす場合もある），ここでは改めてこれを磁気角運動量比（magneto - mechanical ratio）といい，この逆数をgyro - magnetic ratio（ジャイロ・マグネティック・レシオ）と呼ぶが，この両者が

混同して用いられることがある。また，ことさら式（3.51）をいま一度もちだしたのは，これまでのように電子の公転の場合だけでなく，自転（スピンという）のときにはどのようになるか，を予めはっきりとさせておきたいためである。

光は単純でない

電子の角運動量が M だというのは，とにかく，この値が電子のもつ量だと思えばいい。ところが磁気量子数になると，$-M$ からとびとびに M までの $2l+1$ 通りある（M の量子数を l とした）。量子数がマイナスとはいかなることか。図 3.13 のように矢印で描けば一応納得するが，それに対応する模型があるのか。

M_z がマイナスとは，電子が公転軌道を逆まわりしていることだと思えばわかりやすい。角運動量が $M=\hbar l$ なら，$l+1$ 通りのまわり方があり，ゼロを含み，右まわりと左まわりとが半々である。「まわる」ことを軸性ベクトルと呼んで，矢印で表すことは，図 3.12 で述べた。電子の磁気モーメントはS側からN側に矢印を引く。真空中の H（磁界）はNからSにかけて示されるが，物質中の B（磁束密度）は，図 3.1 にも書いたようにSからNに矢印を引くことは古典電磁気学の教えるところである。というわけで図 3.14 のように，たとえば $l=2$ の電子の方向は，磁界 H をかけることによって5通りに分かれるが，それぞれのエネルギー E は $-2\mu_B H$，$-\mu_B H$，0，$\mu_B H$，$2\mu_B H$ の5通りに分かれる。平行なもののエネルギー E が最も低く，ゼロのものもあって，反平行では E は大きい。電子のエネルギーは最初に主量子数 n だけできまるといったが（$E \propto -1/n^2$），方位量子数や磁気量子数をも考慮すると複雑になり，スペクトルもけっして単純ではない。

しかし実際には電子の自転の影響も入ってきて，たくさんの電子を抱える原子から出る光の分光は，きわめて複雑であり，原子の構造の研究は，その複雑さを分析することによって著しく進歩していったのである。

原子スペクトルは，電子が高い準位から低い準位へ落ちるときの，差額のエネルギー $\Delta E = h \cdot \Delta\nu$ として現れる。波長に直せば $\Delta\lambda = c/\Delta\nu$ だ

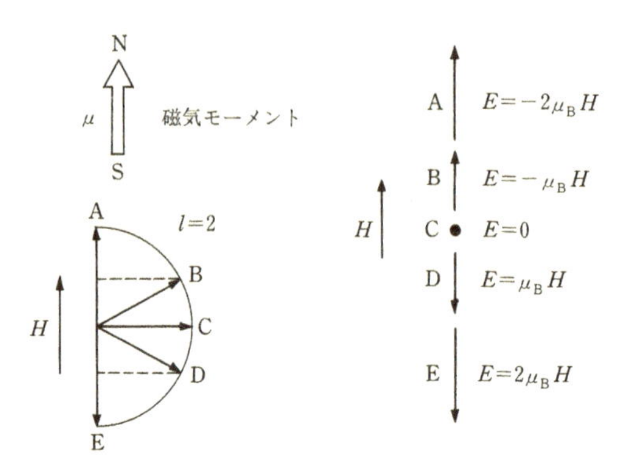

図 3.14　磁界（H）中の電子のエネルギー（E）

けのものが，分光学で観測される。このとき「落ちる電子」の状態は，主量子数 n については（下の）あいている状態ならどこにでも移れるが，方位量子数 l については，$l \to l+1$ か，$l \to l-1$ か，とにかく一つ違いの場所にしか移動できない。たとえばM殻（$n=3$）の $l=1$（p 項）からL殻（$n=2$）へ落ちるときは，L殻の $l=0$（s 項）へしか移動できない（L殻には $l=2$ という状態はないから）。

これは実験事実であり，遷移の法則と呼ばれるが，古典力学からの対応原理にのっとって証明していくことができる。しかしその手順はきわめて複雑であり，ここでは結果だけを述べるにとどめておこう。

第4章

スピンは語る

公転があれば自転もある

原子の中にある電子の角運動量およびそれに付随する磁気モーメントを調べてきた。それらの値も，絶対値のみならず z 方向（実際にはこれに作用させた磁界の方向）の成分をはっきりさせなければならなかった。

前章までは，模型的にいうと，すべて電子の公転軌道運動に由来する値（もしくは式）であった。もっとも，$l=0$ の状態（s項）には角運動量も磁気モーメントもないのか，と問い詰められるといささか困惑するが，そのような状態も混ざっているのだと返答するしかない。その状態では電子が軌道をまわらないのか，と突っ込まれるとどうしようもないが，そこまで模型的に考えることもあるまい，と逃げるほかはない。

回転には，公転と自転とがある。そしてここでは（模型的にいう）自転の影響，つまり自転から発生する物理量を考えていくことにする。

もちろん電子に，さらには微小粒子一般に自転的な角速度と，それに応じた磁気モーメントが存在する，と断定できたのは分光学の精密化の結果である（それについてはすぐ後に述べる）。

原子に磁界をかけたとき，磁気量子数の違いによるスペクトルの分離のほかに，もっと複雑な微細構造が認められた。そして，この自転的振る舞いは，原子核内の電子にかぎらず，金属内の浮遊電子にも（自由電子ともいう。原子に属さずに自由の立場にあるいわばフリーターのようなもの），その他すべての素粒子に，さらに素粒子よりも小さい基本粒子にも，その属性としてついてまわるのである。

スピン（spin）という言葉は，しいて日本語に訳せば旋回くらいだろう。糸を「紡ぐ（つむぐ）」場合などの操作でもあり，一字の漢字なら「旋」が当てはまるが，スケートの場合と同じく，物理学でもそのままスピンという。そうして素粒子論（というよりも近代物理学全般）に用いられるこの言葉は，いまでは原子構造論の方位量子数よりもはるかに普遍的な物理用語になっている。

理屈の上では１億回

原子内の電子は公転もし，そして自転もしていて，両者の角運動量と，回転に起因する磁気モーメントとを考慮しなければならないという。しかし普通に考えてみると，自転よりも公転の角運動量のほうがはるかに大きいような気がする。公転軌道の半径は原子半径と同じ程度で 10^{-10}m くらいだが，自転の場合は，電子の半径ははるかに小さく，おそらく 10^{-14}m くらいに見積もらなければならないだろう。見積もるというのは，電子の大きさというのはきわめて不確実なものであり，光子との相互作用の研究では，点のように考えなければならないこともあるからだ。まともに古典力学を当てはめても意味のあることではないが，角運動量とは

$$\begin{aligned} p(\text{orbital, 公転}) &= mvr = m\omega r^2 \\ p(\text{spin, 自転}) &= I\omega_0 = (2/5)ma^2\omega_0 \end{aligned} \qquad (4.1)$$

であり，ω は公転角速度，ω_0 は自転角速度，r は公転半径，a は電子半径である。ここでは電子を球と考え，その球の慣性モーメントを古典力学に従って $I=(2/5)ma^2$ とおいた。仮に自転の角運動量と公転のそれが同じ桁だとしてみると

$$\frac{\omega_0}{\omega} = \frac{r^2}{a^2} = \left(\frac{10^{-10}}{10^{-14}}\right)^2 = 10^8 \qquad (4.2)$$

でみるように，公転軌道を一周する間に，電子は１億回くるくると回らなければならない。地球の公転１に対して，地球の自転は366回あまり（宇

宙空間に対しては365+1回となる）であり，自転回数のほうがはるかに大きいのは理解できるが，それにしても電子の1億回は多すぎる。まともに計算すると，表面の回転速度は光速以上になってしまう。結局このように古典力学にこだわることは，少なくとも定量的な話としては，全く無意味だということになる。スピンの大きさも，軌道運動のそれと同程度である，という実験事実を最初から認めたほうがいい。

スピンと軌道の決定的違い

単にスピンというと，自転の角運動量にも磁気モーメントにも使われるが，その場，その場で判断するほかなかろう。もっと一般的には，角運動量の単位を $h/2\pi = \hbar$ として，角運動量がそれの「何倍に当たるか」の数値をスピンと呼ぶことが多い。つまりスピン s なら，角運動量の大きさは $\hbar s$ になる。もちろん，これの z 成分（磁界方向の成分）としては，$-s$ から s までの何通りかが存在する。

軌道運動をしている核外電子の角運動量の大きさは，方位量子数 l できまり，l は0，1，……，$n-1$ 個のどれかであり，何らかの刺激で突然値を変えたりする（$l=2$ のものが $l=1$ に。つまり角運動量 $2\hbar$ が $\hbar$ に）。しかしスピンについては，初めから値がきまっており，これが軌道の場合と決定的に違うところである。

さて電子のスピンは……実験によると1/2である。

$$s = \frac{1}{2}$$

したがって z 成分は次の2つ（つまり磁界の方向に関し）

$$\frac{1}{2} \quad と \quad -\frac{1}{2} \tag{4.3}$$

となる。s_z が1/2のものを磁界に平行な電子，また$-1/2$ のものを反平行な電子と呼ぶ。

量子数とは，普通は整数なのに，スピンの場合だけなぜ1/2が出てくるのか，といぶかる学生がいる。確かに整数でとびとびというのが量子論の特徴である。角運動量についても原子物理学の初期，つまりスピンがまだ発見されないころに（$h/2\pi$）＝ $\hbar$ の整数倍であるときめた。ところがその「とりきめ」が終わった後にスピンが発見された。

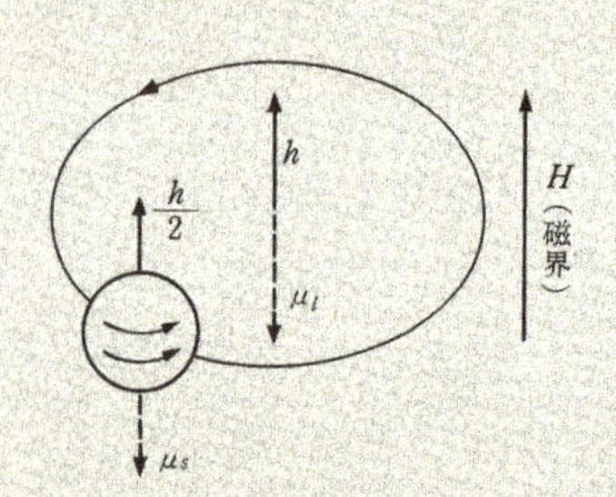

hは軌道角運動量
μ_lは軌道磁気モーメント
$h/2$はスピン角運動量
μ_sはスピン磁気モーメント

図4.1 公転と自転

スピンは1924年に，原子スペクトルや元素の周期律を説明するために，パウリによって導入された概念である。1925年にウーレンベックとハウトスミットにより，自転的なものとの見方が広められ，その後ディラック方程式などによって基礎が固まったものである。電子軌道を解明していったボーアの模型よりもかなり後のものだ。というわけで，角運動量の単位として（$h/2\pi$）をきめてしまった，その後自転の場合にはこの半分だ，と判明したがもう遅い。やむなく量子数に1/2(さらには3/2，5/2の半整数も現れる）を採用したわけである。だから改めて，角運動量の単位を（$h/4\pi$）としておけば1/2が現れなくてもすむ。しかしそのときには，「公転軌道の量子数は偶数だけ」という規制をしなければならないことになる。

後々役立った式

電子のスピン角運動量は (1/2)($h/2\pi$) であるが，それではスピンによる磁気モーメントも $(1/2)(eh/4\pi m)$ なのか。そうではなかった。詳細な実験の結果，$l=1$ の場合の軌道運動による磁気モーメントと同じだった。だから角運動量にならい（1/2）を付けたいならば，$(1/2)(e\hbar/m)$ としなければならない。つまり単位を，軌道の場合の倍にする必要がある。

したがってスピンについては，電子の場合は $s=1/2$ とすると，角運動量 M_s と磁気モーメント μ_s は（スピンだから，軌道の場合と混同しないように s の添字をつける），ボーア磁子 $\mu_B\ (=e\hbar/2m)$ を用いて

$$M_s = \hbar s, \qquad \mu_s = -\frac{e\hbar}{m}s = -2\mu_B s \tag{4.4}$$

と表せる。軸性ベクトルは右ネジ回しの方向に矢印がつくが，当然，質量も陰電荷も（公転と自転を問わず）同方向に回る。電流の向きは陰電荷の移動とは逆向きに定義されるから，そのために生じる磁気モーメントはマイナス向きになるわけである。（図 4.1 参照）。

電子の磁気角運動量比は，公転の場合（式 3.51）も含めて

$$\gamma = -\frac{\mu_s}{M_s} = -\frac{e}{2m}g \tag{4.5}$$

と表せる。このとき g をランデの因子または g 因子と呼び，軌道（公転）運動のみの電子では $g=1$，スピンのみでは $g=2$ である。自由電子の g 因子はこれと僅かに違い $g=2.00232\cdots\cdots$ のような値になる。この g 因子のわずかな変化が，わが国の朝永振一郎博士やアメリカのシュインガーによる「くり込み理論」の正しさのあかしの一つになるのであるが（ラム・シフトという），それは後の 1947 年ごろの話になる。

「スピン」の生いたち

スピンという言葉は，電子のみならずあらゆる素粒子につきものであり，量子論を展開していくうちには必ず出てくるものであるが，一体いつごろから言われだしたのか。1900 年代の光量子時代や 1910 年代の量子条件時代（前期量子力学時代）にはなかったものだが，きっかけは，シュテ

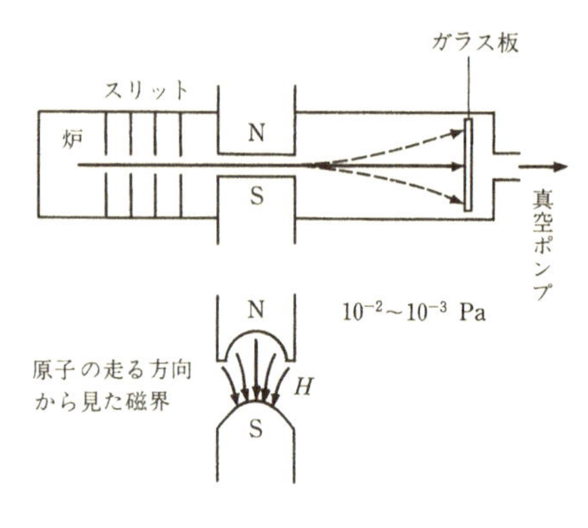

図 4.2　シュテルン - ゲルラッハの実験

ルン（1888～1969）がゲルラッハとともに行った実験だろう。まえに述べたパウリやウーレンベックのまとまった理論以前の話である。図 4.2 のように容器の中を 10^{-2}～10^{-3} パスカル（1気圧の千万分の1から1億分の1程度）にして，電流で熱した小炉で銀の小片を加熱して，銀原子を蒸発させる。これをスリットに通して原子線をつくり，一様でない磁界を通過させると，後ろのガラス板に銀の蒸着膜ができる。磁界がないときには1本の影しか映らないが，磁界をかけるとその影が2本に分かれる。銀原子の基底状態は $l = 0$ で，準位は1つしかないのに，磁界の中では2つの準位が現れるのは，軌道運動以外のものを考えよということである。

さらに方位量子数 l が0でない原子を真空中で磁界の中を通すと（ただしこの磁界は一様ではなく，わざと場所によって異なるようにしてある），ガラス板に多数の原子の蒸着膜が認められた。軌道運動だけなら

$$m_l = -l,\ -l+1,\ \cdots,\ 0,\ 1,\ \cdots\ l-1,\ l \tag{4.6}$$

というように $2l+1$ 本であるはずが，もっと多く，しかも偶数本ある。ただしここでは軌道運動による磁気量子数 m を，わかりやすく m_l と書いた。シュテルンたちはいろいろ考えた末，もし力学モデルを考えるなら，公転のほかに自転も問題になるのではないか，という結論に達した。そうして自転モデルから導きだされたものがスピンである。

ドイツ人であるシュテルンは，ブラスラウ大学，そして第一次大戦中はフランクフルト，その後ハンブルク大学で教鞭をとったが1933年にアメリカに渡った。その年，陽子の磁気モーメントの測定にも成功している。

アメリカの国籍をとり，1943年度（これは第二次大戦中である）のノーベル物理学賞を得た。賞は彼一人に与えられたが，スピンの確認実験は常にシュテルンとゲルラッハの2人の名前を冠して呼ばれている。

さらに1927年には，彼らと同様の方法で，水素原子を用いてフィップスとテーラーもスピンを調べた。元来，基底状態にある水素原子中の電子は $n = 1$，$l = 0$，$m = 0$ で状態は1つであるはずだったが……ここでも2つの成分に分かれることが認められた。現在しきりにスピンと呼ばれる粒子特有の性質も，1920年代に実験物理学者の努力によって確認されてきたのである。

上向きと下向きとで打ち消しあって

原子内の1つの電子に注目するとき，それは軌道運動による性質とスピンによる性質を併せもっている。双方ともに回転であり，それぞれの回転の大きさ（角運動量）及び方向は，軸性ベクトル $\boldsymbol{l}$ と $\boldsymbol{s}$ とで表される。そうして実際には，角運動量にしろ磁気モーメントにしろ両者の合成が効いてくるわけだから，その合成（全角運動量ベクトル）を $\boldsymbol{j}$ を使って表すと

$$\boldsymbol{s} + \boldsymbol{l} = \boldsymbol{j} \tag{4.7}$$

というように，ベクトル和となるはずである。一般論としては，軌道の $\boldsymbol{l}$ の方向とスピンの $\boldsymbol{s}$ の方向とが食い違っている場合が考えられ（両者の間に何がしかの有限な角度がある場合），それらの和はベクトルの足し算になる。空間中に「向きと大きさ」をもった量の和がベクトル和になることは，初歩的な知識である。

原子は，水素を除いては，複数の電子をもっている。そうして原子全体の，電子の軌道運動やスピンが問題にされることが多い。というよりも普通の原子では，全電子のもつそれらの値が分光学などで観測され，磁界中のエネルギー分離に関係してくる。

そのため原子内の全電子の軌道角運動量の量子数を大文字（もちろんベクトル）の $\boldsymbol{L}$ で，また全スピンをこれまた大文字の $\boldsymbol{S}$ で表す。特に後者をレザルタント・スピン（総合結果のスピンとでもいうべきか）と称する

ようになった。両者とも，全電子の単なる足し算ではなく，総合を導くために，かなり面倒な法則を用いる。たとえば He 原子では，$n=1$ で $l=0$（当然 $m=0$）の状態に2つの電子がある，とする。これは後に説明するが，パウリの排他律という法則によって，同じ状態では異なった恰好をしていなければならないのだ。つまり1つの電子のスピンは上向き，いま1つは必ず下向きになる。とすると，この2つのスピンの影響は相殺し合ってしまう。レザルタント・スピン $\boldsymbol{S}$ はゼロになる。このようにスピンは，2個が仲よく抱き合って，相殺してしまうことが多い。

しかし一般論としては，原子内の全軌道角運動量の量子数 $\boldsymbol{L}$ と，レザルタント・スピンのベクトル $\boldsymbol{S}$ との和

$$\boldsymbol{S}+\boldsymbol{L}=\boldsymbol{J} \tag{4.8}$$

を設定し，この $\boldsymbol{J}$ という量子数で原子を特徴づけるのが普通である。この $\boldsymbol{J}$ を内部自由度という。

内部自由度は通常，力学などに用いられる。たとえば球状の玉（原子ならなおいい）の位置・状態は3次元空間では，3つの変数（たとえば x, y, z あるいは r, θ, φ）できまってしまう。しかし，その球に何か仕掛けでもあって，その仕掛けが球内でどんな具合になっているか……なども気にかけたとき，その仕掛けについて重心座標以外にいま一つ何か言ってやらなければならない。外からきめた位置ではなく，原子の内部できめられた変数を言ってやらなければ状態はきまらない……というわけで，内部自由度というのである。

もちろん n, l, m のほかに4番目にスピン s を加えてこれを内部自由度にしてもいいわけであるが，$\boldsymbol{S}$ はつねに $\boldsymbol{L}$ と結び付いているため，第4番目の変数は原子の内部だけできまる $\boldsymbol{J}$ にしている。

これ以上，厄介な原子物理学に立ち入るのは止そう。ただ，$\boldsymbol{l}^2$ とか $\boldsymbol{j}^2$ とかの値そのものは，ボーア以後の量子力学に従って計算すると，その値はそれぞれ $l(l+1)$, $j(j+1)$ になること，および一般的な式をつけ加えるにとどめたい。そうすると原子の全角運動量（軌道運動とスピンを合わせた）のベクトル $\boldsymbol{J}$ の値は

$$J = \sqrt{j(j+1)}\hbar \tag{4.9}$$

となり，その z 成分（磁界方向の成分）は

$$J_z = m_j\hbar, \qquad |m_j| \leq j \tag{4.10}$$

で規定される。式 (4.8) の z 成分をとるならば，式 (4.10) より

$$\left.\begin{aligned} J_z &= L_z + S_z \\ m_j &= m_l + m_s \end{aligned}\right\} \tag{4.11}$$

となる。m_l の最大値は l であり，m_s の最大値は $s = 1/2$ であるから，m_j のとり得る最大値は

$$(m_j)_{\max} = l + \frac{1}{2} \tag{4.12}$$

となる。つまり磁界中では，原子のエネルギー準位にいくつかの変化が生ずるのである（ゼーマン効果）。

原子物理にいささか深入りしすぎたようであるが，ここで言いたかったのは，1つの状態に上向きと下向きの（スピンが反平行の）2つの電子が入ることができる，というきわめて基礎的なことである。図 3.10 を見て，最も中心に近い円周には電子は2つだが，次の円には8個も入っているではないか，といわれそうだが，これは図が悪い。L 殻としては，1つの円と3つの楕円を描かなければいけないのである。

「ダブル・ブッキング」を許すか許さないか

ここで状態（state）という言葉をもう一度はっきりさせておこう。たとえば $n = 3$ で，$l = 1$ かつ $m = -1$ で上向き，というのが1つの状態であり，さきに劇場の指定席のようなものだといった。指定席なら当然1人しか座れず，オーバー・ブッキングでもしようものなら，どちらかがはみ出さなければならない。このように極微の世界では，素粒子は1個が1つの状態に収まる……とは，最初からきまっていたことではない。

原子の中の電子は，1つの状態に1つだけ，それ以外の電子はまた別の

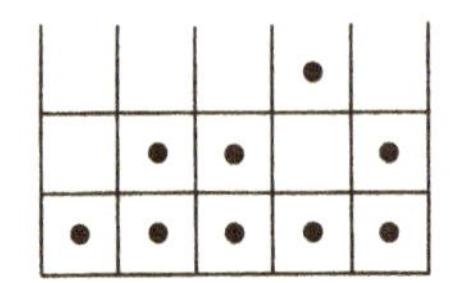

フェルミオン
（電子, 陽子, 中性子等）

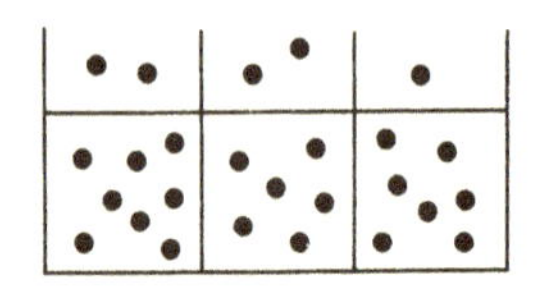

ボソン
（光子, 中間子等）

図 4.3　粒子には 2 種類ある

状態に入るというのが当然のような気がするが，別の例を見ると必ずしもそんな「1人で満員」のきまりなどない。たとえば，1辺の長さ L の箱の中にある分子の状態（全エネルギー）は式 (3.18) のように $(h^2/8mL^2)(n_x{}^2 + n_y{}^2 + n_z{}^2)$ であった。たとえば，ある分子が

$$n_x = 3, \quad n_y = 5, \quad n_z = 2$$

という状態にあるとする。この状態はもう占有されているから，ほかの分子はこの（3，5，2）の状態に入れない……などということはない。n_x などが小さいほど運動エネルギーが小さいわけだが，多くの分子が同じ状態に入り込んでもいい（ただし電子では1個で満員になる）。

究極の粒子である素粒子には2種類あり，1つの状態にいくつも入ることのできるものをボース粒子（ボソン）といい，1つの状態には1つしか入ることのできないものをフェルミ粒子（フェルミオン）*と呼ぶ。そうして，どの粒子がどちらであるかは初めからきまっている。

（ボソン）光子，中間子…

（フェルミオン）電子，陽子，中性子，ニュートリノ…

というように，素粒子としてよくとりあげられるものにはフェルミオンが多い。そうして（フェルミオンについて）1つの状態には1つの粒子しか入り得ない，と提唱したのはスイスのパウリ（1900～1958年）であり，これをパウリの排他律という。パウリはボーアのもとに集った当時の新進気鋭の物理学者で，量子力学の発展に最も貢献した者の一人である。そのパ

＊　ボソンとフェルミオンについては『なっとくする統計力学』の量子統計の項参照。

ウリの原理が1924年であり，さらに彼は1931年にニュートリノを予言している。ボーアのもとからスイスへ帰って，1928年にチューリヒ工科大学教授になり，1935年以降数回アメリカのプリンストン研究所などの客員教授をし，1948年再びチューリヒ工科大学教授になる。第二次大戦終了の1945年度に「パウリ原理の発見」というタイトルで，ノーベル賞を授けられた。

ウォルフガング・パウリ（1900～1958）。スイスの物理学者。1924年，スピンの概念を導入。同年，パウリの排他原理を発表して原子構造に決定的な光を当てた。1945年，ノーベル物理学賞受賞。

とにかく電子はパウリの排他律によって，1つの状態に1つしか入れない。原子が高温かなにかにより励起状態になっている……ということさえなければ，電子は低いエネルギー準位から順に座席を獲得していく。主量子数 n が小さいほどエネルギーが深いことは既に述べたが，多電子を抱える原子のエネルギーは方位量子数 l にも依存し，l の値が小さいほどエネルギーは低い。模型的に強いていえば，円軌道のほうが楕円軌道よりも低いが，あまりこの模型にはこだわらないほうがいい。

電子の着席具合は

このようなわけで，軽い原子の十数個の電子配置を次に書きならべてみる。かっこ中の数字は主量子数，文字は項を表す。たとえばp項（$l=1$）なら，その中に $m=-1, 1, +1$ の3状態があり，スピンの二重性を考えると6個で満員になる。かっこの右肩に書かれた数字はそこにある電子の数を表す。さらに原子が基底状態にあるときの（エキサイトしていないときの）レザルタント・スピンを S，合成された軌道角運動量の量子数を L，内部量子数が J である場合，これを ${}^{2S+1}L_J$ の記号で代表する。$2S$

＋1は全スピンがSのときのスピンの重複度を表し，Lについては数字でなく，いわゆるニックネームのS（$L=0$）P（$L=1$），D（$L=2$），……などで書くのが普通である。またS状態の場合はJを省略してある。

原子番号	記号	電子配置	基底状態
1	H	(1s)	^2S
2	He	$(1s)^2$	^1S
3	Li	$(1s)^2(2s)$	^2S
4	Be	$(1s)^2(2s)^2$	^1S
5	B	$(1s)^2(2s)^2(2p)$	$^2P_{1/2}$
6	C	$(1s)^2(2s)^2(2p)^2$	$^3P_0$
7	N	$(1s)^2(2s)^2(2p)^3$	^4S
8	O	$(1s)^2(2s)^2(2p)^4$	$^3P_2$
9	F	$(1s)^2(2s)^2(2p)^5$	$^2P_{3/2}$
10	Ne	$(1s)^2(2s)^2(2p)^6$	^1S
11	Na	$(1s)^2(2s)^2(2p)^6(3s)$	^2S
12	Mg	$(1s)^2(2s)^2(2p)^6(3s)^2$	^1S
13	Al	$(1s)^2(2s)^2(2p)^6(3s)^2(3p)$	$^2P_{1/2}$
⋮	⋮		⋮

Sの状態について考えよう（$L=0$）。左肩につけた重複数の$2S+1$が1なら全スピン$S=0$，2なら$S=1/2$，4なら$S=3/2$というように，Sの値は直ちにきまる。だから，Sの値はあえて書く必要はない。$S=0$では上向きと下向きのスピンが半々であり，ヘリウム（2つが平行と反平行）のほか，殻をいっぱいに閉じている不活性気体（化学反応をしない気体。一原子分子になっている）のネオンNe（その他アルゴンAr，クリプトンKr）なども当然，この状態になっている。またベリリウム（Be）やマグネシウムのように，ある項にフルに電子が詰まった場合，2つずつがペアで互いに逆向きになって，$S=0$になりやすい。

電子は，主量子数nおよびlの番号の若い順に詰められていくのが原則であるが，18番（Ar）から19番（K）にかけてはそうはならない。

18	Ar	$(1s)^2(2s)^2(2p)^6(3s)^2(3p)^6$	^1S
19	K	$(1s)^2(2s)^2(2p)^6(3s)^2(3p)^6(4s)$	^2S

であり，カリウム中の19番目の電子は，主量子数の低いM殻（$n=3$）のd項（3d項とも呼ぶ。$l=2$）をオミットして，その上のN殻（$n=4$）のs項（$l=0$）に入っている。電子の数が19個にもなると，それらの相互作用のために，たとえnの値が大きくてもlの小さいほうが低エネルギーである，ということになっている証拠なのである。この3d項というのは意外と不規則であり，いわゆる遷移（せんい）金属と称するものが，不完全なかたちで，この軌道に入っている。3dは10個で満員になるのであるが（$l=2, 1, 0, -1, 2$の5通りで，スピンの2重性で10），主なものを書き並べてみると

24	Cr	$(1s)^2(2s)^2(2p)^6(3s)^2(3p)^6(3d)^5(4s)$	^7S
25	Mn	$(1s)^2(2s)^2(2p)^6(3s)^2(3p)^6(3d)^5(4s)^2$	^6S
26	Fe	$(1s)^2(2s)^2(2p)^6(3s)^2(3p)^6(3d)^6(4s)^2$	$^5D_4$
27	Co	$(1s)^2(2s)^2(2p)^6(3s)^2(3p)^6(3d)^7(4s)^2$	$^4F_{9/2}$
28	Ni	$(1s)^2(2s)^2(2p)^6(3s)^2(3p)^6(3d)^8(4s)^2$	$^3F_4$

となっている。クロムでは3dに5個入って，あと1つはその外側ともいうべき4sに入ってしまう。マンガンになると4sを2個で埋めて3dは5個のままである。そして鉄，コバルト，ニッケル――と，だんだんに3d項を埋めていくことになる。

鉄が磁石にくっつく理由

92種類ある元素の中でよく磁石にくっつく物質は――換言すれば原子が磁気モーメントをもっているものは――3d項の電子の不完全個数（要するに10個収まっていないこと）に原因している。しかも基底状態を見てわかるように，これらの原子は重複度が大きい。特に鉄，ニッケル，コバルトの3元素は強い磁性をもち，缶が鉄製かアルミ製か，あるいは硬貨がニッケル製か黄銅か，などは小型磁石ですぐに判断がつく。もちろん3d項が不完全な元素はこの3種類だけではないが，とにかく1つの項の中の電子数がハンパのとき，そのぶんだけ軌道あるいはスピンの磁気モーメ

ントがもろに現れて，原子自身が磁気的な効果をもってくる。

3dのほかに4f項が不完全な元素も磁気をもち，通常は希土類元素と呼ばれ，メンデレーフの表に入りきらないために，はみ出して別に書かれていることが多い。もっとも，希土類というと普通は57番のランタン（La）から71番のルテチウム（Lu）までをいうが，これに21番のスカンジウム（Sc）と39番のイットリウム（Y）を加える。Scは$3d(4s)^2$であり，Yは$4d(5s)^2$と，ハンパであることには変わりはない。通常の化学では比較的名も知られず，問題になることもなかったが，超伝導物質がいろいろと試されるようになってから，これらの物質がクローズ・アップされてきた。超伝導とどのように関係しているかは重要な，そして解決困難な問題であるが，とにかく自然界に比較的少ない（だから希土類というのだろう）これらの物質は，nの大きいs項が埋まっているにもかかわらず，3d，4d，4fの項が完全でないために（4fは電子14個で完成）さまざまな性質をもつのである。

銅が磁石につかない理由

ふたたび遷移金属に戻ろう。28番の次は，29番の銅（Cu）であり，これは

29　　Cu　　$(1s)^2(2s)^2(2p)^6(3s)^2(3p)^6(3d)^{10}(4s)$　　^2S

と見事に埋まっている。よく知られているように，銅は磁性体ではないどころか，弱い反磁性体なのだ。28番ニッケルでは$(3d)^8$であったが，銅では電子が1個ふえ，さらに1個は4sから貰っている。それでは銅では4sが不完全ではないか，ということになりそうであるが，d($l=2$)とかf($l=3$)とかというように，方位量子数の大きい状態が不完全のときに，原子は磁性を帯びるのである。s項軌道は円，p項は円に近い楕円であるから，ここが不完全でも，それほどの磁性は現れない，といってしまえばあまりに模型的になろう。しかし92種類の原子の電子配置は，きれいな表になって書かれている。原子内の軌道電子の存在は1911年にラザフォードによって確かめられたが，その翌々年の1913年にイギリスの物理学者モーズリー（1887～1915）によって，原子番号の多い，電子をたくさん

もった原子の電子配置が明らかにされた。

番号の大きい原子では，1sとか2sあるいは2p状態の上に，さらにたくさんの電子がある。底に近い電子を叩き上げて上部のエネルギー状態に持ち上げると，今度は電子が底部にまで自然落下してエネルギー（$h\nu$）の大きい光子を出す。これは可視光線でなく，エックス（X）線であり，モーズリーはそれぞれの原子から出る特性X線の周波数を調べて，これが原子番号と簡単な関係にあることをつきとめた。モーズリーの法則[*]といわれるのがこれである。彼を知る人たちは，もしモーズリーが長生きしたならばボーアと並んで原子物理学の開拓者として認められ，当然，ノーベル賞も貰っただろうという。しかし青年モーズリーは英国軍人として第一次大戦に出陣し，ダーダネルス海峡を見下ろすトリポリの戦闘で戦死をしてしまうのである。

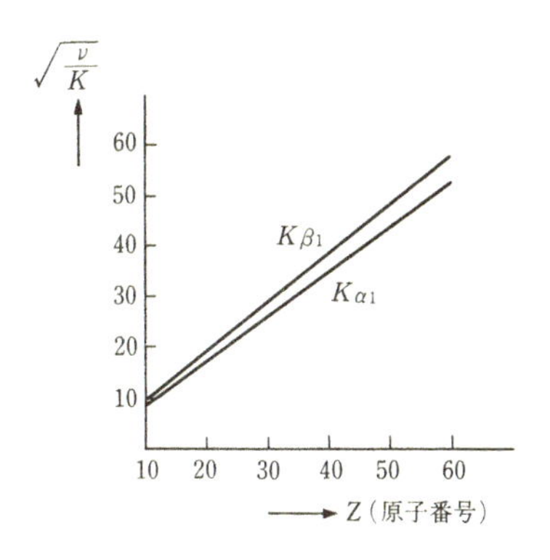

Zと$\sqrt{\nu/K}$との線型関係。
$K\alpha_1$ラインと$K\beta_1$ラインの2つがある。

図4.4　モーズリーの法則

理屈どおりにならない異常磁気

核の外を回っている電子はスピンをもつが，中央の原子核はどうなのか，という疑問は当然である。素粒子はすべてスピンをもつ，というからには核も，角運動量および磁気モーメントをもたなければならない。

原子核は陽子と中性子の複合体である。中性子などは，量子力学以後の発見ということになるかもしれないが，スピンの話のついでに，ここで触

＊　原子番号をZ，X線の波数を$\varkappa=1/\lambda$（波長の逆数）とすると，$\sqrt{\varkappa}=K(Z-s)$。Kとsはスペクトル線の種類できまる定数。

れておくことにしよう。

陽子（p）も中性子（n）も（この両者を総称して核子という），いやこれだけでなくすべての素粒子の角運動量の単位は$\hbar$とする。つまり$\hbar$の0倍か（スピンなしということ），1/2倍か，1倍か，3/2倍か……ということになり，粒子がきまれば倍数（つまりスピン量子数s）もきまっている。核子では，$s = 1/2$である。

ところが磁気モーメントについては，素粒子ごとに違うと考えていい。原子核の磁気モーメントの単位をμ_Nと書き，陽子の質量をM_pとすると

$$\mu_N = \frac{e\hbar}{2M_p} = 5.0508 \times 10^{-27}\ \mathrm{J \cdot T^{-1}} \tag{4.13}$$

であり（添字のNは核子の頭文字），式(3.49)での電子の磁子（ボーア・マグネトン）の1836分の1になっている。角運動量は同じであるが，磁気モーメントの方は質量に反比例するわけである。式(4.13)を核磁子という。

陽子のスピンは$s = 1/2$であるから，磁気モーメントは電子のときと同じく$(1/2)2\mu_N = \mu_p$かというと，残念ながらそうはいかない。陽子の磁気モーメントは

$$\mu_p = 1.4106 \times 10^{-26}\ \mathrm{J \cdot T^{-1}} \tag{4.14}$$

であり，陽子についてのg因子は2ではなく

$$g_p = 2\mu_p/\mu_N = 5.58569 \tag{4.15}$$

というように，電子の場合の比率よりも大きくなる。

さらに，電気を帯びた粒子が自転する……だから粒子はコイル状の電流である……コイル電流は棒磁石に等しい……となると，電荷のない中性子は磁気モーメントをもたない，ということになりそうであるが，これも予測とは食い違う。中性子の磁気モーメントは

$$\mu_n = -0.96624 \times 10^{-26}\ \mathrm{J \cdot T^{-1}} \tag{4.16}$$

であり，μ_{p} とは逆向きであって，絶対値は μ_{p} の68％程度である。ただし，核磁子よりは大きくて，2倍弱になっている。

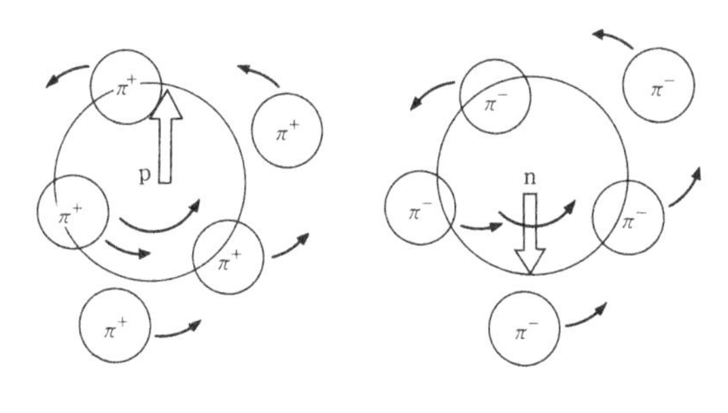

図 4.5　核子の周囲には中間子がはべる。

現実の μ_{p} や μ_{n} が理屈どおりにならないことを異常磁気モーメントという。

陽子pと中性子nはともに原子核の中にある。核子同士はつねにパイ中間子（π）をキャッチボールして強く結び付いている。pが π^+ を放って自らはnに，そして π^+ を吸ったnはpになる。あるいはnが π^- を放って自らはpに，π^- を吸ったpはnに……というように，狭い核の中ではpとnとをはっきり識別することは無理だといえる。

そこでいささか模型的な考え方になってしまうが，陽子pは自分のまわりに π^+ の群をはべらせ，自らの正電荷は若干少なくなっている（nに近づいている）という古典的なイメージが湧く。外側の π^+ は大回りをするから，当然強い棒磁石が出現することになって，μ_{p} の値は思いのほか大きい。

逆に中性子は，自分の周囲に π^- をはべらせ，みずからは多少，陽電気を帯びる。そして外側の陰電荷 π^- が大回りをするから，中性子とは反対向きで，初めから電荷のある陽子よりは小さいけれども，それでも磁気モーメントが出現する。

以上はあまりにも姑息な説明ではあろうが，それでも何とか異常磁子というものの存在をなっとくして頂けるであろう。狭い核内に，核子と中間子とがどの程度同居できるか等の問題は，量子論の核心である不確定性原理を経て言えることであり，湯川博士のパイ中間子の提唱も，この原理に基礎をおいているのである。

バラバラな値からキレイな値へ

原子核全体のスピンは，一つ一つの核子の和というわけにはいかない。ヘリウム（He）では4個の核子のスピンが相殺してゼロになるのは納得できるが，その他の場合はかなりまちまちである。いわんや全磁気モーメントはもっとばらばらである。陽子の正電荷が中性子の負電荷に勝って，とにかくどの原子核でも磁気モーメントは正かというと，必ずしもそうではない。4番元素ベリリウム（Be）の核の磁気モーメントはマイナスである。小さい原子としては，核子の数が奇数（9個）というのも珍しいが，そればかりが核磁石を逆向きにしている原因ではあるまい。下に，よく知られた原子について書き並べてみる。ただし磁気モーメントは核磁子 μ_N の値を単位とし，さらに同位元素で存在比率の少ないものには，元素記号の左上に質量数を付けた。磁気モーメントとは二重極（双極子）の謂（いい）であり，さらにある元素では，小さいながら四重極まで存在する。

磁気モーメントがまちまちであるということは，各原子核についての g 因子がそれぞれに違うというわけであるが，核物理学においてこれらを調べていくことは，きわめて困難な問題である。

素粒子の研究は量子力学ができ上がった後のことになるが，どの素粒子

元素	質量数	スピン	磁気モーメント	元素	質量数	スピン	磁気モーメント
^{2}D	2	1	0.8574	N	14	1	0.4036
^{3}He	3	1/2	−2.218	Na	23	3/2	2.2175
He	4	0	0	Co	59	7/2	4.616
^{6}Li	6	1	0.8220	Cu	63	3/2	2.226
Li	7	3/2	3.2563	Pt	195	1/2	0.6004
Be	9	3/2	−1.1774	Au	197	3/2	0.1459
^{10}B	10	3	1.8007	^{201}Hg	201	3/2	−0.5566
B	11	3/2	2.6886	^{235}U	235	7/2	0.35
^{13}C	13	1/2	0.70238	^{241}Pu	241	5/2	−0.69

表4.1　元素のスピンと磁気モーメント

				記号	電荷	スピン
光子				$(\gamma=\overline{\gamma})$	0	1
レプトン			ミュー・ニュートリノ	$(\nu_\mu;\overline{\nu_\mu})$	0	1/2
			電子・ニュートリノ	$(\nu_e;\overline{\nu_e})$	0	1/2
			タウ・ニュートリノ	$(\nu_\tau;\overline{\nu_\tau})$	0	1/2
			ミュー粒子	$(\mu;\overline{\mu})$	+1；−1	1/2
			電子	$(e^+;e)$	+1；−1	1/2
			タウ粒子	$(\tau^+;\tau^-)$	+1；−1	1/2
ハドロン	中間子		パイ中間子	$(\pi^+;\pi^-)$	+1；−1	0
			ゼロパイ中間子	$(\pi^0=\overline{\pi}^0)$	0	0
			ケイ中間子	$(\mathrm{K}^+;\mathrm{K}^-)$	+1；−1	0
			ゼロケイ中間子	$(\mathrm{K}^0;\overline{\mathrm{K}^0})$	0	0
	バリオン	核子	陽子	$(\mathrm{p};\overline{\mathrm{p}})$	+1；−1	1/2
			中性子	$(\mathrm{n};\overline{\mathrm{n}})$	0	1/2
		ハイペロン	ラムダ粒子	$(\Lambda;\overline{\Lambda})$	0	1/2
		⋮	⋮	⋮	⋮	⋮

	記号	電荷	スピン
ダウンクォーク	$(\mathrm{d};\overline{\mathrm{d}})$	−1/3；+1/3	1/2
アップクォーク	$(\mathrm{u};\overline{\mathrm{u}})$	+2/3；−2/3	1/2
ストレンジクォーク	$(\mathrm{s};\overline{\mathrm{s}})$	−1/3；+1/3	1/2
チャームクォーク	$(\mathrm{c};\overline{\mathrm{c}})$	+2/3；−2/3	1/2
ボトムクォーク	$(\mathrm{b};\overline{\mathrm{b}})$	−1/3；+1/3	1/2
トップクォーク	$(\mathrm{t};\overline{\mathrm{t}})$	+2/3；−2/3	1/2

表 4.2　素粒子一覧

もスピンをもつ。中間子などはゼロのスピンをもつということにしている。素粒子の記号，電荷，スピンを上に書いた。ただし反粒子は上に棒を引いてある。光子やパイゼロはそれ自身が反粒子でもある。

ハイペロンはさらにΣ(シグマ）粒子，Ξ(グザイ）粒子……と続く。なお，スピンが整数（0，1など）の粒子はボソン，半整数（1/2，3/2など）の粒子はフェルミオンである。

素粒子としては，フェルミオンが圧倒的に多い。現在では，レプトンは基礎粒子であるが，中間子は2個の，バリオンは3個のクォークから成り立っていると考えられている。クォークは，レプトンの数と同じように6個あると考えられ，電荷は1/3や2/3であるが，スピンはいずれも1/2である。

1994年の春に，トップクォークがアメリカのフェルミ研究所で発見されたという情報が入った。最後の2つ，bとtとはべつに，それぞれビューティークォーク，トゥルースクォークとも呼ばれることがある。

比熱からの破綻

古典物理学では全く説明できない輝線スペクトルを，極座標を用いたボーア-ゾンマーフェルトの量子条件から説明し，スピンにまで話は及んだ。時代は前後するが，古典物理学はここでも破綻している，という事実を，固体の比熱理論から見ていくことにしよう。

物質の熱的性質として，比熱という考え方はきわめて重要である。物質1グラムの温度を1度高めるのに必要な熱量のことである。物質としては水の比熱はきわめて大きく，1 cal/度である。なぜちょうど1になるのかと思われるかもしれないが，実は，1グラムの水を14.5℃から15.5℃に上げるのに必要な熱量を1カロリーと定義したからである。国際単位では熱の仕事当量を考慮して4.186 J/g・Kである。分母のKはケルビンであるが，1目盛はセッシ温度と等しい。

初等物理学では，比熱は温度にかかわらず一定値だと近似して計算することが多い。水については図4.6のように0°～100℃の間で数%ほど変化する。すべての物質，特に固体ではどうなのか。

比熱というのは，1グラム当りの熱容量であり，異物質間の比熱を比較しても意味がない。比重の大きいものほど原子数が少ないからである。そこで物質全般について論ずる場合には1モル当りの（粒子の数で6×10^{23}に統一して）熱容量，つまりモル比熱を比較するのが合理的である。ところが多くの金属では，モル比熱の値は総じて同じである。熱容量は熱力学で教えるように，圧力一定のもとで定圧熱容量C_pと定積熱容量C_Vとがあるが，固体では（そうして液体でも）両者の差はきわめて小さく，理論的には定積比熱で議論を進めるのが一般的である。

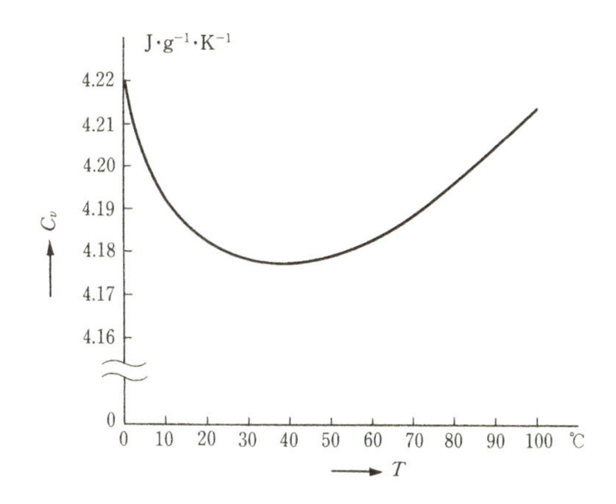

図 4.6　水の比熱

とりあえず比熱を

気体では，温度が高いということは分子の運動エネルギーが大きいことを意味する。液体と固体では構成原子が単振動をなし，高温度では振動が激しくなる。ただし，振動数はほとんど温度に関係しない。振幅が大きくなるのが特徴である。この振動のエネルギーは当然，原子数に比例する。ということになると，異種物質のエネルギーを比較するには同じ原子数にしなければならない。振動エネルギー E と，比熱 C_V との関係は簡単に

$$C_V = \mathrm{d}E/\mathrm{d}T \tag{4.17}$$

であるから，異種物質では 1 モルのもつ比熱，つまりモル比熱を比較するといい。

23 ページでも述べたが，熱力学および統計力学の教えるところによると，エネルギー等分配の法則というのがある[*]。

温度 T の系で，気体分子ならそのエネルギーは運動量 p の 2 乗を用い $E = p^2/2m$ で表され，平均して 1 次元当り $(1/2)kT$，3 次元空間を走る

[*] 姉妹書『なっとくする熱力学』あるいは『なっとくする統計力学』参照。

から $(3/2)kT$ のエネルギーが配分される。1モルならこれにアボガドロ数 $N(=6\times10^{23})$ がかかり

$$E=(3/2)NkT=(3/2)RT \tag{4.18}$$

となる。k はボルツマン定数，R は気体定数で

$$R=8.3145\ \mathrm{J\cdot mol^{-1}K^{-1}} \tag{4.19}$$

である。

ところが単振動している原子の全エネルギーは

$$E=p^2/2m+(1/2)Kx^2 \tag{4.20}$$

と，p^2 と x^2 とに関係し，等分配の法則で平均エネルギーは $2\times(1/2)kT=kT$ である。原子は3次元的に振動するから $3\,kT$，1モルでは

$$E=3NkT=3RT \tag{4.21}$$

となり，これが1モルの原子が振動しているときのエネルギーになる。

系のエネルギーの絶対値を測ることはむずかしく，またその定義さえあやふやなことが多い。ところが，系の温度を1度上昇させるのに必要なエネルギー（実際には熱量）を測ることは容易である。これが比熱であり，実験値との比較では，比熱は熱エネルギーよりはるかに重要な値となる。

さて式 (4.17) に見るように，T（温度）が変わる（これが $\mathrm{d}T$）ためには，E（熱量）をどれほど注ぎ込まなければならないか（これが $\mathrm{d}E$）という比率が比熱であり，振動エネルギー式 (4.21) については

$$C_V=3R \tag{4.22}$$

という簡単な式になる。つまりモル比熱は物質のいかんにかかわらず一定で，$8.3145\ \mathrm{J\cdot mol^{-1}K^{-1}}\approx2\ \mathrm{cal\ mol^{-1}K^{-1}}$ になる。これをデュロン-プティの法則と呼ぶ。フランスのデュロン（1785～1838）とプティ（1791～1820）によって量子力学出現の100年も前の1819年に発見された。もっとも，化学では，分子を構成する各原子の比熱の和が分子の比熱になると

いうノイマン - コップの法則というのが1831年に提唱されたが，ここでは煩雑さを避けるために，対象を単一元素の固体にしぼって話を進めていくことにしよう。

古典論との接点

振動する固体原子の熱エネルギーは式 (3.14) ですでに求めた。同じく位置エネルギーを持たない，容器の中の粒子に対しては式 (3.18)，さらに中心力の働く粒子については式 (3.28) がある。1920年代に入ってからの制式の量子力学によれば，正しい解答（近似式でない正確な答え）はこの三者にかぎり，これ以外のケースについては多かれ少なかれ近似的解法に頼ることになる。次に，ボーアの量子条件から得られたこの三者の解答を，量子数を使って書き並べてみよう。いずれも量子数 n を用いて記述される。

① 位置エネルギーのない，容器の中の粒子

$$E_n = \frac{h^2}{8mL^2}n^2$$

3次元では

$$E(n_x, n_y, n_z) = \frac{h^2}{8mL^2}({n_x}^2 + {n_y}^2 + {n_z}^2) \tag{4.23}$$

② 単振動をする粒子

$$E_n = nh\nu$$

3次元で各方向の振動数がすべて同じ ν なら

$$E(n_x, n_y, n_z) = (n_x + n_y + n_z)h\nu \tag{4.24}$$

③ クーロン力のために回転する粒子

極座標をとり，n_r と n_φ との和を改めて n と書いて，主量子数と呼び

$$E_n = -\frac{2\pi^2 ne^4}{n^2h^2} \tag{4.25}$$

となる。これで主な場合のエネルギーが網羅された。n が整数でとびとびのため，これらのエネルギーもとびとびになる。E_n というふうにわざわざ n を付けたのは，もし量子数が n なら，そのときのエネルギーは E_n になるぞ，ということを表している。その後の量子力学で，量子数（たとえば n，あるいは n_x，n_y，n_z）の組によって特定されたエネルギー準位 E_n のことを，「固有値」と呼ぶようになる。

固有値とは劇場の指定席のようなものであり，今その席に粒子が入っているかどうかは別問題である。固有値 E_n とは，このエネルギーの状態に量子がきてもよろしいという，たとえてみれば鳥に対する止まり木のようなものだ，と考えるとわかりやすい。

さて式 (4.23)，(4.24)，(4.25) で一応，前期量子力学のメインの部分は終わったと考えて差し支えないが，古典論と量子論とを比べてみて，どこがどんな風に異なるかをもう少し詳しく調べてみよう。①については，とびとびのワンステップが $h^2/8\,mL^2$ というとんでもなく小さな値であり，ほとんど連続（つまりデジタルでなしにアナログ）であって，全体的なエネルギーや比熱を計算しても量子論的効果はほとんど出てこない。③は既に詳しく見てきたように，原子中の電子軌道を表しており，これは初めから量子論的なものであって，これに対応する古典論はつくりにくい。というわけで，最も比較に都合のいいのが②の振動原子の例であろう。

「平均」はどう求める？

②の $E_n = nh\nu$ という式からわかるように，エネルギーの固有値は単位 $h\nu$ に対して線形になっている（線形がわかりにくければ，比例的と言い直してもいい）。ここで統計的手法を用いて，たくさんの調和振動子（単振動をしている物体を物理学ではこのように呼ぶ）からなる系の平均エネルギーを求めてみることにする。そのとき，系（対象となる多数粒子）の温度 T はわかっているものとする。

ここで平均値とは当然，社会科学などで使う加重平均のことである。簡単な例として新規の株式を入札公募したところ，35万円が8人，40万円が5人，45万円が2人，応募してきたとしよう。この15人は，いずれも入札値で株を引取ったが，さて一般売り出しとなるといくらが妥当であろうか。35，40，45の単平均の40だというのは，正しい方法ではなかろう。また一番人数の多い35万円にするのは安すぎる。というわけで加重平均

$$\frac{35 \times 8 + 40 \times 5 + 45 \times 2}{8 + 5 + 2} = 38$$

で38万円とするのが公正であり，真の意味での平均値といえよう。分子は入札の「のべ」金額であり，分母は頭かずになる。

もう少し別の見方をするなら，金額として出てくる価は35，40，45であるが，これらにそれぞれ8，5，2という重み（こんな場合，ウエイトあるいは比重などという）をかけて足し合わせ，比重の和でそれを割るのである。

一般に任意の物理量 Q（たとえばエネルギー，運動量，その他）の平均とは，Q のとり得る値が（量子力学ではこれを Q の固有値という），Q_1，Q_2，…，Q_n のとき，系（粒子といってもいい）が Q_1 をとる確率を w_1，Q_2 をとる確率を w_2，……とすると，

$$\langle Q \rangle = \frac{Q_1 w_1 + Q_2 w_2 + \cdots + Q_n w_n}{w_1 + w_2 + \cdots + w_n} = \frac{\sum_i Q_i w_i}{\sum_i w_i} \qquad (4.26)$$

で表される。

自然現象は一般に多粒子からなるが，実験として観測にかかるものは圧力やエネルギー（実際には熱容量）などの巨視的な量の平均値である。とすれば式（4.26）を計算すればいいわけだが，その場合，ウエイトに相当するものは何か。

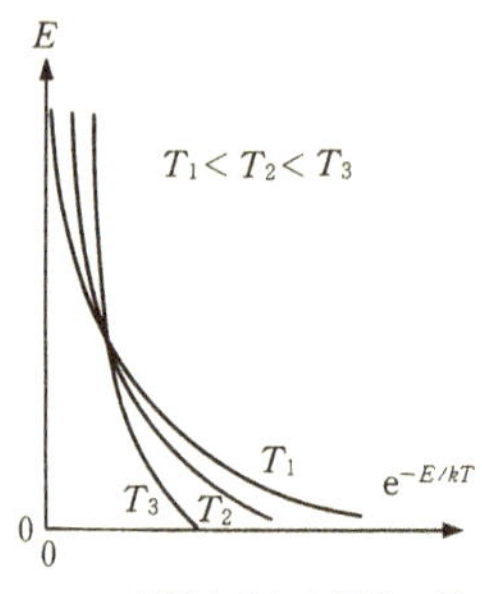

ボルツマン因子とEとの関係．Tが異なると曲線も違ってくる．

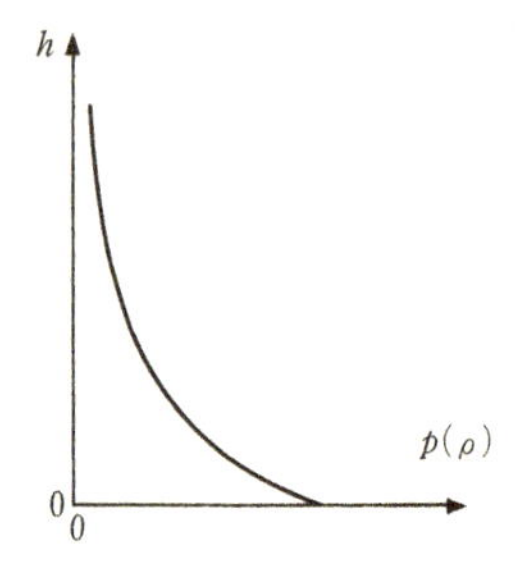

高さと空気圧(あるいは空気密度)

図 4.7　ボルツマン因子の図

これは統計力学の最も大きな，しかも基礎的な課題の一つであり，詳細は統計力学にまかせよう*。その結果だけを書くと，i 状態のエネルギーが E なら，ある粒子が（あるいは系が）i 状態にある確率は

$$e^{-\beta E} = \exp(-E/kT) \tag{4.27}$$

である。$\exp x$ と e^x とは全く同じことであり，e^x は自然対数の底で 2.718281828…という不尽根数になっている。k はボルツマン定数，T は絶対温度を表す。式 (4.27) はボルツマン因子と呼ばれ，Eが大きいほど値が小さく(つまり大きなエネルギー準位に昇ることはむずかしく)，また T が大きいほど高いエネルギー準位にも行く道が開けていることを示している。式(4.27) は統計力学から導かれた重要な式であるが，必要ならば量子論の計算にも大いにとり入れていけばよい。

ボルツマン因子を図示すると図 4.7 のように，E の小さい状態には多くの粒子が（あるいは多くの系が）あり，E の大きいところには少ない粒子が……という具合になるが，ともかく高温なほど全体的に粒子は上に昇ると考えてよい。もっと別の考え方をすれば，図 4.7 の右のグラフの曲線が「温度とはなにか」を客観的に（あるいは統計力学的に）示したもの

＊　『なっとくする統計力学』参照。ラグランジュ未定乗数法よりボルツマン因子を導く。

だともいえる。普通に温度とは，分子運動の運動エネルギーのことである，と（教科書などに）述べられているが，これは気体に関する場合だけであり，図 4.7 のほうが一般的であろう。そうして右の図のように空気分子（その位置エネルギーは mgh）は，低い所ほど多く，上空に行くにつれて薄くなる。まさにボルツマン因子そのままの分布といえよう。

そこでウエイトがボルツマン因子，調和振動子のエネルギーが $nh\nu$ になることを使うと，温度 T の場合の系の平均エネルギー $\langle E \rangle$ は

$$\langle E\rangle = \frac{\sum_0^\infty nh\nu e^{-nh\nu\beta}}{\sum_0^\infty e^{-nh\nu\beta}} \tag{4.28}$$

となる。分子は個々のエネルギー $nh\nu$ にウエイトをかけて足し，分母はウエイトだけの和とするのである。$\beta = 1/kT$ である。

とびとびの状態 $nh\nu$ は，どんな大きなものでも「存在しうる」から，その上限は無限大である。もちろんそのときは，上式の中の指数関数はきわめて小さくなり，指数関数の和は収束する。

ここで $nh\nu$ はエネルギーであるから，そのまま $E = nh\nu$ とおき，和を積分におきかえると，上の式は

$$\begin{aligned}
\langle E\rangle &= \frac{\int_0^\infty E e^{-\beta E} dE}{\int_0^\infty e^{-\beta E} dE} \\
&= \frac{[-E e^{-\beta E}/\beta]_0^\infty + \int_0^\infty e^{-\beta E}/\beta dE}{[-e^{-\beta E}/\beta]_0^\infty} \\
&= \frac{-[e^{-\beta E}/\beta^2]}{1/\beta} = \frac{1/\beta^2}{1/\beta} = kT
\end{aligned} \tag{4.29}$$

となる。まさに1次元の調和振動子の平均エネルギーは kT，実際には3次元的に振動するから $3\,kT$，1モルならアボガドロ数をかけて $3NkT = 3RT$ であり，モル比熱は

$$E = 3RT, \qquad C_V = dE/dT = 3R \tag{4.30}$$

となって，デューロン - プティの法則が得られる。なお調和振動子のエネ

ルギー関数を用いて，ていねいに計算する方法は——結果は式 (4.29) と同じであるが——付録 C で計算した。

付録 C でよくわかるように，ハミルトニアンからエネルギーの平均値を求めると，p^2 の係数および x^2 の係数のいかんにかかわらず（その係数は計算の途中において分子と分母で相殺してしまい），結果は kT になる。

つまり，固体の原子（質量 m）が重くても軽くても，さらには振動数（ν）が大きくても小さくても，平均エネルギーは変わらない。バネが強くても（バネ定数 K が大きくても），あるいは弱くても，エネルギーは一定であり，温度 T のみに依存する，ということは大いに注目に値しよう。要するにどんな物体でも区別なく，たんに単振動をしているということだけで，その平均エネルギーはきまってしまうのである（粒子 1 個そして 1 次元につき kT）。

量子論での極限は古典論に近づく

以上のように，平均値の計算に積分式を採用すると，（$E = kT$ となって）量子効果は全く現れてこない。しかしエネルギーはあくまでもとびとびであり，連続でなく離散的だと考えなくてはならない。積分（アナログ）でなしに，和（デジタル）にしなければならないのである。ボルツマン因子をそのまま（つまり古典でも量子でも）使うと，量子論的計算では

$$\langle E \rangle = \frac{\sum_{n=0}^{\infty} nh\nu e^{-n\beta h\nu}}{\sum_{n=0}^{\infty} e^{-n\beta h\nu}} \tag{4.31}$$

となる。分子も分母も級数であるが，式をわかりやすくするために

$$e^{-\beta h\nu} = x$$

とおいて，分子を因数分解すると

$$\langle E \rangle = h\nu \frac{\sum nx^n}{\sum x^n} = h\nu \frac{x + 2x^2 + 3x^3 + 4x^4 + \cdots}{1 + x + x^2 + x^3 + \cdots}$$

$$= h\nu \frac{(1 + x + x^2 + x^3 + \cdots)(x + x^2 + x^3 + \cdots)}{1 + x + x^2 + x^3 + \cdots}$$

$$= h\nu(x + x^2 + x^3 + \cdots)$$

$$= h\nu\sum_{n=1}^{\infty} x^n = \frac{h\nu x}{1-x} = \frac{h\nu}{e^{\beta h\nu} - 1}\ ^{*} \qquad (4.32)$$

という形になる。

分母にある指数は，$\beta h\nu = h\nu/kT$ であるが，きわめて温度が高いときには量子論的効果が減って古典論に近づくのが一般である。あるいは式中のプランク定数を（形式的に）小さくしてみて，無限に小さくした場合が古典論と一致しなくてはいけない。式 (4.32) では $h\nu/kT \ll 1$ の条件を入れてみて，近似式 $e^x \approx 1 + x$ に代えてみると

$$\langle E \rangle \approx \frac{h\nu}{(1 + h\nu/kT) - 1} = kT \qquad (4.32)'$$

となって，デュロン－プティの法則（これは古典論的発見である）になる。

エネルギーだけでなく，一般に古典物理学の結論は，量子物理学の極限の場合（たとえば $T \to \infty$，あるいは $h \to 0$）になっている。この意味で，自然界を記述する物理学は量子論によって表されるのが一般であるが，その特殊なケースとして，古典論的結果があるといえる。

ただし，通常の温度あるいはそれ以上の温度で，対象となる物体の質量やエネルギーが巨視的な場合には，古典論で十分よい近似が得られる。微視的物理学が開拓され，それに見合う実験的測定もなされるようになって，初めて量子論の花が開いたといえよう。

自然界は「和」の法則

実験との比較は，比熱の理論値と実験値とを比べてみればよいが，まず1モル当りのエネルギーとして，簡単に式 (4.32) を $3N$ 倍して

$$E = \frac{3Nh\nu}{e^{h\nu/kT} - 1} \qquad (4.32)''$$

* 初項 a，公比 r の無限等比級数 S は，$|r| < 1$ のとき，簡単に $S = a/(1 - r)$。

を考える。もちろん各原子の x，y，z 方向の振動数 ν_x，ν_y，ν_z はそれぞれ異なっているであろうし，いわんや2つ以上の原子の振動数が同じである保証はない。しかし $3N$ 個の振動数を全部同じ ν とおいても，近似としては必ずしも悪くはない。そうして，すべての振動数を同じであると仮定するこの方法をアインシュタイン模型という。式 (4.32)″ から

$$C_V = \frac{\mathrm{d}E}{\mathrm{d}T} = 3Nk\left(\frac{h\nu}{kT}\right)^2 \frac{\mathrm{e}^{h\nu/kT}}{(\mathrm{e}^{h\nu/kT}-1)^2} \tag{4.33}$$

であり，T についてかなり複雑な関数になる。

$h\nu/k = \theta_E$ とおき，温度の元をもつこの値をアインシュタインの特性温度と呼び，モル比熱はすべて T/θ_E の関数で描けることになる。

$$C_V = 3R\left(\frac{\theta_E}{T}\right)^2 \frac{\exp(\theta_E/T)}{[\exp(\theta_E/T)-1]^2} \tag{4.34}$$

となるが，$C_V/3R$ を（T/θ_E）でプロットすると図 4.8 が得られて，実験事実をかなりよく説明する。

特性温度 θ_E は，物質によってかなりまちまちであるが，100～150 K くらいのものが多く，この温度より低くすると，固体比熱に量子論の影響が現れてくる。

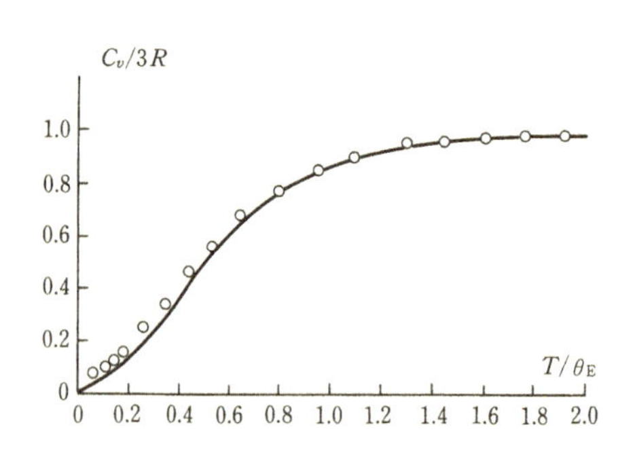

図 4.8　固体の比熱

すぐ前にも述べたが，単振動をする原子のエネルギーを連続だと考えて，その平均をとるのに式 (4.29) のように積分計算をすると，古典的なデューロン－

プティの結果しか出てこない。低温で比熱が小さくなるのは事実であるが，積分式は減少比熱の算出に対しては全く無力である。数学的に積分でなく，式 (4.32) のように和にしたからこそ，低温での比熱の減少が数式的に説明できたのである。和が自然界の真実の姿であり，積分は近似にすぎない。

数学の学習の順序としては，さきに数列，級数を習い，級数の概念を基礎として，区分求積法という手段によって積分を修得する。積分はとびとびに足す級数よりむずかしいものとされている。わかりやすい級数の究極が積分である，と教わる。

ところが，古典論では積分であったものが，量子論になると級数を使わなければならないのである。「むずかしかったものが，量子論になって，単なる足し算に変わり，かえってやさしくなった」と思う人もあろうが，まさにそのとおりである。その理由はひとえに，古典物理学ではエネルギーその他の量を連続的なものとしてとり扱ったが，真実はとびとびの量であった，という理由による。

エネルギーはどこまでもどこまでも細かく分割できる，という思考よりも，どこかできっちりまとまって，これが限界でおしまい，と考えた方が思想的に安定しているような気がするが，どうであろうか。といって，思想的などという言葉は，もはや物理学の埒外(らちがい)であろう。それでも「なぜとびとびか」を問いただす者があれば，形而上学者や宗教家にでもまかせるほか仕方があるまい。

なお次頁の図 4.9 にとびとびのワンステップである $h\nu$ が大きいほど，比熱は小さくていいことを図示した。上方にエネルギーの目盛を，そうして横線に状態を示した。$h\nu$ をあたかも粒子のように考えたとき，光ではこれを光子（フォトン），また振動子の集まりではフォノン（音子と訳すこともあるが，この日本語はほとんど使わない）というが，いずれもボソンである。1つの状態にいくつでも入ることができる。

ワンステップ（$h\nu$）が小さいときの低温が (a)，高温が (b) になる。ワンステップが大きい場合の低温が (c) で高温が (d) になる。比熱とは，(a) を (b) に，あるいは (c) を (d) にするために注ぎ込まなけ

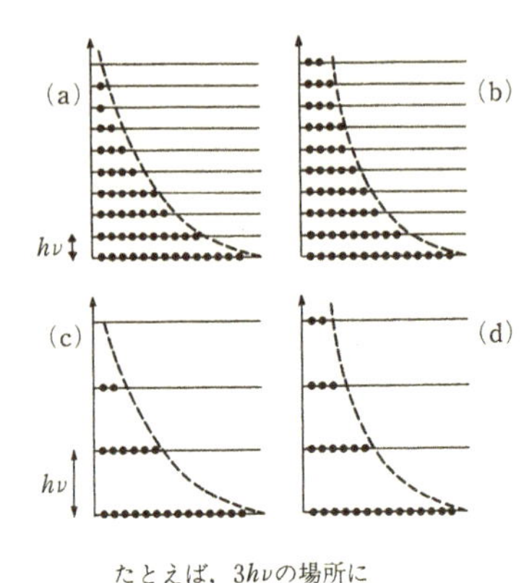
(a)
(b)
(c)
(d)
$h\nu$
$h\nu$
たとえば，$3h\nu$の場所に
ある・は，$3h\nu$のエネルギー
を持つ調和振動子を表す．

図 4.9　アインシュタイン模型での調和振動子の温度依存

ればならないエネルギーをいう。玉を上に上げるのに必要な仕事は，戸棚の間隔の大きい (c) → (d) のほうが，上げるべき玉の数も少なくてすみ，(a) → (b) よりもはるかに楽なのである。つまりとびとびのステップが大きいほど，もっとはっきりいうと $h\nu$ が kT に比べて大きいほど，比熱は小さくてよい。これこそ，固体が低温になると比熱が小さくなる理由であり，まさに量子論をはっきりとみせつけた現象だといえる。

もし連続体だったら図 4.7 の左図で，曲線の下側が全部粒子だと思わなければならない。図 4.9 のように段々だけに玉があるのではなく，ギッチリ詰ったまま（温度を変えて）曲線を変えるのだから，持ち上げる玉の数（図の曲線下の面積というべきだろう）はずいぶん多いし，低温になっても玉の数は減ることはない。要するにエネルギーが連続なら，高温だろうと低温だろうと，玉を持ち上げるのに必要な仕事はいつも同じであり，これがデュロン - プティの法則である。

要は，量子論とは，自然は連続ではなくとびとびだと考える思想であり，数学的には積分をやめて級数を使うということに該当する。

第5章

黒体からの発想

歴史を少し後もどり

第1章の初め（19ページ）にも述べたが，この章で再び古典論の破綻，そして量子論の台頭を整理してみよう。

① 光，さらには電磁波を，ある場合にはどうしてもエネルギーの塊と考えざるを得ないという事実

② 固体原子の比熱が，低温で著しく減少するという事実

③ 原子から出る光の波長が，いつも，はっきりと定まった値になり，輝線スペクトルを構成するという事実

そして本書では，最初①についておおまかな解説を試み，特に量子論とは何であるかを説明した。そうして量子論には，量子条件という式を付け加えるのがよいということで，この式から原子内電子の軌道および自転（スピン）にまで言及した。

量子条件からは，単振動的に動く原子振動のエネルギーの離散性（とびとび）も誘導されて，個体比熱の低温での減少も説明できた。

ここで再び①に戻ることにする。光は粒である——このことは光電効果やフランク-ヘルツの実験にもとづいて説明した。今度は，最小限の数式に頼ることにして，プランクなどの先駆者の業績を返り見ながら，量子論を不可欠とせざるを得なくなった事情を明らかにしていこう。したがって，水素原子スペクトルや固体比熱の話から20年近くも逆戻りして，再び1900年のヨーロッパを見ることにしたい。

「えこひいき」はない方がよい

光は波でもあり粒子でもあるという矛盾の問題提起は，量子論の大手門ともいえる制式な入門法であり，いわゆる黒体放射の現象から話が始まるのが一般である。ただし，第 2 章で述べたように放射という言葉はα，β，γ線などの放出という，いささか狭い意味に解釈されることもある。昔は輻射（ふくしゃ）（輻は車輪の矢）という日本語を当てていたのが，漢字制限にかかって，radiationという語は今では，月並みに放射と訳すほかなさそうである。

教科書などでは，いずれも，いきなり黒体放射と書かれているが，なぜ黒体なのか，緑色では具合が悪いのか，と言いたくもなろう。

色付きの物体は――実際にはほとんどの固体はそうであるが――白色光線（あらゆる波長が混合している光線）が当たったとき，その表面で選択吸収を行う。つまり，その余色だけを反射するのである。余色とは，2 つの色が合わさると白に見えるもののことであり，ほぼ黄の余色が青，赤の余色が緑など，くわしくは色彩の事典などに書かれている。

ちなみに，銅という金属は比較的短い波長の青の部分を吸収する性質があり，その余色の黄褐色が反射する。ペイントはさまざまな原料を用い，可視光線のうちでも特殊な領域だけを吸収し，余色を特に目立たせるものであって，固体の表面に塗ることが多い。もちろんこの「見て美しい色」は，さまざまな植物を採取して，それらを混合，場合によっては煮詰めたりして，古くから経験的につくられてきたものである。物体がなんでもかんでも反射してしまうと白く見え，逆に全部吸収してしまえば炭のように黒く見える。

固体表面で可視光線が選択吸収（つまり選択反射）されることは，われわれの生活に大変に便利であるが，ここでは生活の話はやめて，選択吸収するような物体は放射の理論には不向きなことさえ納得して頂ければいい。物体を熱して 1000℃以上にもすると，そこから熱線さらに可視光線が出るが，選択吸収するような物質は，それなりに選択放射しかねない。このように色に「えこひいき」する物質では理論に不向きである。白色光線を貰ったとき，すべてをとり込む物質だけが，熱せられたとき「理論に適した」波長の色を出す。わざわざ黒体放射とことわるのは，このような理由によるのである。

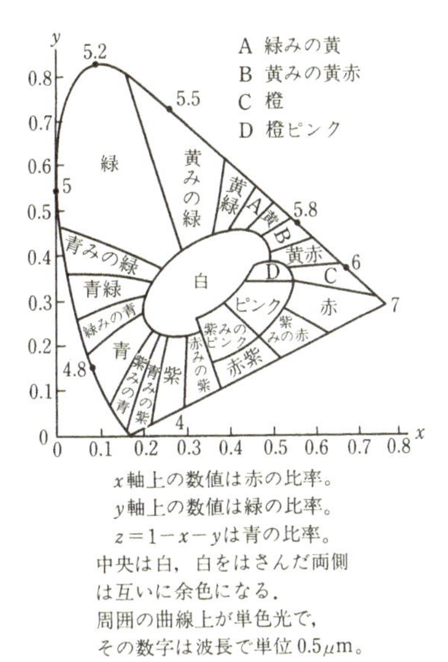

図 5.1 色の 2 次元図

黒体放射のふるさと

炭は確かに黒体である。温度を上げれば赤くなっていくのがわかるが，あまり熱いと炎が出てくる。炭以外では，温度を上げると簡単に燃えるものもある。最も融解しにくい物質の一つであるタングステン（W）は融点 3400℃，沸点 5700℃であるから，これ以上の温度については黒体放射の実験はできないではないか，ということになりそうだが，多少の正確さを犠牲にするなら，炎でもなんでもきわめて高温の熱源（光源）なら，ここでの理論が適用できると考えて差し支えない。

もっとも，ナトリウムの炎のように色の着いたものは困るが，もともと黒体放射の理論は溶鉱炉の温度を，その色で確かめようとしたことに端を発している。石炭に鉄鉱石を入れて炉の温度を調べたいのだが，19 世紀には，それを正しく測定するような温度計はなかったのである。

ドイツのエリザス・ロートリンゲン地方で（当時は普仏戦争と第一次大戦の中間で，アルサス・ロレーヌはドイツ領だった），この方法はマイスターによって名人芸の一つとされていた。炉の穴から覗いただけで温度をいい当て，優秀な鉄をつくったのである。当然，炉の中は熱い鉱石，石炭もあろうし，炎もある。一目で当てるのもいいがもっと……ということで，さらにデータに頼る方法が採用されるようになった。

式にするのが一大事

光を波長ごとに分けたものをスペクトルと呼ぶことはすでに述べたが，目に見えない赤外線・熱線の部分をも含めて，スペクトルはつくられたのである。まさにあらゆる波長の光があり，そのすべてのスペクトルをつくる1個の発熱源を黒体という。

余談だが，光や熱（つまり電磁波）はどこから出るのか。電波も熱も光も，すべて電子から出てくる。放射能のγ線を除けば，その源はすべて電子である。ただし前章，前々章でみたように，水素その他の原子で，電子が低エネルギーの軌道へ落ちる場合に出るような光は少なく，分子の回転，振動，固体内での電子のでたらめな動きなど，ありとあらゆる方法で電磁波は出てくる。熱い物質では，電子を抱えた原子，分子がかなりでたらめな加速運動をするため，熱線を中心に電磁波が射出されることになる。それを精密な実験装置で分光したものが図5.2になる。

横軸に波長λをとり，そのλでの光（熱）エネルギーの強さが縦軸になる。1000℃以下では3～5μm（1ミリの千分の1）程度の波長の光が多く，これは目に見えない熱線である。なお，この熱線スペクトルの図で，横軸に周波数νをとることもあるが，$\nu = c/\lambda$（cは光速度）からもわかるように，高温になると極大点はνの大きいほうに移っていく。

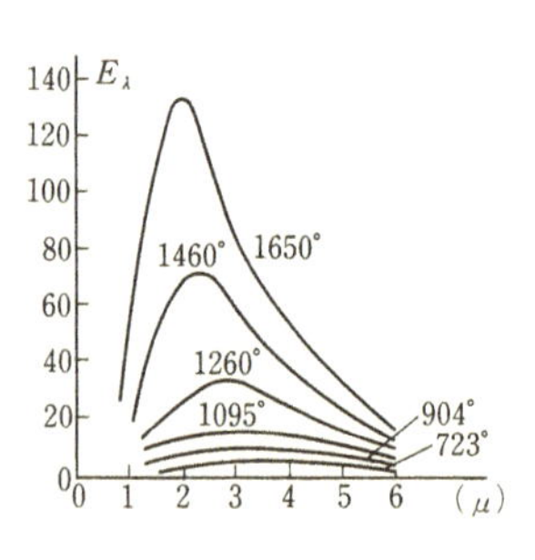

図5.2　黒体放射のエネルギースペクトル

この実験結果は，それはそれとして受け入れることができるが，この曲線を数式的に導き出すことが大問題であった。これはボーアの量子条件以前の話であり，1900年をはさんで，一部の物理学者の関心を集めた。

「あとはこれだけ」と思われていた

一部の学者といったのは，19世紀までにはすべての物理学は完成した，と考える人が多かった。残ったものは応用だけであり，理論としてこれ以上求めるものは何もない，と思われたのである。確かに古典物理学は完成をみた。

黒体放射についても，波長ごとのスペクトル（分布）を調べるという発想法は，初期のころはなかったらしい。とにかく温度 T の熱源から出るエネルギーは（あえて後に問題になる図 5.2 の E_λ を使うと）

$$\int_0^\infty E_\lambda \, \mathrm{d}\lambda = \sigma T^4 \tag{5.1}$$

というように，T の 4 乗に比例することがわかっていた。もちろん黒体のサイズが大きいほど，全エネルギーは大きい。

そこで黒体の単位表面積当り，単位時間に放射されるエネルギーを考えることにし，この式 (5.1) をシュテファン-ボルツマンの法則と呼ぶ。

シュテファン（1835～1893）もボルツマン（1844～1906）もともにオーストリアの物理学者であり，特に後者はボルツマン定数（k）やボルツマン因子（$\exp[-E/kT]$）でよく知られた統計力学の第一人者であるが，最期はみずから生命を断っている。

σ（シグマ）は，とにかく黒体であれば熱源の物質に関係しない定数であり，

$$\sigma = 5.67051 \times 10^{-8} \ \mathrm{W \cdot m^{-2} K^{-4}} \tag{5.2}$$

である。

またスペクトルの値が最大になる波長 λ_m も，いろいろな方法により正確に測定された。その結果，最大値を示す波長は温度 T に反比例して短くなることがわかり，式で書くと

$$\lambda_m T = a \tag{5.3}$$

となる。これをウィーンの変位則と呼ぶ。ウィーン（1864～1928）はドイツの物理学者であり，プランクによる量子論誕生のきっかけの一つをつくることになるのである（1911 年，ノーベル賞受賞）。そしてその定数は

$$a = 2.898 \times 10^{-3} \ \mathrm{m \cdot K} \tag{5.4}$$

と測定された。

熱源の温度が高ければ，放出されるエネルギーが極端に多くなってくるのは納得できるが，どうして 4 乗に比例するのか，そうして λ_m がなぜ温

度に反比例するのかは，前世紀に(わずかに)残された未解決問題として，20 世紀に申し送りされたわけである。

直接がムリなら，同じものをみつける

黒体の中では，エネルギーはどうなっているのか。分子，原子，電子がやたらに動き回っていて，とうてい具体的には調べられない，と思われるかもしれない。ところがよくしたもので，電磁気学のくわしい推察・計算から，黒体のエネルギーはちょうど同体積の空孔内の電磁波のエネルギーと同じであることが確かめられていた。

熱せられた分子が回転したり，化学反応さえ起こしかねないような黒体(熱ければ赤く，さらに白くなっているだろう) が，なぜ単なる穴と同じことになるのかと不思議に思うところだが，そこから出ていく電磁波 (実際には熱線そして光線) だけを調べる場合には，有限体積の真空部と全く同じ結果をもたらすのである。

ただしその真空部は，温度 T の器壁で囲まれていなければならない。器壁の温度が T なら，空孔の温度も当然 T となる。そうして放出される熱線・光線は，空孔内の波動を乱さないように，小さな穴から覗いてやることにする。

違うものなら，その関係を知る

当然，黒体自体のエネルギーを直接調べるのは無理であるから，空孔内

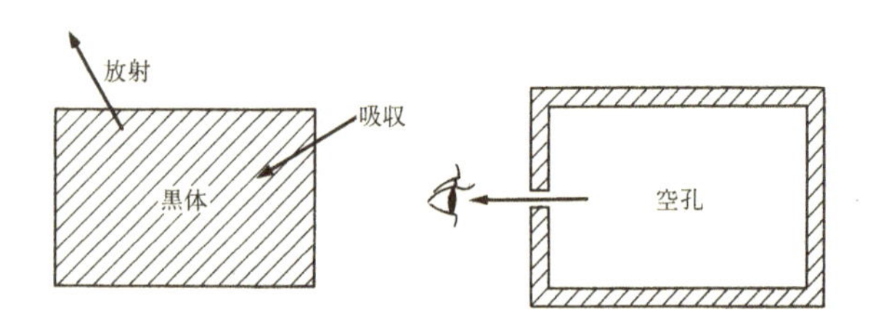

図 5.3　黒体内のエネルギーは空孔内の電磁波と同じに扱われる。

の電磁波のエネルギーを計算することになる。先に波長λの関数としてエネルギースペクトルE_λを考えたが，今度は，振動数νの関数として，単位時間に単位断面積から出てくるエネルギーのうち，振動数がνと$\nu + \mathrm{d}\nu$との間にあるものの大きさを$E(\nu)\mathrm{d}\nu$とする。

空孔内の全エネルギーは，もちろん空孔の体積に比例する。そこで単位体積のエネルギーを考え，そのうち振動数がνと$\nu + \mathrm{d}\nu$との間にあるものを$U(\nu)\mathrm{d}\nu$とする。

一見すると，$E(\nu)$と$U(\nu)$は同じもののように思えるかもしれないが，実際には違うということもはっきりさせなければならない。その元(げん)を考えれば，$U(\nu)\mathrm{d}\nu$はエネルギーをL^3で割ったものであるから，

$$[U(\nu)\mathrm{d}\nu] = [\mathrm{L}^{-1}\mathrm{M}\mathrm{T}^{-2}] \tag{5.5}$$

であるのに対し，$E(\nu)\mathrm{d}\nu$は単位面積から単位時間に出てくるエネルギーだから

$$[E(\nu)\mathrm{d}\nu] = [\mathrm{M}\mathrm{T}^{-3}] \tag{5.6}$$

であり，元からしてその相違は明白である。くわしい考察の結果，両者の関係は熱放射の機構などから

$$E(\nu) = \frac{c}{4}U(\nu) \tag{5.7}$$

であることがわかっている。cは光速度(電磁波の速度)である。以上はもちろん古典電磁気学での結論であり，すでに19世紀にはわかっていた。

考えるために考えなくてはならないこと

黒体を真空の空孔にたとえるなら，空孔内のエネルギーはどのように考えられ，どんな具合に計算されるのか。これについてはすでに波動学で十分に調べつくされているが，改めて述べていくことにしよう。

古典論としての結論を先に言ってしまえば，「1つの振動」はつねに平均エネルギーkTを持つ。kは何度でも出てくるボルツマン定数であり，

Tはもちろん絶対温度を示している。したがって，空孔内にある振動の数がNで，空孔の体積がVであるとき，単位体積当たりのエネルギーUは（$N/V=n$として）

$$U(全)=kT(N/V)=nkT \tag{5.8}$$

となる。U(全）とわざわざ書いたのは，あらゆる振動数の振動を集めたエネルギーであり，振動数がνと$\nu+\mathrm{d}\nu$の間の波だけのエネルギー$U(\nu)\mathrm{d}\nu$とは区別するためである。

一方，νという振動数に対するウエイト（加重平均を出す場合の比率。統計力学では$\exp(-E/kT)$であった）を$g(\nu)$とすると

$$U(全)=\int_0^\infty g(\nu)U(\nu)\,\mathrm{d}\nu \tag{5.9}$$

となるはずである。

それでは，この場合のウエイトとは何なのかという問題もさることながら，「1つの振動」とは何をいうのか，そうして1つの振動がkTのエネルギーをもつということが本当に正しいのか，を先に検討していかなければならない。

19世紀末から20世紀の初めの数年間に議論された空孔内のエネルギーを解決したものこそ初期の量子論であった。ある意味では現在では物理学の歴史の一コマといえなくもないが，やはり学習者としては，ここで思考の基礎を身につけてから，さきに進むべきであろう。

1つの振動がkTのエネルギーをもつ，というのは古典統計学のエネルギー等分配である。この等分配の法則が固体比熱の理論において，温度が下がると怪しくなってくることは学んだが（つまり等分配という古典論はだめになり，量子論的効果が現れてくる），ここでも等分配が疑わしい。

しかしそれよりも，「1つの振動」とは何か，そうしてなぜ1つの振動のエネルギーがkTなのかを（いささか時間と手間がかかるが），じっくりと調べていくことにする。

空孔の中の１本の弦

1辺の長さ l の黒体を対象とする代わりに，同形の空孔を考える。中には空気があってもいいが，それだと多少とも熱伝導や対流が起こることも考えられるから，真空だと仮定しよう。そうして容器の温度が T なら，空孔の温度も T であることは先に述べた*。

ところで空孔の中で，一体何が振動しているのか。電界 E と磁界 H とが揺れ動いているのである。つまり，そこにあるのは電磁波であって，もしそれらの波長がある程度長ければ（ミリ，センチそれ以上），もちろん適当な受信機に反応する。

しかし，温度 T の熱い壁から出る電磁波はもっと短波長で，むしろ皮膚などに当って，人間が熱いと感じる熱線，さらには赤外線であり，壁の温度がもっと上がれば可視光線が出てくる。ただし，うんと熱くしても，もっと短い波長のX線を期待するのは無理だろう。太陽の表面の 6000℃でさえ，さまざまな種類の可視光線が出てくるだけなのだから。

熱い器壁で囲まれた空孔の中では，温度 T に相当する電磁波ができるが，熱平衡に達した後には，これは定常波として存在するだろう。わかりやすく，器の両端を固定端とする正弦波が生じていると考えていい。

なぜ正弦波（サイン・カーブ）か。干渉の実験から，光の波は正弦的であることがわかっている。タンジェントでもなければ，対数関数でもベッセル関数でもない。E や H は目に見えないからわかりづらいが，しかし「熱い真空」というのは，電波よりも，もっとずっと短い波長の電界磁界の波である。数学でいう正弦関数のように最大部分（いわゆる振動の腹という）が左右に揺れ動いているのである。電界が揺れるとなぜ熱いのか。その波長が 10～1 μm程度だと皮膚を刺激するし，さらに波長がその半分程度にもなると視神経の分子を励起するのだ，としかいいようがない。

見えない電界や磁界の代わりに，バイオリンか琴の弦を考えたらどうだろう。空孔には縦（x 方向とする），横（y），高さ（z）と3方向があり，波は3方向独立に存在するが，まずは x 方向だけを考えることにする。

* 真空の温度については『なっとくする熱力学』および『なっとくする統計力学』に詳述。

一辺の長さが l なら，その両端を器壁に固定された弦（定常波）を想定し，弦の弾力を利用して波をつくる。何が波をつくるのかと問われれば，周囲の壁の温度（熱さ）が弦を振動させるのだ，ということになる。弦モデルでは想像しづらいが，そのようなものだと考えて頂きたい。

それでは x 方向に「何本の弦」が渡されているのか，と考えるだろう。これは困った。解答は……たった１本である。そんなばかなことはない。体積 V が大きければ，x 方向に垂直な y - z 面の面積は l^2 であり，断面積 l^2 に比例して弦の数がふえるのは当然ではないか，それに l^2 は巨視的な量であり，マイクロメーター級の波なら何万本，何億本走っていてもおかしくはない……と考えるほうが常識的だろう。しかし「弦」はあくまで想像を助ける道具として持ち出したものであり，光の波は，ピアノやバイオリンのように何本もの弦が用意されている道具とは本質的に違うのである。

１本の弦に無数の波？

定常波を表す弦はただ１本である，と考えるのが素直である。とすると，空孔の中に振動は１つきりしかないではないか，と言いたくなるがそうではない。弦の理論で勉強するように，まず最も波長の長い基本音というのがある。弦の中の音速を c とすると，波長は l の倍だから振動数は

$$\nu = \frac{c}{\lambda} = \frac{c}{2l} \tag{5.10}$$

である。しかし，定常波はこれだけではない。

図 5.4 のように中央部に節（ふし。不動の部分）を１つもち，したがって腹が２つできる倍振動もこの弦に生じ得る。このときはちょうど弦の長さが１波長に等しいから，振動数は

$$\nu_2 = 2\frac{c}{2l} \quad \left(= \frac{c}{l}\right) \tag{5.11}$$

で，もしこのとおりの振動が空気に伝われば，弦から発する音の周波数は

弦の振動数そのままである。さらに3倍音，4倍音……も存在し，1つの弦の中には，振動数

$$\nu_x(p) = \frac{c}{2l}p, \quad p = 1,\ 2,\ 3,\ \cdots \tag{5.12}$$

の倍音がすべて存在し得る，というのが振動の理論である。それでは倍振動というのは何倍まで存在するのか。理屈のうえでは100倍でも1万倍でも生じていい。この底なしの倍音の数が理論上の破綻をきたし，その破綻をみつめることによって量子論が誕生するのであるが，この話はあまりに重要であるから，後に詳述することにしよう。

わけがわからない形

1本の弦に基本振動，倍振動，3倍振動，……と乗ったなら，いったい弦の形はどんな風になってしまうだろう。各々の曲線（振動の正弦の形）の和になるのだから，100も200ものサインカーブの和の曲線をとったら，おそらく何やらわけのわからない変な形になってしまうだろう。

実際にピアノの中にある弦，琴，バイオリン，その他の弦楽器の「ふるえ」を考えても（とても一瞬の形など見えまい。高速写真でも利用しなければならない），そんな妙な形になっているとは思えない。せいぜい中央部が腹になる基本音か，ほんの僅かに2倍，3倍振動くらいが「乗ってしまう」に過ぎないのではないか。琴やバ

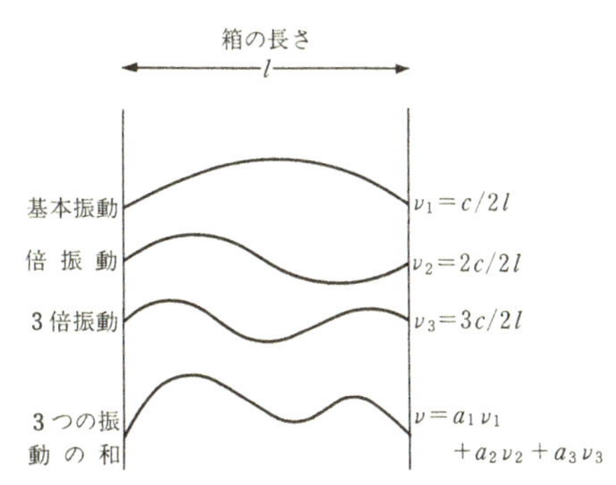

図5.4　箱の中の電磁波は弦の振動と同じ。

イオリンは指で弦を押さえて変化を出すが，ピアノでは鍵盤の数だけ弦が張られている。そして，1本の弦は基本振動だけであり（専門家にいわせると，必ずしもそんなに理屈どおりにはいかないとのことであるが），弦の長さだけで音の高低（したがって周波数）がきまる。

振動を目に見えるように説明しようと楽器の弦をもち出したが，金属性のいささか固い弦に，たくさんの倍振動を重ね合わせていくのは，あまり利口な例ではなかったかもしれない。

疎密波の豊かな個性

弦ではなしに空気の疎密波を考えれば，これは確かに千差万別である。楽器の音，乗り物の音，老若男女の話し声，しかもアイウエオとａ，ｂ，ｃ……などの音声など音もさまざまだが，それを聞くほうも「いまのは太郎が上機嫌で挨拶した言葉だ」などと，これを識別・分類する能力はすばらしい。すばらしいどころか，全く驚くべき生理能力である。

物理的にいえば空気中を秒速340メートル程度で走る疎密波の，主として波形によって音色が判断できる。そうして数学のフーリエ級数の理論によると，周期的なグラフは，正弦と余弦の n 倍振動の重ね合わせによってつくることができる。理屈だけを述べれば，フーリエ係数（図5.5参照）a_nと b_nの $n = 1, 2, 3,$ ……と無限にも及ぶ値の数値を指定しさえすれば，ベートーベンの交響曲第何番かの出だしにもなるし，わが家の赤ん坊のむずかりの声も関数化される。

というわけで倍振動，3倍振動，……などは，空孔の中の電磁波の模型になりそうであるが，音の波形というものは想像してわかるようにあまりにも奥が深い。空孔内電磁波を理解するために用いるのは，かなり無理なような気がする。

どんどん生まれる弦

音の場合の波形はやめて，再び弦の模型に戻ろう。弦は1本しかない，その1本に倍振動，3倍振動も乗っている……といったが，この考え方を放棄して，多重振動が生じるたびに弦の数がふえる――いささか非現実的だが新しく弦が出現する――と想像したらどうだろう。

このほうがはるかに理解しやすい。器壁の温度が，したがって空孔の温度が上がれば，器壁の両端を節とする短波長（したがって高振動）で揺れる弦がどんどんできてくるとするのである。真空中の電磁波とはそのようなものだ，と思って差し支えない。

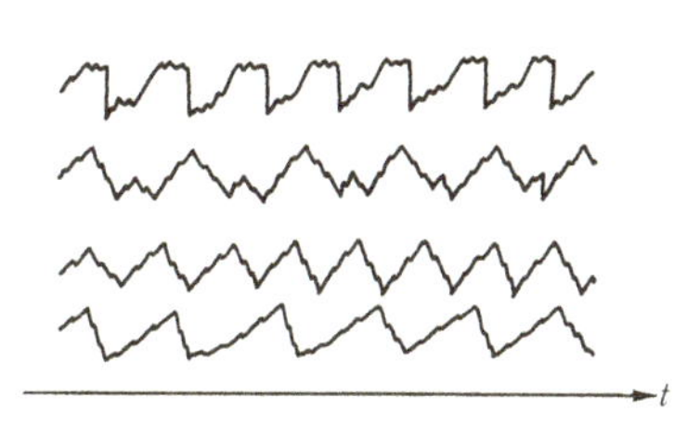

どんな波形でもフーリエ級数 $\sum a_n \sin n\omega t + \sum b_n \cos n\omega t$ で近似できる。上の a_n，b_n 等を適当に選ぶことにより現実の周期関数に十分近い式をつくることができる。

図 5.5　音色

話は3次元空間だった！

ところで，これまでは x 方向に進む波（定常波であるから，節の位置と腹の位置はきまっていて，形式上は両側へ進むが，現実には進んでいるわけではない）だけを考えたが，空間は3次元であるから，y 方向にも z 方向にも進む。したがってその方向の電磁波（の振動数）をそれぞれ $\nu_y(q)$，$\nu_z(r)$ とする。ただし q と r は，式 (5.12) の p とはまた別の整数である。

$$\nu_y(q) = \frac{c}{2l}q, \quad q = 1, 2, 3, \cdots\cdots \tag{5.13}$$

$$\nu_z(r) = \frac{c}{2l}r, \quad r = 1, 2, 3, \cdots\cdots \tag{5.14}$$

式 (5.12) ～(5.14) で書かれた一つ一つ（p，q，r のひと組，ひと組）が1つの振動なのである。だから最終案のモデルのように，高温になると振動数の多い（波長の短い）弦がどんどんでき上がっていくと考えると，1本の弦は1つの振動なのである。古典論での等分配の法則によれば，1つの振動がそれぞれ kT のエネルギーを持つとするのであるが，1

つの振動とは，このような意味に解釈するのがわかりやすい。

振動は座席である

これで各方向に，単位（$c/2l$）の整数倍の振動数を持つ振動があることがわかった。次に注意したいのは，電磁波はあくまでも3次元空間を走り，実際にはすぐ壁に衝突してはね返る（だから定常波になる）ということである。それでは斜めに進む波はどうなのか。その各成分を考えれば同じことになる。x，y，z方向と分けはしたものの，実際には1つの正弦波であり，それの x 軸，y 軸，z 軸への射影をとり上げているのである。

とすると，振動数において，$c/2l$ という係数は別にすると，1つの振動は p，q，r の3つの整数の組で表される。ただし振動数ゼロの振動など無意味だからゼロは除く。ここまでは，1つの振動という言い方をしてきたが，むしろ状態といったほうがいいだろう。一番エネルギーの低い状態が（1，1，1）であり，その他（3，4，2）でも（2，3，8）でもみな状態である。そしてこれまでの考察では，状態とは劇場の指定席のようなものであり，そこに粒子が座るかどうかは別のことだと述べてきた。では，この場合の座席はわかったが，粒子とは何か。

後で研究でおいおいとはっきりしてきたのであるが，粒子としてはフォノン(音子)を考えるのであり，これはボソンである。つまり1つの状態にいくつものフォノンが入ることができるとする。

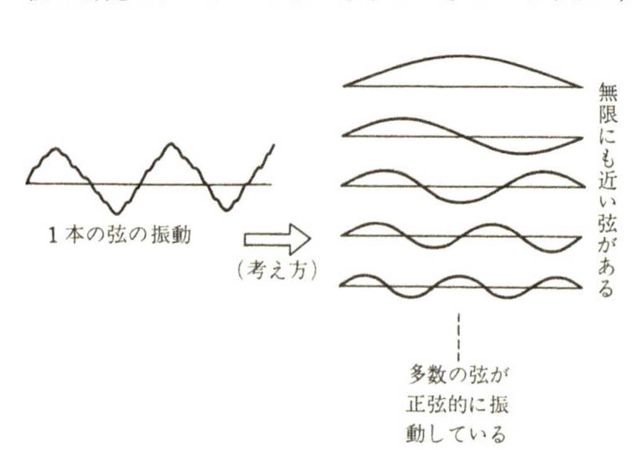

図5.6　非常に多数の弦が正弦的な振動をする。

しかし1900年前後にはそのようなことはわかっていなかっ

たから，やはり当分は，(p, q, r) で示される座席に相当するもののことを振動と呼ぶことにしよう。

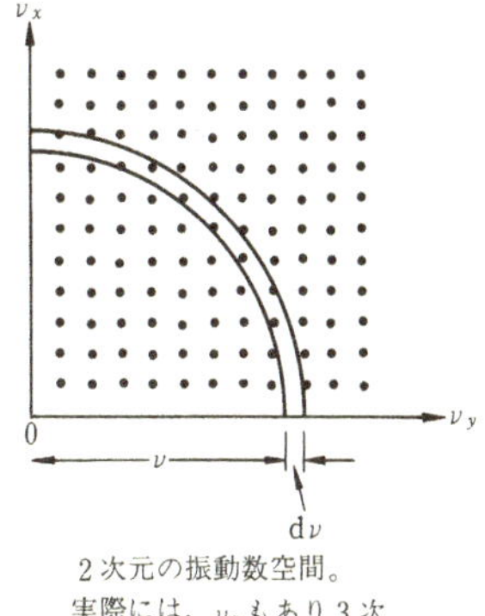

2 次元の振動数空間。実際には，ν_z もあり 3 次元になっている。

図 5.7　空孔内振動の状態点

捨て難いけど捨てたい

便宜のために振動数空間というものを設定する。3 つの直交軸を，ν_x 軸，ν_y 軸，ν_z 軸とする。$c/2l$ の間隔でこの 3 次元空間に点を打つと，その点が振動（統計力学的にいうと状態）である。点は縦，横，高さの方向に等間隔に並んでいる。ただし，ν_x，ν_y，ν_z はつねに正だから，原点（$\nu_x = 0$，$\nu_y = 0$，$\nu_z = 0$）の周囲の 1/8 空間だけが問題になる。また ν_x - ν_y 平面などには点はない（この平面では $\nu_z = 0$ だから）。立体図は複雑になるから，図 5.7 では 2 次元図を描いた。ただし，点のある面は $\nu_z = 0$ の平面ではなく，ν_z が有限の値の面だと思って頂きたい。

このような格子状の点からなる ν 空間を設定したのは，振動数 ν と ν + dν とのせまい領域に，一体いくつくらいの振動が存在するかを計算したいためである。振動の方向（ν_x か ν_y か ν_z かということ）は考えない。振動の絶対値が，ν と ν + dν との間にいくつあるかを調べることにするのである。この計算は，振動数空間に，半径 ν と ν + dν との同心球を描き，その狭い球殻の中に入っている点の数を数えればいい。ただし球殻の厚さ dν は，点と点の間隔に比べて十分厚いと考え，点のハミダシなどに気を使わなくてもいいものとする。

いま一つ，注意したいのは，光が横波であることだ。揺れの方向は進行方向と垂直であり，これには 2 通りある。つまり 1 つの光は，実際には 2 つの状態が混在しているのであり，方解石や蛍石を通すと 2 つに分かれるのはよく知られている。分かれてしまった光を偏光という。ちょうど電子に上向きと下向きの 2 つのスピン状態があるのと同じである。

というわけで，振動数空間において ν と $\nu+\mathrm{d}\nu$ の間にある振動の個数（点の個数）は，半径 ν の球の表面積が $4\pi\nu^2$ であり，1/8 球だからそれの 1/8 になる。厚さは $\mathrm{d}\nu$ であるが，点 1 個の体積が $(c/2l)^3$ であり，1 つの点が 2 つの偏光からできていることを考えると，振動の個数は

$$\frac{2\cdot 4\pi\nu^2\mathrm{d}\nu}{8\cdot c^3/8l^3}=\frac{8\pi}{c^3}l^3\nu^2\,\mathrm{d}\nu \tag{5.15}$$

となる。単位体積当りの振動の個数を改めて $g(\nu)\,\mathrm{d}\nu$ と書くと，式 (5.15) を体積 $V=l^3$ で割って

$$g(\nu)\,\mathrm{d}\nu=\frac{8\pi}{c^3}\nu^2\,\mathrm{d}\nu \tag{5.16}$$

という，かなり簡単な式になる。体積が大きいほど断面積が大きくて弦の数が多い……などという論法はもはや通用しない。$g(\nu)$ は状態密度と呼ばれるが，これは ν^2 に比例して大きくなっていくことがわかる。つまり低振動数の振動の個数は少ないが，高振動数になると，振動の個数そのものもぐんぐんふえていくのである。

先にも見たように振動 1 つ当りのエネルギーを kT とするとき，単位体積内のエネルギー密度 $U(\nu)$ は（$U\mathrm{d}\nu$ がエネルギーを表す。したがって正しくは，$U(\nu)$ や $g(\nu)$ そのものは振動数に対するエネルギー密度というべきであろう）

$$U(\nu)=g(\nu)kT=\frac{8\pi}{c^3}\nu^2kT \tag{5.17}$$

となり，ある温度 T のとき，横軸に ν をとると，曲線 $U(\nu)$ は放物線型に上がりっぱなしになる。実際には図 5.2 のようにエネルギー密度 $U(\nu)$ は，ν のどこかで極大値をとり，ν が大き過ぎても小さ過ぎても小さくゼロに漸近すべき性質のものである。にもかかわらず，ν の大きいほうで発散してしまうとは，理論として全くおかしいといわざるを得ない。しかし，ここまでの議論を古典論的に調べてみると，完全に正しい。のみなら

ず，νの小さい場所では，$U(\nu)$がν^2に比例するというのは，実験でも確かめられていることである。全エネルギー$\int U(\nu)\mathrm{d}\nu$を求めたとき，発散してしまうというおかしな結果にはなるが，それでも式 (5.17) は捨て難いのである。この式はレイリー－ジーンズの公式と呼ばれて，古典的に正しい式として有名であり，同時に量子論では高振動部分が全く使えないという点でも，物理理論の改革を迫った式として知られている。

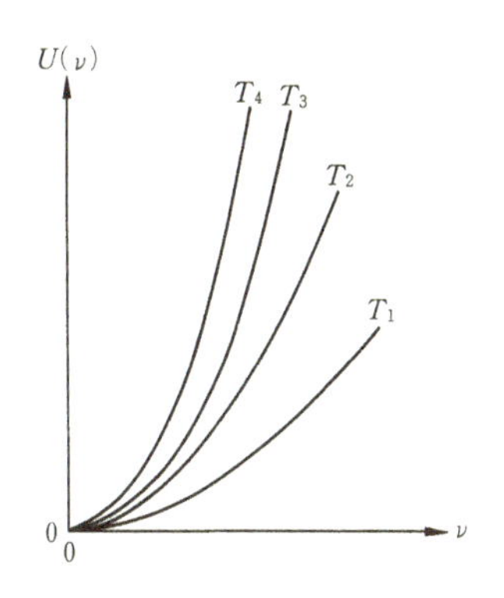

図 5.8　レイリー－ジーンズの法則

いったいどこがおかしいのか？

1つの振動がエネルギーkTを持つとした。ここがおかしいのではないか。単振動なら確かにkTであった。しかし電磁波は質点が正弦的に動いているのとは違う……と指摘する人もいよう。質量のあるものが振動するのと，電界や磁界が振動するのとはわけが違う，ということになりそうだが，のちの1929～1930年頃の場の理論の研究によって，両者のエネルギーは全く同じだと結論されるのである。

質点の単振動からエネルギー$h\nu$の整数倍を導くことを（たんなる）量子化というが，EやHという空間内の連続物理量に，量子化と呼ぶ数学的手段を施すことを空間の量子化あるいは第2量子化と呼ぶようになるのである。しかし第2量子化の数学的手段は，いささかややこしいからすべて付録Dにまわす。要するに，原子のような質点の振動も，EやHの振動である電磁波（もちろん熱や光を含む）も，結果的には同じになると承知して頂きたい。

原子振動でも，比熱の理論で量子効果を示したが，ここではまだ1900年頃の話であり，古典物理学の世界で，レイリー‐ジーンズの式を眺めながら，物理学者たちは全くお手挙げだと思っていたのである。

こちらをたてれば，あちらがたたず

レイリー‐ジーンズの式が実験値に合わないというので，変位則の式(5.3)のところですでに紹介したウィーンは，実験値に合うように

$$U(\nu)=a\nu^3\exp(-b\nu/cT) \tag{5.18}$$

という式を提案していた。a，b，c は実験値とよく合うように調節するための定数である。ボルツマン因子 $\exp(-\beta E)$（ただし $\beta=1/kT$）という式は統計力学ですでに導かれてはいたが，なぜボルツマン因子が $U(\nu)$ の中にどさりと入ってきたのかが，いま一つはっきりしない。理論物理学というのは，理論を整理・発展させて結論を出し，それが実験値と一致するのを見て理論の正しさが認められる……という筋書になるのだが，実際の研究はそれほど純粋なものではない。むしろ実験値を丹念に調べて，それと一致する式はこうか，ああかと悩むのが普通である*。現実はけっして甘いものではなく，純粋な数式だけで結論が出るというものではない（論文，書物などにはそのような書き方がされていて，初心者はついそのようなものだと思いがちであるが）。つまり実際の理論家の作業は，実験結果を何度も眺めながら，理論をあちこちと修正していくものらしい。

ウィーンの式は，まさに実験式に合わせるべく提案されたものであるが，この時期（19世紀末），ボルツマン定数 k は既に明らかにされており，式(5.17)で説明した状態密度 $g(\nu)=8\pi\nu^2/c^3$ も計算されていた。ただしプランク定数 h は未だしであり，エネルギーが ν に比例することもわかっていなかった。そのためウィーンの式を式(5.18)のように書いたが，後に正確なプランクの式と比較する必要があるから，h や $h\nu$ をあらかじめ使うことを許して頂いて

* 朝永振一郎博士によると，このような方法を，理論が実験からカンニングをするというのだそうな。

$$U(\nu)=\frac{8\pi}{c^3}\nu^2 h\nu\exp(-h\nu/kT) \tag{5.19}$$

と書くことにしよう。この式で $U(\nu)$ を ν の関数として，数値的にくわしく計算しながら図を描くと（コンピュータが発達した現在でははるかに楽に，しかも正確な図が描ける），確かに ν のある値で $U(\nu)$ は極大値をもつ。しかも ν の大きな領域では——そこではレイリー‐ジーンズの式は全くだめであったが——かなりよく実験と一致している。

しかし ν の小さい部分では，さきのレイリー‐ジーンズの式のほうがいい。全般的に見るとき，ウィーンの式は，少くともレイリー‐ジーンズと比べたらはるかにいいが，ν の小さいところではいまいちである。というよりも，この式の根本的な欠点は，理論的な裏づけのとぼしい仮定に立っているということである。かなりよく実験と合うことは認めるが，理論的に（古典論でも）説明不可能ではどうしようもない。

このような混沌とした事情に包まれながら，19 世紀は暮れようとしていたのである。

暑さに負けた（？）プランクの快挙

量子論誕生のいきさつの大要は，この本の最初に述べた。相対性理論がアインシュタイン一人の力で開拓され，しかも完成されたのに対して，量子論さらにはそれを解き明かす数学的手段である量子力学は，多くの物理学者の手によって作りあげられた。特に 1900～1902 年の頃に生れたハイゼンベルクを初めとする若手は，この研究の発展に大きな役割りを果たしている。そうしてこれら若手の指導者がボーアである。

しかし，ボーアは力強いボスであるけれども，量子論の創始者の名を冠するにはいささか躊躇される。では量子論はいつ誰によってその幕をあげたか。ここの質問は答えにくいし，またさまざまな説があろうが，ときは 19 世紀の末（ほんのどんづまり）であり，プランクによって始まったといってよかろう。

マクス・プランク（1858～1947）はドイツのキールに生まれ，ミュンヘ

ヴェルナー・ハイゼンベルク(1901～1976)。1925年，行列力学の理論，1927年，不確定性原理，1929年，パウリとともに場の量子論を発表。その後も原子核理論，Sマトリックス理論，素粒子の統一理論などに貢献。1932年ノーベル物理学賞受賞。

ン大学を卒業し，同大学，キール大学を経て1889年にベルリン大学に赴任している。ボーアよりも23歳も年上であり，彼が黒体放射の式を提唱した1900年には彼自身はすでに42歳であったが，このときスイスのパウリは生まれたばかりのゼロ歳，そしてその翌年ドイツのハイゼンベルクとイタリアのフェルミが生まれ，さらにその翌年にイギリスのディラックが誕生する。つまりプランクは量子論の開拓者（というよりも出発のきっかけをつくった人）ではあるが，ほかの名高い物理学者たちよりは40歳以上も年長なのである。

ある意味ではプランクは，古典物理学を総括して，力学，熱学等分野ごとに書物に表し，一時は物理学にこれ以上の研究なしと考えていたひとの一人であったらしい。若い頃には熱力学，電解質の研究などに成果を挙げ，19世紀末には大成したベルリン大学の教授だったのである。

ニュートンのリンゴとか，ガリレオの振り子とか，物理学の発見史の中にはいろいろと面白いエピソードがある。もっとも大部分は作り話だという説もあるが，プランクの量子論のきっかけもエピソード的に語る人がいる。

プランクは物理学会での講演として，黒体放射の理論をとりあげようと思った。1900年6月頃のことである。

レイリー－ジーンズの式は，「たてまえ」としては全く正しいが，（特に高振動部分で）エネルギースペクトルの実験値と合わない。とてもこの式を採用する気にはなれない。とすると，まあまあ合うのはウィーンの式（5.18）である。なぜそうなるかはよくわからないが，とにかくこれについての講演をしよう，と考えた。

教授には助手が付き，この助手が師の講演内容のウィーンの式をしきりにいじっていた。ああでもない，こうでもないと式を調べているうちに，突然妙なことをいいだした。

「先生，ウィーンの式の分母から１を引いておくと，実験そっくりの式になりますよ」

当時，プランク定数などはまだなかったわけだが，式（5.19）のように，後にきまった定数まで入れて書くと，ウィーンの式の分母は $1/\exp(h\nu/kT)$ の形をしているのに対して，分母は指数関数だけでなくとにかく 1 を引いて

$$U(\nu)=\frac{8\pi}{c^3}\nu^2\frac{h\nu}{\exp(h\nu/kT)-1} \tag{5.20}$$

とすればよく合う，とプランクの弟子はいう。

時期はあたかも夏休み前。当時からドイツ人はよくヴァカンスを利用したかどうかは知らないが，プランク先生も暑さのために計算が面倒になってきた。早く休暇をとり，のんびりしたい。

「そうか。それなら分母にマイナス１を付けておけ」

というわけで，さっさと夏の研究は店じまいにしてしまった。

その年の秋の講演は臨時的なもので，とにかくここでプランクはマイナス１付きの式を示したが……ほとんど反応はなかったという。

正式の講演は1900年のクリスマスに行われた。さすがに何人かの聴衆は，その式の不思議さに気付いたが，まだ物理学会の話題としてはとり上げられなかった。

しかし，あまりにも実験結果とよく合うために，その後の４～５年間に「心ある」物理学者によって精力的に検討されて，マイナス１の付いた式こそ，物理学の新理論であるということがわかってきたのである。

それゆえ，量子論のきっかけが 19 世紀末のクリスマス，その人こそマクス・プランクだというのも正論であろう。もっとも，彼の助手こそ発見者だと主張する人もいるかもしれない。しかし，ノーベル賞級の発見には，このように「受賞者以外にも貢献者はいる」と噂されている場合も多いのである。とはいうものの，マクス・プランクが量子論の出発に多大な寄与をしたことを否定する者は一人もいない。

なお，1945 年にドイツは大戦に破れた。ハイゼンベルクは核分裂の発見者オットー・ハーンらとともに連合軍に連行され，1945 年のクリスマスはイギリスの古城で軟禁のまま迎えることになる。ところがその頃マクス・プランクという老物理学者には，連合軍からは何の音沙汰もなかった。喜ぶべきか悲しむべきかはわからない。そうしてその翌々年の 1947 年に，プランクは空襲でほとんど崩れかけたビルの一室で，看とる人もあるやなしというちに，さびしく息をひきとったのである。

式 (5.20) がまさに探していたものであり，これをプランクの黒体放射の式といい，このような形になることをプランクの放射法則と呼ぶ。後に出た（本書ではボーアの量子条件を使ってすでに解説したが）エネルギーの塊 $h\nu$ を使って書いた式 (5.20) のほうがわかりやすいが，最初は，波長 λ の関数として $U(\lambda)$ が書かれた。結果的には同じであるが

$$U(\nu) = \frac{8\pi hc}{\lambda^5} \frac{1}{\exp(ch/kT\lambda) - 1} \tag{5.21}$$

となる。横軸を ν にとると図 5.9 のようになるが，最初のころは横軸に λ をとり，極大値が温度上昇とともに，左に寄っていくグラフで研究は進められた。

なぜに事実とこうも合うのか

実験と一致する数式のほうはわかったが，なぜ式 (5.20) あるいは式 (5.21) のような式になるのか，数年の間はよくわからなかった。式の提

案者のプランクさえ，どうしてこんなによく合うのか，いぶかしく思ったとされている。

分母で1を引くなどという式は，一般的な自然現象を表す式としては考えられない（2乗とかマイナス1乗——反比例——なら大いにあるが）と思えるが，よく考えてみると，これは数学の無限等比級数である。

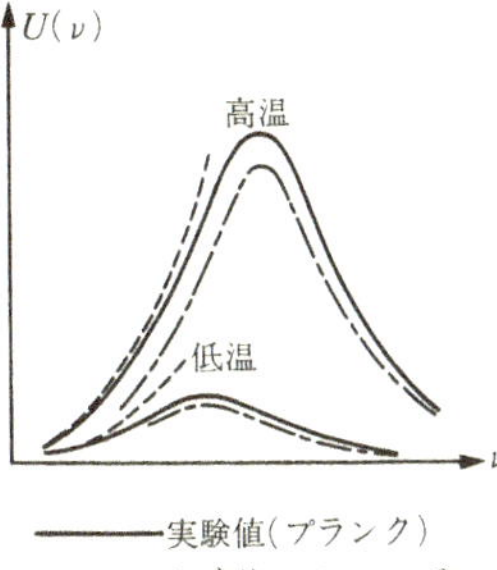

図 5.9　三者の理論のスペクトル

$$\frac{a}{b-1}=\frac{ab^{-1}}{1-b^{-1}}$$

であり，これは初項が $ab^{-1}(=a/b)$ で公比 $b^{-1}=(1/b)$ の絶対値が1より小さい場合の級数になっている。式 (5.20) では，$8\pi\nu^2/c^3$ が3次元の箱の中の振動数密度 $g(\nu)$ であり，これは幾何学的要請から導かれるものである。図 5.7 を3次元的に考察したものといえよう。

それ以外の因子は

$$\frac{h\nu}{\exp(h\nu/kT)-1}=\frac{h\nu e^{-h\nu/kT}}{1-e^{-h\nu/kT}}$$

$$=h\nu(e^{-h\nu/kT}+e^{-2h\nu/kT}+e^{-3h\nu/kT}+\cdots\cdots)$$

$$=h\nu\sum_{n=1}^{\infty}e^{-nh\nu/kT} \tag{5.22}$$

であり，実験値と一致するこの式はエネルギー平均値を表している。

式 (5.22) を分数の分子と考え（分母は1），分子分母に同じ級数 $\sum_{n=1}^{\infty}\exp(-nh\nu/kT)$ をかける。簡単に $\exp(-h\nu/kT)=x$ とおけば

$$E=h\nu\sum_{n=1}^{\infty}x^n=h\nu\frac{\sum_{n=1}^{\infty}x^n\sum_{n=0}^{\infty}x^n}{\sum_{n=0}^{\infty}x^n}$$

$$=h\nu\frac{(x+x^2+x^3+x^4+\cdots\cdots)(1+x+x^2+x^3+\cdots\cdots)}{1+x+x^2+x^3+\cdots\cdots}$$

$$= h\nu \frac{x + 2x^2 + 3x^3 + 4x^4 + \cdots\cdots}{1 + x + x^2 + x^3 + \cdots\cdots} = h\nu \frac{\sum_{n=0}^{\infty} nx^n}{\sum_{n=0}^{\infty} x^n}$$

$$= \frac{h\nu e^{-h\nu/kT} + 2h\nu e^{-2h\nu/kT} + 3h\nu e^{-3h\nu/kT} + \cdots\cdots}{1 + e^{-h\nu/kT} + e^{-2h\nu/kT} + e^{-3h\nu/kT} + \cdots\cdots} \qquad (5.23)$$

これは調和振動子の場合，式 (4.28) と全く同じで，$h\nu$，$2h\nu$，$3h\nu$，……というエネルギーをとり得る状態（あるいは粒子）の平均エネルギーを示している。

空孔内の電磁波のエネルギーは，調和振動子（単振動する対象）の場合と同じになることは付録Dに示したが，上に見たように，実験値とよく一致する式をそのまま変化させていくと，これも調和振動子と同じになる。結論としては空孔内のエネルギーも

$$h\nu,\ 2h\nu,\ 3h\nu,\ 4h\nu,\ \cdots\cdots,\ nh\nu,\ \cdots\cdots$$

というエネルギーをもち得る，いや，こうして示された値以外の中途半ぱな値はもち得ない，と考えなければならない。つまり電磁波という波ではあるけれども，それのエネルギーは $h\nu$ かそれの整数倍に限る，という結論になる。

この思考が1901年から5年にかけて成熟し，第1章に述べたようにアインシュタインの光量子仮説となり，光子と呼ばれる光の粒子に到達した。さらに図 1.11 に示した光電効果，図 3.6 で説明したフランク - ヘルツの実験を通して，光は波であると同時にエネルギーの粒である，という矛盾（?）をそのまま量子論は受け入れるのである。これらの総論については第1～第2章で述べたとおりである。

「光は粒」のもう一つの証拠

光は粒子でもある，という事実をかなり直接的に示した実験にコンプトン効果がある。これは電子に光の「粒」を衝突させる実験であるが，量子論でなしに古典力学としてこのようなテストが行われたらどうなるかを，一応述べておこう。先を急ぐ人は古典を省略して量子論に進んでいい。

静止している質量Mの球Bに，速さvで走ってきた質量mの球Aが衝突した。衝突後Aは衝突の進行方向と角θをなす方向へ速さv'で，一方，Bは進行方向と角φをなす方向へ速さVではじかれた（図5.10）。ただし衝突は弾性的であるとする。

さて何を聞くかのまえに，この問題からいくつの等式がつくられるかを調べてみよう。まず衝突が弾性的というのは，壁などに当った場合には「はね返りの係数が1」というが，ここでのような球同士の衝突では，衝突の前後で運動エネルギーは変わらない，と解釈するのがいい。つまり熱エネルギーなどに変わることはないのである。

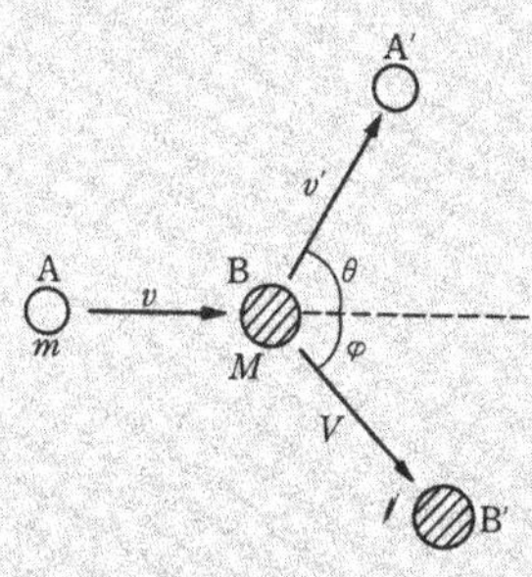

図5.10　古典力学での粒子の衝突

次に運動量一定の関係を使う。2次元の衝突だから，A球の進行方向の運動量（最初mv）は衝突後も増減はないし，これと垂直方向の運動量（最初ゼロ）も衝突後不変である（つまりトータルでゼロ）。これら3つの内容を式で表すと

$$\begin{aligned} \frac{m}{2}v^2 &= \frac{m}{2}v'^2 + \frac{M}{2}V^2 \\ mv &= mv'\cos\theta + MV\cos\varphi \\ 0 &= mv'\mathrm{sim}\,\theta - MV\sin\varphi \end{aligned} \qquad (5.24)$$

となり，この中の7つの量m，M，v，v'，V，θ，φのうち，どの3つが未知数であっても，それらの値を上式からきめることができる。たとえばφとVとを消去して，物体Aの衝突後の速さv'を，その散乱角θの関数と書き表してみると，三角関数の公式をいろい

ろと利用して

$$\frac{v'}{v}=\frac{m\cos\theta+\sqrt{M^2-m^2\sin^2\theta}}{m+M} \tag{5.25}$$

となる。v'/v と θ との関係を描くと図5.11のようになる。$\theta\approx 0$ はほんのわずかにかすっただけで，Aはほとんどまっすぐに進んだことを示す。そのときはBのほうはわずかに動くだけである。$M=\infty$ ならA球は衝突によって方向を変えても，速さは変わらない。A球のほうが軽ければ（$m<M$），Aはどちらにもはね返ることができるが（$0\leqq\theta\leqq\pi$），θ が大きいほど（深く折れ曲るほど），衝突後の速さは小さくなる。逆にAのほうが重ければ（$m>M$），θ は鋭角に限定され（衝突によってひき返すことは不可能になる），散乱角は式（5.24）からわかるように $\sin\theta=M/m$ を上限として，これよりつねに小さい。AとBとの重さが同じなら（$m=M$），式（5.25）は簡単に

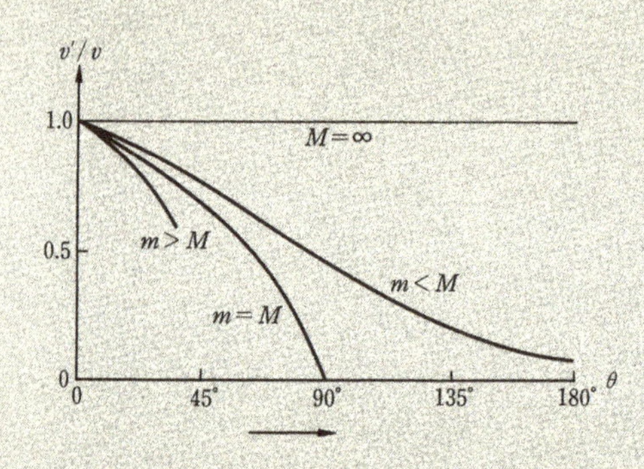

図5.11　古典力学での衝突後の散乱角と速さとの関係

$$v'=v\cos\theta \tag{5.26}$$

となる。このとき理論的には，玉突きなどの例からわかるように，Aをぶつける技量によって，A，Bを好みの方向に走らすことも可能になってくる。玉突きの名人ともなれば，球Aにスピンをかけたりして，事実上は $\theta>\pi$ ということもあり得るようである。

球Bは静止の状態から，はじかれたわけであるから当然，運動エネルギーはふえる。とすれば球Aは衝突によって運動エネルギーを失う。その額 ΔE は計算されて

$$\Delta E=\frac{m^2v^2}{(m+M)^2}\left\{M+m\sin^2\theta-\cos\theta\sqrt{M^2-m^2\sin^2\theta}\right\} \tag{5.27}$$

となる。特別にA球が直角に曲がるときには $\theta=\pi/2$ であり

$$\Delta E'=\frac{m^2v^2}{m+M} \tag{5.27)'$$

となる。かりに $m=M$ という極限の場合なら，この場合には，$\Delta E'=mv^2/2$ となって，A球みずからはそこに止まり，B球だけがはじかれる，という結果になる。

コンプトン（1892～1962）はアメリカの実験物理学者であり，プリンストンで学び，のちシカゴ大学教授となった。第一次大戦までは，物理学の研究はほとんどがヨーロッパでなされた。ミリカン（油滴実験），マイケルソン（光速）などは，当時活躍した数少ないアメリカの物理学者であるが，コンプトンはもう少し後の時代の人である（50代前後で原爆開発に参加したとされる）。

光が光子と呼ばれる粒子であることがわかって，彼はそれを実験的にはっきりさせようと思った。光子のエネルギーは $h\nu$ であり，ν の値が一定なら，光子のエネルギーは変わらない。元来，波動の振動数というものは，めったに変わることはないのである。真空中（空気中でもほんんど同じ）を走る光がガラスに入ったとき，波長は，あるいは振動数はどう変わるかは，マークシート方式などの物理問題としてよく提出される。ガラス中では光速は c/n（c：真空中の光速度，n：ガラスの屈折率）であるから，（速さ）＝（波長）×（振動数）の関係により，何かが変わらなければならない。解答は……波長は短くなり，振動数は不変である。振動数を図に描くことはむずかしいが，波長はガラス中，あるいは水中で短く描かれ

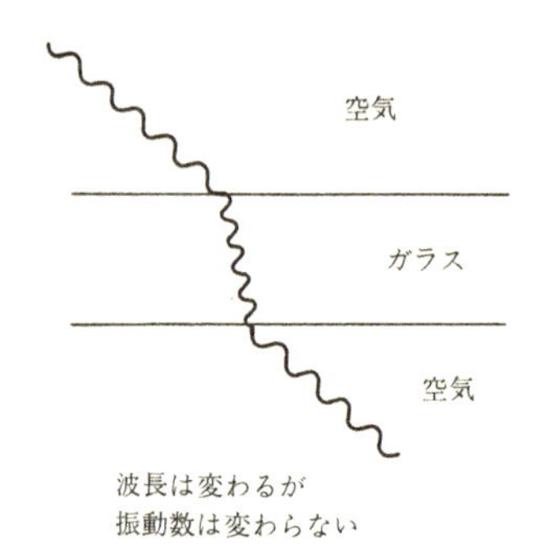
空気
ガラス
空気
波長は変わるが
振動数は変わらない

図 5.12　媒質と振動数

なければならない。波長が短くなっていると，図を見ただけでは振動数が大きくなっていると錯覚しそうであるが，そんなことはない。光子1個のエネルギー $h\nu$ はどこを通過していても変わることがない，と覚えておくのがいい。

机，柱，床あるいはコップ，太鼓など，どこを叩いても音が出るが，これは叩かれた固体が，たとえ目には見えなくても振幅の小さい振動をするためであり，それと同じ振動数の音波が空気中を伝わることになる。机とかコップとかの大きさに関係して，基本振動が主として出る……という考え方もあるが，叩く物体から波長を割りだす方はあまり当てにしないほうがいい。空気中の波長が1メートル（340ヘルツ程度の音である）でも固体中の音速は空気中よりもずっと速いから，$\nu = c/\lambda$ から計算できないわけではないが，要は図5.12のように波長を考えるよりも，振動数の不変性を問題にして古典波動論は研究されるのである。

振動数にこだわったのは，コンプトン効果ではこの振動数が変わってしまう，というかなり特殊な現象が生じるからである。コンプトンの実験は，衝突のメカニズムは古典力学と全く同じであり，ぶつける球Aが光子，また衝突される球Bが（停止している）電子である。どちらも量子論的なモノであり，計算法は全く違ってくる。

光といっても振動数の大きい（波長の短い）エックス線を使う。古典論との違いは，1900年代に明らかになってきたように

① 光子のエネルギーは $h\nu$ である

② 光子の運動量は $h/\lambda = h\nu/c$ である

となることであるが，電子については同時期に研究された特殊相対論を当てはめなければならない。

相対論では，質量を持っていること即ちエネルギーを持っていることである。走れば質量が大きくなる，それが運動エネルギーである，と解釈される。m_0 を電子の静止質量，m を速さ v で走っているときの質量とする。相対論によれば，電子のエネルギー E と運動量 p は

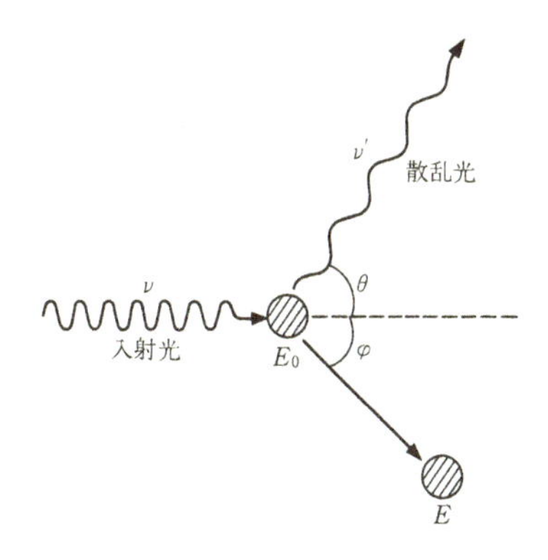

図 5.13　コンプトン散乱

$$E = mc^2 = \frac{m_0c^2}{\sqrt{1-(v/c)^2}} \tag{5.28}$$

$$p = mv = \frac{m_0v}{\sqrt{1-(v/c)^2}} \tag{5.29}$$

と書ける。両式から v を消去して E と p との関係を求めれば

$$E = c\sqrt{m_0{}^2c^2 + p^2} \tag{5.30}$$

となる。持っている質量そのものをもひっくるめて，自分のエネルギーとするわけであり，素粒子論ではこのような方法で，粒子の質量とエネルギーを同等に考える。

さて図 5.13 のように θ と φ とをきめるが，静止電子のエネルギーを E_0（$= m_0c^2$），はじかれた電子のエネルギーを E とおき，入射光（実はX線）の振動数を ν，散乱光のそれを ν' とする。エネルギー保存則と，左右および上下方向の運動量の保存則を書くと

$$h\nu + E_0 = h\nu' + E$$

$$\frac{h\nu}{c} = \frac{h\nu'}{c}\cos\theta + p\cos\varphi \tag{5.31}$$

$$0 = \frac{h\nu'}{c}\sin\theta - p\sin\varphi$$

が得られる。最後の2つの式から電子の散乱角 φ を消去すると

$$\left(\frac{h\nu}{c} - \frac{h\nu'}{c}\cos\theta\right)^2 + \left(\frac{h\nu'}{c}\sin\theta\right)^2 = p^2 = \frac{E^2}{c^2} - m_0{}^2c^2$$

となるが，これに一番上のエネルギー保存則を代入することにより

$$h\nu' = \frac{h\nu}{1 + \dfrac{h\nu}{m_0c^2}(1 - \cos\theta)} \tag{5.32}$$

が得られる。あるいは衝突前後における光のエネルギー差を求めると（古典力学の式 (5.27) に相当する）

$$h\nu - h\nu' = \frac{\dfrac{h\nu}{m_0c^2}(1 - \cos\theta)}{1 + \dfrac{h\nu}{m_0c^2}(1 - \cos\theta)} \tag{5.33}$$

となる。光のエネルギー変化が，光の散乱角 θ に依存するのはもちろんであるが，入射光の波長 $\lambda = c/\nu$ にも関係し，式 (5.32) からもわかるように λ が $h/(m_0c)$ と同じくらいか，あるいはこれよりやや小さいとき，エネルギー変化（したがって入射光と散乱光の波長――あるいは振動数――の変化）は最も大きくなる。このため

$$h/(m_0c) = \lambda_0 \tag{5.34}$$

とおいて，λ_0 を電子のコンプトン波長ということがある。この値は定数で 2.43×10^{-12} m である。これはX線よりもさらに短波長であり，通常の分類では γ 線の範囲に入る。

入射光線としてコンプトン波長の電磁波を採用したときの，散乱後の光のエネルギーの大小（これは振動数で代表できる）と散乱角との関係を描

くと図 5.14 のようになる。

まずこの図と，古典的衝突の図 5.11 の $m \approx M$ あるいは $m < M$ の場合と比べると，θ の小さい場合（ほんのわずかだけカスル場合）はエネルギー・ロスが少なくてよく似ているが，θ が 90° に近づくにつれて古典論は量子と合わなくなってくる。光子を，それと相対論的な意味で同じエネルギーの電子にぶつけたとき，量子論でははね返る（つまり散乱角 θ が鈍角になる）ことが可能であるが，古典論では不可能なのである。また波長差はすぐ計算されて

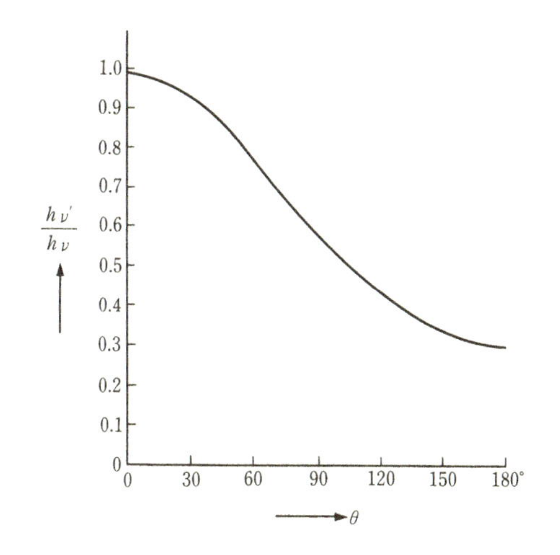

図 5.14　コンプトン散乱における散乱角と散乱後の振動数との関係

$$\lambda' - \lambda = 2\frac{h}{mc}\sin^2\left(\frac{\theta}{2}\right) \tag{5.35}$$

という簡単なかたちになり，これがコンプトン効果を最もわかりやすく表現したものとなる。

理論的に計算された式 (5.32) や式 (5.35) は実験結果と非常によく合っている。ということは，光が電子のような粒子に当るとき，光は $h\nu$ というエネルギーと，$h\nu/c$ という運動量をもった「かたまり」であり，20 世紀初めから議論されてきた「光波を粒子とみなしてもいいのか」の問いかけに（光電効果の場合と並んで），イエスと答えられる証拠の一つになるわけである。

ただしコンプトン散乱の実験をする場合，玉突きの名人のように光1個を狙い定めて1個の電子にぶつける，などという細かな芸当ができるわけではない。電子は群らがってはいるがたくさんあり，進行する光の位置も（後に説明する不確定性原理によって）はっきりとわかっているものではない。多くの光を多くの電子にぶつけた統計的結果として，図5.14が得られるわけであり，たとえ統計的結果であろうとも，光が粒であることを断言できる結果になるのである。

途中のことは皆目わからなくても

さて量子論的にものを見た，その結果はどうであったか。光も調和振動子であることは付録Dで変数を変換しながら証明するが，もっとわかりやすい，振動する固体原子をいま一度考えてみよう。

振動数 ν をもつ原子のエネルギー E は

$$E = p^2/2m + 2\pi^2 m\nu^2 x^2 \tag{5.36}$$

であり，右辺第1項が運動エネルギー（これをしばしば K で表す），第2項が位置エネルギー（U で表す）である。そうして原子は左右に振動する。すばやく左右に動いているが，いくらすばやくても，ある時刻 t には，その場所 x と運動量 p は

$$x = x(t), \quad p = p(t) \tag{5.37}$$

のように t の関数であり，1秒間に1兆回（10^{12}回）以上も振動したのでは，目でも器械でもとても追えないが，原則的には右，左，右，左と動いているはずである。そうして振幅の中心部を走るときには運動エネルギーが大きく，振幅の端では逆に位置エネルギーが大きくなり，両者の和はいつも一定である……というのが古典論の結果であった。

ところが量子条件を使って求めた量子論的な結果はそうではなかった。わかったことは，そのエネルギーが $h\nu$ か，$2h\nu$ か $3h\nu$ かということだけであった。今まん中を走っている，アッ今端に行った，などということは皆目不明である。ただトータルのエネルギーが $h\nu$ のとびとびの値でしか

ない……というのが量子論の教えるところである。ということになると，「ものの見方」を古典的な物理学とは全く別のものに変えなければならない。

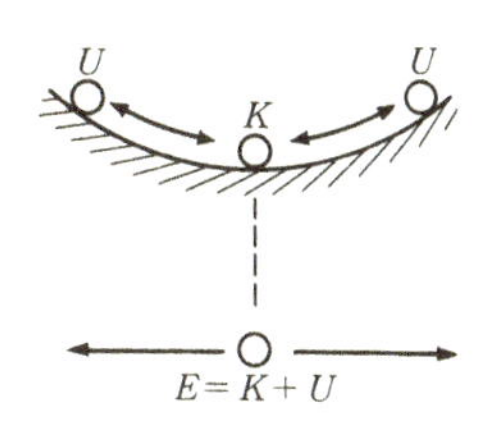

図 5.15 調和振動子ではKとUの繰り返し。

甲乙つけてはいけないもの

力学系において，古典力学を形式的にとことん整理したものを解析力学という。対象が質点なら3つの自由度（x，y，z）があり，さらに剛体なら，重心の位置のほかに剛体がどちらを向いているかで，さらに3個の自由度（たとえばオイラー角ω_1，ω_2，ω_3）があることは，この本の第1章で述べた。ここでは簡単に，質点を考えよう。

質点のある瞬間の状態を言い表すには，位置のほかに，どちらにどのくらいの速さで走っているか（v_x，v_y，v_z）を指摘してやらなければならない。しかし解析力学によると，速度でなしに，それに質量をかけた運動量（p_x，p_y，p_z）を変数として採用する。速度vでも運動量$p = mv$でも同じことではないか，と思うかもしれないが，質量までをも含めた運動量のほうが「より物理的」なのである。くわしくは解析力学で学んで頂くことにしよう。

ただ，ここで強調したいのは，xもp_xも全く同じ「権利」をもつ変数だということである。速度は変位の時間的導関数$v = \mathrm{d}x/\mathrm{d}t$であり，運動量はそれに$m$をかけただけだから，変位$x$が第一義的な物理パラメータであり，運動量のほうはそれから誘導された第二義的な量である……と考えてはならないのである。変位$\boldsymbol{q}$（x，y，zをベクトル的にこう書こう）と運動量$\boldsymbol{p}$とは全く対等であり，どちらが上位とか，どちらが先任者（？）とかという理由は絶対にない。解析力学でのポアソン括弧〔$\boldsymbol{p}$, $\boldsymbol{q}$〕やハミルトン関数$\boldsymbol{H}(\boldsymbol{p},\ \boldsymbol{q})$，あるいは次に挙げたハミルトンの正準方程式（ニュートン方程式と内容は同じであるが，それを徹底的に形式化したもの）

$$dq_i/dt = \partial H/\partial p_i, \quad dp_i/dt = -\partial H/\partial q_i \tag{5.38}$$

を見ても，p と q とは全く差別なく扱われていることがわかる。

古典力学では質点の状態は p と q によって記述されているが，1920 年代の本当の量子力学に入るためには，この両者については甲乙つけてはならない（つけられない）ことを，あらかじめ肝に銘じておかなければならない。

ということで古典力学では，質点の状態は式 (5.37) で表されたが，調和振動子の例を待つまでもなく，q があってしかも p がわかって……ということは量子論にはあり得ないことがはっきりしてきた。古典論では力学の解答として式 (5.37) を導き出せば満点であったが，話が全く違ってきた。保守的な人に対しては話が狂ってきたともいえるかもしれない。

こうして常識は立往生

量子論の最初の問題であり，単純ではあるが最重要な議論は，波動か粒子かという話である。光をはじめ熱線，X 線，ガンマ線などすべての電磁波は，古典論では波動として扱ったが，電子などの小粒子のかたまった流れは，当然，粒子そのものである。ところが，波動は粒子としての性質もみせ，粒子の流れはド・ブロイの研究などにより波動と同じように回折，干渉することがわかった。要するに粒子であって，波でもあるのだ。

とにかく極微の世界では，粒子の立場をとったときの物理量はエネルギー E と運動量 p であり，波動と見なしたときは振動数 ν と波長 λ がはっきりする。両者の「換算」にはプランク定数 h という，途方もなく小さな定数が必要であり，先に（物質波の式として 56 ページで）述べたように

$$E = h\nu, \quad p = \frac{h}{\lambda} \tag{5.39}$$

で関係づけられている。

ところで，光にしろ電子流（β 線などと呼ぶ）にしろ，その波長を回折格子などを使ってはっきり測定することは可能である。ということは，式 (5.39) の右の式で，対象の運動量 p を正確に知ることに相当する。その

ときは，なにしろ波動であるから，対象物がどこにあるのかは全くわからない。走る波の位置はどこかと聞かれても，どうしようもない。

たとえば1辺が10 cmとか1 mとかの箱の中の定常波を考えるとき，それがどこにあるのかと聞かれれば，「箱の中一面にある。ここにも，あそこにも，どこにも波は存在しているのだ」と答えるしかない。

つまり力学変数のpをはっきりさせると，qは全く不明……というよりも，qという場所を指定する変数（パラメータとでも呼ぼうか）は消えてしまうのである。

一方，確かに電子という粒は，器械に頼れば見える見えないは別として，粒子としてどこそこに存在している，と言うことは可能である。しかし粒子像としてとらえた対象はあくまで「粒」であるから，波長などはありはしない。したがって式（5.39）により運動量はない。qをはっきりさせるとpは消え失せてしまうのである。位置も運動量も，どちらも時間tの関数として記述できるという式（5.37）の形は捨て去られなければならないのだ。古典論的常識の全く通らない話になってしまった。

ぼんやり決めれば，何となく決まる

ゼロか100 %かの両極端ではなく，位置のほうをある程度ぼんやりと認識すると，運動量のほうもそれに応じてぼんやりと判明するという妥協的事実がある。波動的粒子である対象物の，位置の不確定さを各次元にわたってΔx，Δy，Δzとし，運動量の不確定さをこれまた3成分にわたってΔp_x，Δp_y，Δp_zと書くことにする。波的粒子（これをウェーヴィクルということがある）の存在範囲はΔxといういささか広い範囲であり，その波長の値もΔp_xという範囲でしかきまらない，というわけである。ハイゼンベルクは1927年に相互の間に

$$
\begin{aligned}
\Delta x \cdot \Delta p_x &\approx h \\
\Delta y \cdot \Delta p_y &\approx h \qquad (5.40) \\
\Delta z \cdot \Delta p_z &\approx h
\end{aligned}
$$

の関係があることを示した。

これが有名な不確定性原理であり，uncertainty principle をそのまま日本語にしたものである。相対論の世界では第 4 番目の次元として時間 t を考えるが，不確定性原理にも第 4 番目があり，時間の不確定さ Δt と，対象物のエネルギーの不確定さ ΔE との間には

$$\Delta t \cdot \Delta E \approx h \tag{5.41}$$

が成立するのである。

いずれにしろ，一方を正確にすれば（たとえば Δx をうんと小さくすれば），それに反比例して他方（Δp_x）が大きくなり不正確になることを主張しているわけであるが，量子論の「もとじめ」ともなる不確定性原理については，章を改めてじっくり考えていくことにしよう。

第6章

波動方程式は“使える”

見ようとすると見えなくなる

対象物（あえて，粒子とも波動ともいわないことにしよう）の位置がわかれば運動量はない，逆の場合も同様だ，両者ともある程度まで不確定ということは許される……という不確定性原理は，一体どんな事柄に起因しているのか。

位置も運動量も——測定しにくいかもしれないが——実際は存在する，というほうがはるかに客観的ではないか，そして，自然科学とは客観性を尊ぶものである，と言われると，いささか返答にたじろぐ。

一種の観念的な論争のようになり，かの有名なアインシュタインも，本当は「確定した」客観的なものがあるのではないか（彼はこれを隠れたパラメータと呼んだ），と考えた一人である。

となると，見える，見えない，つまり観測するということ，観測とは何かということが問題になってくる。そうして量子論では，人間が対象物を観察するという操作が，この不確定性をひき起こす根本問題にかかわってくるのである。

観測するということは，最終的には実験者の目の中に光がとび込み，それが視神経と相互作用をすることである。その一つ前の段階で，測定計器に光なりその他の信号（あるいはエネルギーと呼んだほうがわかりやすいかもしれない）を入れることが実験である。

そのためには，実験の対象物に光その他の物質を当てなければならない。当てた以上，対象物の状態は狂う。この狂いが不確定性原理の要因であるが，これについてのくわしい話は後回しにする。観測が対象物を狂わすケースを，まず一般的に考えてみよう。

本当の温度はわからない

たとえば，ある物質の温度を測りたい。当然，その物質の中に温度計を入れる。温度計と物質はしばらくして熱平衡に達する。もっと正確にいうと，測ろうとする対象物と温度計の中の液体が熱平衡に達し，その熱平衡の温度が，液体の体積変化となって目盛でわかる。このとき温度計を対象物と接触させ，熱平衡になるまで待つということは，測ろうとした物質の温度を多少とも変えてしまうことになる。実際に測定するのは，温度計によって攪乱した後の温度にすぎない。つまり測定する，言いかえれば相手を知ろうとする操作が相手の状態を乱してしまうのである。

2種の金属（あるいは半導体）を使う熱電対で温度を測る場合も同じである。接点部分の温度が，測定対象の温度を乱してしまう。

以上のような話は，一見とるに足らぬ技術的な話のように思える。古典物理学では「十分に熱容量の小さい温度計を接触させ……」とやり，測定操作など「うまくやりさえすれば」どうにでもなる，という立ち場をとっていた。しかし量子論では通常の単位（MKSでもCGSでもミクロの世界では大差なし，と考える）で10^{-33}という桁数あたりが問題になってくる。となると，「観測することにより，対象物の状態をこわしてしまう」ということをつねに心しておかなければならない。

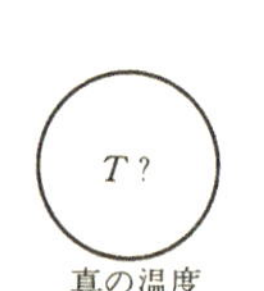

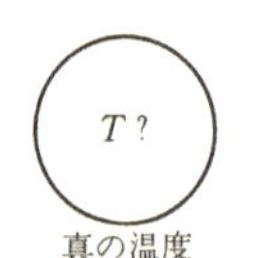

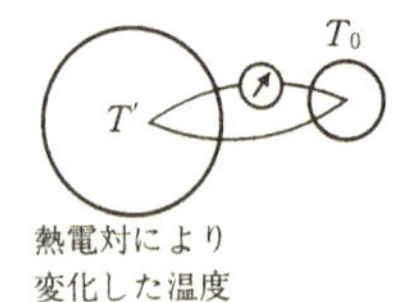

図 6.1　本当の温度はわからない

不確定性原理とは，このような事柄の謂（いい）である，と思っても差し支えなさそうである。

数学的な概念でも「温度計の熱容量を無限に小さいと仮定し」とよくやるのであるが，現実をとり扱う物理学では，このような理想論は通らないのである。

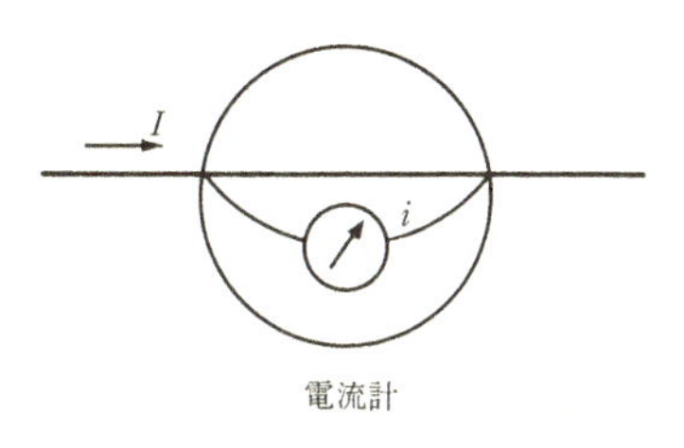

図 6.2　電流計は電流を狂わす

それなら初めから，温度計の温度や，熱電対の接点の温度を，対象物の温度と同じにしておけば相手の状態を乱すことはなかろう，と考えるかもしれないが，「その温度」がわかっていないから測定するのであり，まさにこの主張はナンセンスである。

隠し撮りはできない

「対象の状態を乱す」という話で，物理的にわかりやすい例を次に挙げよう。ある導線中の電流を測ろうとする場合，その導線に電流計を挿入する。電流計内の導線の抵抗がゼロであったら，電流の測りようがない。というわけで，抵抗の大きい（わかりやすくいえば細い）導線の枝道をつくり，この大きな抵抗線を流れる微小電流を測定して，その値から自動的に全電流が読めるようになっている。要は電流計の挿入により，ほんのわずかではあるが電流の値を狂わしてしまっているのである。直流でも交流でも，この事情は変わらない。

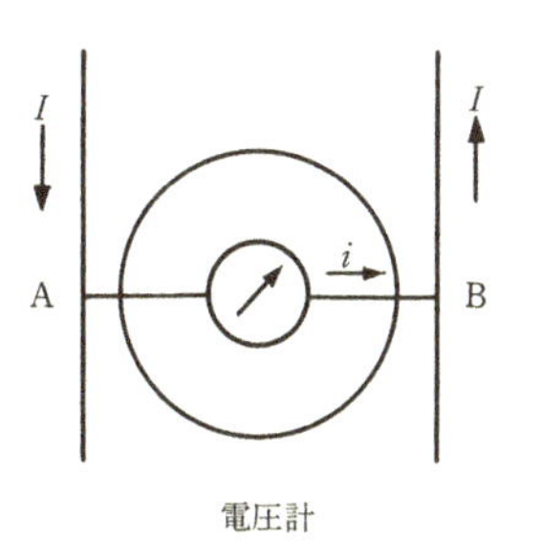

図 6.3　電圧計は電圧を狂わす

電圧計についても同様のことがいえる。A，B 2 点間の電圧を測るには，そこに電圧計という抵抗の非常に大きい導線を渡すのである。ほんのわずかではあるが，AB 間に電流が流れて，これから AB 間の電圧を知ることができる。つまり，電圧計で測ろうとする２点をつないだために，この２点間の電圧にわずかの狂いが生じた，ということである。

もちろん電流計でも電圧計でも，挿入する細い導線の抵抗はわかっているから，目盛の読みから，計器が挿入される以前の電流や電圧が計算できないわけではない。しかし，不確定性原理では，測定しようとする計器がどのくらい対象物を乱すのかは一切わからないとする。だから，電流計や電圧計は必ずしも不確定性原理の例としては適切ではないかもしれないが，とにかく測ることにより相手を乱してしまうということは，大いに理解の助けになる。

測定が対象物の状態を乱してしまう例は世の中に少なくない。

単なる友達との会話ならなんともないが，上司とか意中の人の前ではとたんにしゃべれなくなる人がある。自分を見つめている相手の目を意識してしまうせいである。よほど馴れた人でないと，壇上に立って演説する場合はもちろんのこと，結婚式でのスピーチでさえも上がってしまう。テレビカメラの前に立つと，タレントさんは平気だろうが，素人にとってはカメラはコワイ測定器になる。クイズ番組に出ても，平生の半分も実力を発揮できない。

テレビにしろ映画にしろ，担当ディレクターがエキストラや，馴れない素人さんに対して「とにかく，絶対にカメラを見ないこと。これだけは是非守ってほしい」と念を押す。

映画やテレビドラマでは，出演者は馴れているから，カメラを見ることはない。あたかも測定器（実はカメラ）がそこにはないかのように演技する。劇は客観的に進行すべきものであり，余計な道具があってはならないのだ。

もっとも人間ばかりでなく，たとえば家族が食卓を囲むシーンで，食卓の三方には人がすわるが，カメラ側はあいている。あそこにまで人がすわったのでは，何を食べているのか，あるいは何をしているのか，誰々がいるのかなどわからなくなり，構図として最低のものになってしまう。

スクリーンやブラウン管を見る人たちも，手前の側には人がいないのを当然と思い……いや思うことさえない。それだけ撮影には不確定性原理に気を配り，その作用を最小限度に押さえているのだといえなくもない。

ドラマでなく，テレビ探訪のような番組でも，出てくる素人さんが「本当に見事にカメラを見ない」ことには驚く。旅ものなどで，タレントがお店の人に，「今日は，このお菓子が当地の名物ですか」といきなり聞く。まるでぶっつけのように思えるが，本当にぶっつけだったら「あれ，タレントの○○さんじゃあないですか。あっ後ろにカメラの人がいる。いやあ映しているんですか」てなことになりそうだが，そんな場面は見たことがない。

田舎の道で遠くのほうから歩いてきたおばあさんとすれ違い，「今日はいい天気ですねえ」「ほんとによく晴れて野良仕事も楽です」などとの会話が自然に交わされる。そしてナレーションも「道ゆく人たちも皆よい人ばかりで，初めて出会う人にも気持のいい挨拶を……」などということになる。

実際には，知らない（あるいはブラウン管で知っている）タレントに声をかけられ，しかもタレントの後ろからカメラマン——場合によっては音声さんやディレクターも——くっついてきたら，おばあさんはびっくりするにきまっている。逃げ出すかもしれない。いや逃げ出すのが普通だろう。不確定性原理に従えば，珍しいカメラの前でのんびり挨拶などできようはずがない。ビックリするのが自然なのである。

おばあさんびっくりでは，テレビの絵はつくれないから，念には念を入れてリハーサルもする。そうしてでき上がりはうまくいっているが，あれまでには何度 NG（映画やテレビの本番失敗）を出したか，あるいはいくつの場面をあきらめてカットにしたか，そんな意地悪な想像をしながらテレビを見るのも楽しいものである。不確定性原理という自然さを無理に曲げてリハーサルするわけであり（このこと自体をヤラセだというなら，テレビはヤラセだらけであろう），道で出会いの挨拶をするおばあさんを30分も1時間も待たせることもある。とにかく自然体ならカメラを見てびっくりするはずであり，あるいはカメラのために言葉がしどろもどろになるはずなのだ。

テレビカメラは一つのたとえにすぎない。単なる写真でも，「笑って，笑って」というと，ますます顔がこわばる人がいる。もっとも以上はすべて人間の意志に関係する話であるから，隠しカメラをうまく使えばいい。

しかし量子論的な（つまり対象がうんと小さい）場合には，客観的に対象を乱してしまう。温度計や電気のメーターだったら思い切って小さくすればまずまず事はすむが，電子の測定だったら，電子に光子をぶっつけて，その散乱光を計器に収めて，電子の存在を認識するほかはない。隠し撮りは絶対にできないのだ。

思考実験は正しいか

実際に実行することは不可能であるが，頭の中だけで理詰めで考えていく実験を思考実験と呼ぶ。それが合理的であるなら，「なされざる正しい実験」として，理論の俎上（そじょう）に乗せてもいい。ところで，不確定性原理についての最も有名な思考実験は，γ（ガンマ）線顕微鏡だろう。顕微鏡の優秀さは，異なった2点を異なった2点として認めること，すなわ分解能（見分けうる限界の距離もしくは視角）によって決定される。分解能には，どのような顕微鏡を使っても限界がある。結局は，波を対象物に当てて，はね返った場合のみ，そこに対象物があると知る。たとえば波長1メートルの海の波が，直径30センチの杭に当っても，波はあたかも杭がなかったかのように，どんどん進行してしまうことは容易に想像できるし，また実際に目にする光景でもある。となると，小さな物体の存在を知るためには，思いきり波長の短い波を当てなければならない。

ハイゼンベルクの若かりし頃の1920年代には，実験用として用いる波といえば，電磁波しか思いつかなかった。その頃，理論的には物質波も考えられていたが，電子さらには中性子の流れを波と考えて，その短い波長を利用するようになったのは，後の話である*。当時最も波長の短い電磁波はγ線であり，ハイゼンベルクはこれを電子にぶつけることを考えた（図6.4）。対象物（ここでは電子）の存在を知るために十分波長の短いγ線を左から当てたとする。その波長を λ とするとき，顕微鏡の分解能は，物理光学によると

$$\Delta x \approx \frac{\lambda}{\sin\alpha} \qquad (6.1)$$

であることがわかっている（もう少し正確にいうと，$\Delta x \approx 0.6\lambda/\sin\alpha$）。図のように物体が対物レンズに対して張る角度が 2α であり，α が大きいほど（つまりは，対象物にできるだけレンズ――結局は目の代わりをしている道具――を近づけるほど）Δx という不確定さは小さくなる。要するに，分解能はよくなるのである。

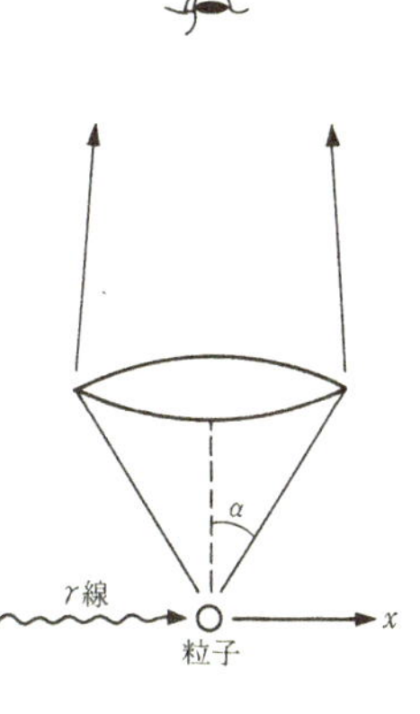

図6.4 ハイゼンベルクの思考実験

あいまいが本質

もう一度考えてみると，粒子で散乱された光（γ線）はレンズを通って観測者の眼に入るのであるが，その光がレンズのどの部分を通過したかは全くわからない。波動的な言葉でいえば，レンズのあらゆる部分を通過してきたのである。

光のエネルギーは $h\nu$，運動量は $h\nu/c$（$=h/\lambda$）であることは先に述べた。運動量の x 成分は，散乱前には h/λ であったものが，散乱後には

＊ ラウエ（1879～1960）がX線を結晶格子に当てて，干渉縞から固体構造を研究したのが1912年。わが国の菊池正士博士（1902～1974）が電子線から結晶を研究したのは1928年。物質波では粒子のエネルギーが大きいほど波長は短い。現在では30GeV に加速した電子流を核子に当て，その中のクォークの存在を確かめている。ちなみに電子はuクォークから引力を，dクォークからは反発力を受ける。なお最も新しく発見されたtクォークのエネルギーは174GeV といわれる。

$h/\lambda + (h/\lambda)\sin\alpha$　と

$h/\lambda - (h/\lambda)\sin\alpha$

との間に広がってしまう。換言すれば，測定しようとする物体に

$(h/\lambda)\sin\alpha \sim -(h/\lambda)\sin\alpha$

の範囲で，運動量を与えてしまうのである（もちろん x 成分についてのみ問題にしている）。粒子はその反作用で運動量が変化するが，その運動量の不正確さ Δp は

$$\Delta p \sim 2\frac{h}{\lambda}\sin\alpha \tag{6.2}$$

となる。これと式 (6.1) から $\sin\alpha$ は消去されて，不確定の度合いの量的な関係

$$\Delta x \cdot \Delta p \sim h \tag{6.3}$$

が導かれる。

これがハイゼンベルクの不確定性原理として有名な式である。式 (6.2) を使えば右辺は $2h$ であるが，式 (6.1) で述べたように，対物レンズの構造そのものなどにより Δx の値は0.6倍程度になる。おおざっぱには，両者の不確定の積は h 程度であり，書物によっては $h/2$，$h/2\pi = \hbar$ であったり，あるいは $\hbar/2$ と

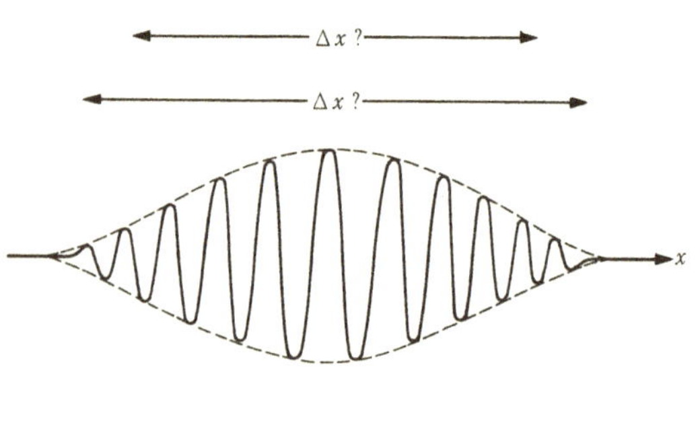

図 6.5　波束

書かれているものもある。

これらのうちのどれが正しいか，といわれても，Δx の定義が人によって必ずしも一致していないのだから仕方がない。粒子の存在は何度も繰り返すように波動でもあり，しいて図示すれば図 6.5 のように，ある領域に存在する波のようにも考えられる。微小対象物を，波でもあり粒子でもある，という妥協の産物として描いたものであり，これを波束 (wave packet) と呼ぶ。そうして——話はいささか先走って，真の量子力学になってしまうが——波を表す関数 $\psi(x)$ の 2 乗 $\psi^*(x)\psi(x)$（一般に $\psi(x)$ は複素数であり，複素共役数との積を 2 乗と定義する）の包絡線（ほうらくせん）（図の点線）を描いて，包絡線の厚さ（振幅）の大きいところに粒子があるだろう（存在確率が大きい）と考える。

包絡線が少しでも残っている場所は——つまり波動関数が多少とも存在するところは——Δx の範囲か，といえばこれはいささか極端に過ぎる。下手をすると Δx の領域が無限大になってしまうかもしれない。というわけで，粒子存在の不確定領域は，その包絡線の最大振幅と比べて，1/2 になるところまでとするのか，$1/\mathrm{e} = 1/2.71828 \approx 0.3679$ までにするのか，包絡線としての波動関数そのものか，波動関数の 2 乗かなど，さまざまな考え方がある。そのため，不確定性原理の右辺は h か，それとも多少違うのか，と迷う学習者が多い。また横軸に p をとって Δp を検証する場合も同じであり，このようなさまざまなケースから，「程度」としては h であるが，$h/2$ でも $\hbar$ でもいずれも間違いではない，と思って頂きたい。

なお相対論的な思考をもちだせば，第 4 番目の次元は時間 t であるが，これに c をかけて長さの元にする。一方，波動の運動量 h/λ にも c をかけると，$hc/\lambda = h\nu$ はエネルギー E であり，結局，E と t とが不確定性原理の互いの共役量（お互に相補う量。その相手と対になって，完全なカタチになる量）となる。これは式 (5.41) に示した通りである。

後で扱う量子論的波動力学では，波を定常波として扱うことが多い。なぜいつも定常波なのか，もっとハンパな波で形がどんどん変っていくのもいいではないか……という疑問は当然わいてこなければならない。定常波というのは，腹と節の位置がきまっていて，永久に波動のかたちは変らないのである。つまり……そのような状態は永久に続く。いつそうなっているのか，などという時刻は定められない。つまり時刻を指定できない，ということは不確定な時間 Δt は無限に長いのである。$\Delta t \cdot \Delta E = h$ から，Δt が無限大なら ΔE は無限小，つまりエネルギーはズバリきまっている。

エネルギーというのは固有値（微視的な対象がとり得る値）のことであり，光なら $h\nu$ あるいはこれの何個か分，調和振動子なら $h\nu$ の整数倍というように，エネルギーはピタリときまるのである。もし定常波でなく，一瞬だけの波を問題にするなら，Δt は小さく，したがってエネルギーのぼやけ ΔE は大きくなるのである。

不確定性原理を正規分布を使って調べてみよう。粒子が $\boldsymbol{x}$ という位置に存在する確率密度 $\boldsymbol{P(x)}$ は（これが量子力学でいう波動関数の2乗に相当する）

$$\boldsymbol{P(x) = \frac{1}{\sqrt{\pi}\, a}\exp\left(-\frac{[x - x_0]^2}{a^2}\right)} \tag{6.4}$$

とおき，同じく粒子が $\boldsymbol{p}$ という運動量をもつ確率密度 $\boldsymbol{P(p)}$ は

$$\boldsymbol{P(p) = \sqrt{\pi}\frac{2a}{h}\exp\left(-\frac{4\pi^2 a^2}{h^2}[p - p_0]^2\right)} \tag{6.5}$$

となる。$\boldsymbol{x_0}$，$\boldsymbol{p_0}$ は，座標空間および運動量空間における波束の中心点である。$\boldsymbol{a}$ が大きいということは，座標空間での波束は広がっているが，運動量空間の波束は局所化しているということであり，$\boldsymbol{a}$ が小さいときにはこの逆になる。

ここで位置と運動量との不確定の度合いを

$$\begin{aligned} \boldsymbol{\Delta x} &= \boldsymbol{\sqrt{\langle (x - x_0)^2 \rangle}} \\ \boldsymbol{\Delta p} &= \boldsymbol{\sqrt{\langle (p - p_0)^2 \rangle}} \end{aligned} \tag{6.6}$$

のように定義してやる（ルートの中の記号は平均値を表す）。簡単に $\boldsymbol{x_0 = 0}$，$\boldsymbol{p_0 = 0}$ とすると

$$\Delta x = \sqrt{\int_{-\infty}^{\infty} P(x)x^2 \mathrm{d}x}$$
$$\Delta p = \sqrt{\int_{-\infty}^{\infty} P(p)p^2 \mathrm{d}p} \tag{6.7}$$

となるが，公式

$$\boxed{\int_{-\infty}^{\infty} x^2 \exp(-ax^2)\,\mathrm{d}x = \frac{1}{2a}\sqrt{\frac{\pi}{a}}} \tag{6.8}$$

を利用すると

$$\Delta x \cdot \Delta p = h/4\pi \tag{6.9}$$

となる。$\hbar$のさらに半分になるのは，ΔxやΔpの定義を式（6.6）のようにしたためであり，定義を変えさえすれば式（6.9）の右辺も多少変化してくる。

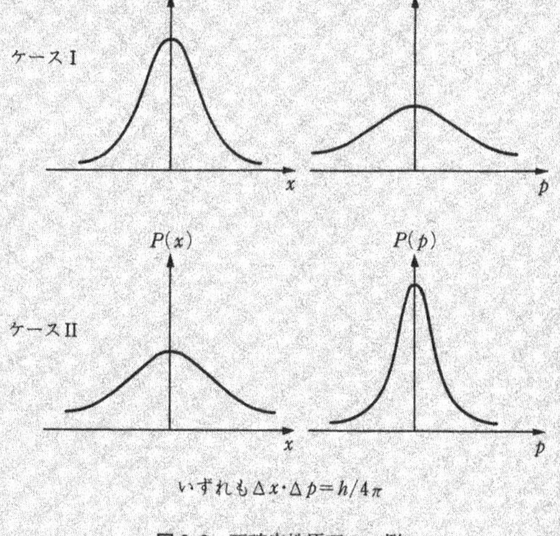

図 6.6　不確定性原理の一例

確率的でない確率

究微の世界は，不確定性原理によって支配されている。粒子――いや光のような場合も含むから，対象物といったほうがよかろう――がどこどこに存在する，というのではなく，どこそこにはどんな確率で存在し得る，といういい方をしなければならない。あるいは白黒をはっきりしなければ自分は承知しない，という人もあろう。そんなアヤフヤなことでどうする，と意気込む人がいるかもしれない。しかし量子論というものは，本質的に確率を用いて表現されるものであり，それが正しい自然観なのである。

近頃は，気象情報でも「降雨の確率は」というようになったが（よほどの頑固者でなければ，降るのか降らないのかはっきりしろ，などとはいわない），量子論のほうは本質的に確率なのである。「本質的に」というのは，データ不足のためとか，調査がそこまでいっていないからとか，まだまだ実験器具が不備だから……などというテクニカルな（技術的な）理由からではなく，現象そのものが確率的なのである。

最も端的にいうと，電子はA点かB点にいる（器具などが不備なため，それを知る方法がない）というのではなく，電子はA点にもB点にも同時にいるのである。電子の存在地点はA点兼B点なのである。1つの電子が2か所にいるのか，と反論されそうであるが，そのとおりだ，と答えるしかない。この変てこな話が量子論なのである。

量子論の哲学的議論は，ボーアの頃から現在まで延々と続いている。電子の位置を100回測定して，Aで70回，Bで30回発見されたら，1個の電子はそれ自体の7割がA，3割がBにいると解釈する。

この妙ちきりんな解釈が，コペンハーゲン派の解釈法である。これが主流派だと認められ，ボーアのもとに集った学者たちは，ほぼこのような解釈をする。

しかし当然ながら，この解釈に反対の学者たちもいる。もちろん主流派も反主流派も，それらの基本思想はもっと奥深いところにあり，また百人百様の解釈法があるといわれる量子論について，思想とか観念の面をも含んで論じるのはきわめて困難な話だが，とにかく反主流派の第一人者にかのアインシュタインがいた。彼とボーアとの論争は有名だが，アインシュタインの考えを一口でいうと次のようになる。

確かに電子の位置を測定したとき，Aに7割，Bに3割発見されるというのは統計的事実である。結果としては7対3を，つねに認めなければならない。だから次の実験でも，Aに発見される可能性は7割だ。しかし，AかBかのどちらになるかは，本当はきまっているのだ。数学的にいうとパラメータ（ものをきめる要素）はあるのだが，それは隠れたところにあるのであり，人間にはわからないということなのである。だいたい，ものをきめる神様が，AにしようかBにしようかなどとサイコロを振るはずがない。ボーア流の主張は，真実の奥に隠されている必然性まで否定してしまっている……。

この反主流的な思考は現在もなお生きており，量子論というのは結果を確率的に導く方法だとするのは双方同じだが，その考え方の基本は，いまなお非常に困難な課題として残ったままである。

粒子のアリバイは無効？

粒子の存在は確率的に表現される。いや確率的に表現されなければならない。どこそこには10％，あそこには13％……というのでは，決定論者にはもの足りないかもしれないが，これが（コペンハーゲンの正統派に従えば）自然の真の姿なのである。そうして数学的には「重ね合わせの原理」という方法を使う。つまり電子がA点にいることを文字で簡単にA，またB点にいることをBと表した場合，電子の本当の位置は

$$aA + bB \qquad (6.10)$$

というように，それぞれに確率係数a，bをかけて足し算にするのである。Aにいる可能性が大きければ係数aは大きくなるし，逆なら小さい。それではAやBはどんな関数かは，量子力学のそれぞれの方法によりきめられていくものであり（複雑でとても関数のかたちに書けないものも多い），Aにいる確率が7割なら，$a = 0.7$とするか$a^2 = 0.7$とするかなど

は，1920年代につくられていった量子力学によって定められていった。とにかく電子の存在は「A点でもありB点でもある」というように，通常会話では矛盾したような——刑事の訊問に対しては，とても許されそうにないような——事柄になるのである。したがって，古典物理での基本条件である「1個の物体が，同一時刻に異なる2点にいることはできない。また2個の異なる物体が，同一時刻に同一空間を占有することはできない」という，まことに常識的な考え方を捨て去らなければならないのである。

場所の問題だけではない。一例として有機化合物の典型的なものの1つにベンゼンがある。いわゆる「カメノコ」である。

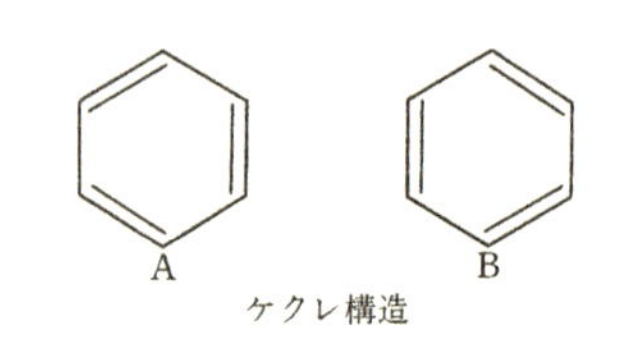

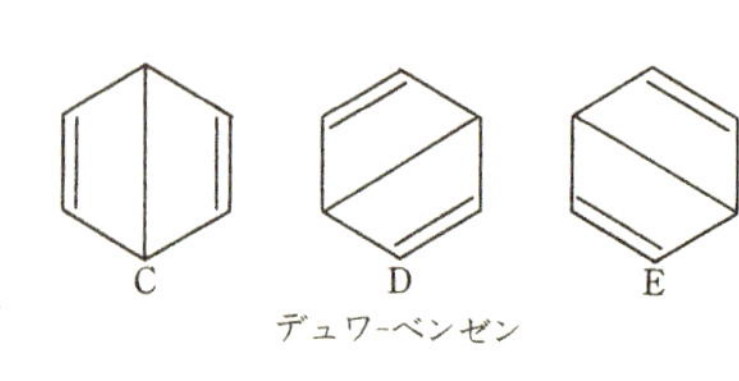

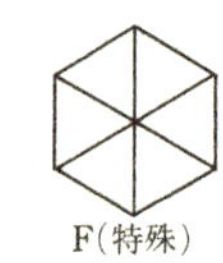

図 6.7　ベンゼン核

炭素原子はどれもがほかの原子と結合すべき4本の手を有し（こんなとき，原子価が4であるという），2本は隣の炭素と正面から結んで（これをシグマ結合という）正六角形をつくり，いま1本の手は外側にのびて水素原子と結ぶ（図を描くときには，これを省略する）。しかし，どの炭酸原子も，もう1本の手をもっている。これはやはり隣の炭素原子との結び付きに加わり，この弱い結び付きをパイ結合と呼ぶ。パイ結合のあるところには，さきのシグマ結合もあるから，二重結合になる。

それでは，その二重結合の場所はどこか。図 6.7 のAなのかBなのか。

この両者をケクレ構造というが，正確な表現をすれば，一つのベンゼン核は「AでもありBでもある」。化学の本などには，読者に理解しやすいように，AになったりBになったりで共鳴している，と述べてあるものもあるが，これは量子論的には正しい言い方ではない。一つのベンゼンはAでもありBでもある，あるいはAであると同時にBでもある，と，そのように認識しなければならない。

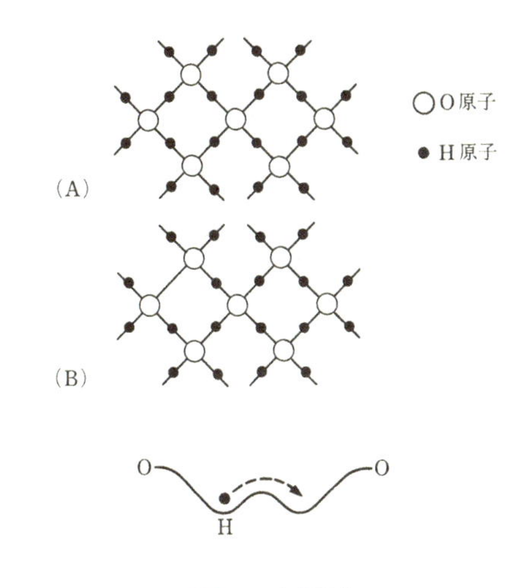

図 6.8　水素結合

なおケクレの弟子のデュワは，図のC，D，Eのようなデュワ構造を考えた。これはパイ結合の一つが，最も遠い原子間を結んでいるため，分子はかなりひずんでおり，エネルギーも高い。なおF形のような特殊なものも考えられるが，大勢はケクレ形であり，ほんのわずかにC，D……形である。そうして，AでもあるしBでもあることを図示して，最後の図のように，π電子（パイ結合にあずかる電子）を破線で図の中に閉曲線の形で記入するようになった。

「あそこにもいれば，ここにもいる」例

氷や低温の水では，H_2O分子どうしが水素結合でつながっている。水は流動的であるが，要するに水素結合で結ばれた分子の塊が動くものと考えればいい。水素結合とは，水分子のOとOとが，水素を仲立ちとしてつながれている結合をいう*（図 6.8）。

＊　『なっとくする熱力学』P.91参照。

このときO原子同士を結ぶH原子は，どちらのOに属するのか。それは上のOの近く，ついで下のOの近くと共鳴的に動いている……と書かれている書物もあるが，コペンハーゲン流の解釈はそうではない。上のOにも，下のOにも同時に属しているのである。確かにH原子の位置エネルギーの極小値は2つあり，そのどちらかにいるはずだ，と解釈したいが（この解釈が古典論的な思考である），量子論ではそうではない。2つの極小点に「同時に」存在しているのである。同時に存在しているがために水分子はよくくっつき，ファン・デル・ワールス力だけだったら当然気化しているはず（常温常圧で）のものが，液体として地球上に多々存在する。

非常識な基礎

次に，同じ振動数 ν で単振動している原子が多数あるとしよう。これを原子振動におけるアインシュタイン模型*という。その1個の原子の特別な方向（たとえば x 方向）のエネルギーを考えてみることにする。量子論だから，あるときのエネルギーが $3h\nu$ だったが，隣から貰って $5h\nu$ になって，すぐさま隣に与えて $4h\nu$ に変化した……というふうに考えて，その平均（この場合は時間的平均になる）をとると

$$h\nu/(\exp[h\nu/kT]-1) \tag{6.11}$$

になると考えたい……が，そうではない。1つの振動子のエネルギー（ゼロ点エネルギーを除いて考える）が $h\nu$ でもあり $2h\nu$ でもあり……というように，みんな併せもっているのである（図6.9）。ただし高エネルギーのものほど，所有確率は小さい。それらすべてを，大きな確率から小さな確率のものまで，全部を所有している結果，温度 T でのエネルギーの平均値が式（6.11）となるのだ，と解釈される。量子論的認識の基礎には，一見非常識とも思われるこのような考え方が存在するのである。

波の観測はちょっと大変

粒子の存在確率をいかにして数量的に表現するか，の問題に挑み，調

＊ 『なっとくする統計力学』P.182参照。

査，研究の末にできたものが1920年代の新しい量子力学である。1910年代のそれを前期あるいは古典量子力学というが，新しいほうのは後期とはいわない。たんなる量子力学である。xとpとは同時に定められないから，当然「特別な数学」を使わなければならないが，この数学は2通りの方法で発達した。

量子力学 ｛ マトリックス力学（ハイゼンベルク）
　　　　　　波動力学（ド・ブロイ，シュレーディンガー）

前者のマトリックスは数学用語であり，日本語に訳せば行列である。行列というのは，ベクトルに作用して（ベクトルに演算を施して。もっと砕いていえばベクトルに左から掛けて），別のベクトルに移す働きをする演算子である。演算子というのは数学での「命令」のことであるが，このような言葉を並べてみても，初めて学ぶ者にはずいぶんむずかしい話に聞こえる。位置xや運動量pがなぜ「命令」になってしまうのかといわれれば，古典力学の骨子を壊さないようにして，それを量子の世界にも適合する数学にまでもっていったら，マトリックスになってしまったのだと答えるほかはない。古いものの神髄をそのまま生かす対応原理にのっとって作られたものがマトリックス力学であり，ドイツのハイゼンベルクに負うところが実に大きい。古いものからの移り変わりを調べていくには，実によくできた数学であるが，しかし具体的に個々の問題を解く段になると，とにかくむずかしいし，厄介な面が多い。このため，問題の解法その他には，むしろ波動力学が用いられることが多い。

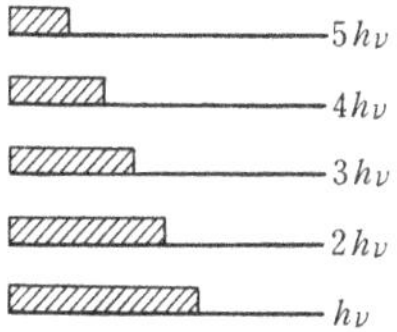

$5h\nu$
$4h\nu$
$3h\nu$
$2h\nu$
$h\nu$

1つの調和振動子のエネルギーは

$$a_1 h\nu + a_2 2h\nu + a_3 3h\nu + a_4 4h\nu + a_5 5h\nu + a_6 6h\nu + \cdots\cdots$$

図6.9　重ね合わせの原理

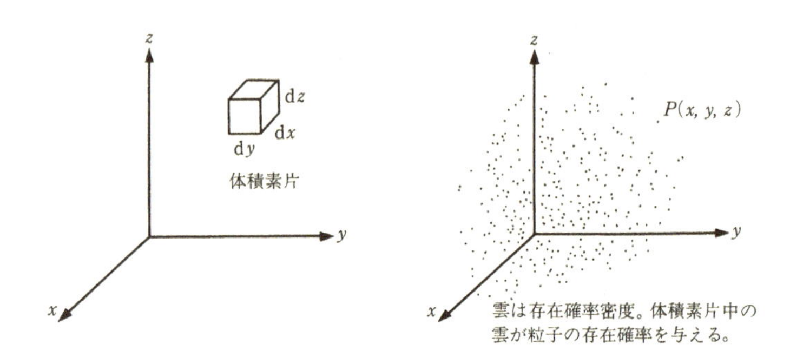

図 6.10　粒子の存在確率

波動力学のほうは，まえにも述べたように，ド・ブロイがある程度の基礎を作っておいてくれた。量子論的な思考である「確率」の考え方が，そのまま数式的に記述される。たとえば x，y，z による直交座標を考えよう。粒子の確率を，この 3 次元内の雲のように仮定する。あるいは霧でももやでもかまわないが，とにかく場所によって異なる濃淡がある。その濃淡の度合いを関数 $P(x,\ y,\ z)$ で表す。したがって，電子の位置が $x \sim (x+\mathrm{d}x)$，$y \sim (y+\mathrm{d}y)$，$z \sim (z+\mathrm{d}z)$ という小さな体積 $\mathrm{d}x\mathrm{d}y\mathrm{d}z$（$=\mathrm{d}v$）の中にあるときの質量および電荷は

$$mP(x, y, z)\,\mathrm{d}v, \qquad eP(x, y, z)\,\mathrm{d}v \tag{6.12}$$

のような書き方ができる。P は物質の存在し得るあらゆる場所で値をもつ関数であり，正しくは確率密度というべきであろう（これに微小なりとも体積 $\mathrm{d}v$ をかけて $P\mathrm{d}v$ として，初めて確率になる）。P は時間的には動かない場合（これが定常状態であり，そのときは不確定性原理によって，エネルギーが正確に定まる）を扱うケースが多いが，P を時間の関数として研究する場合も多々ある。

ド・ブロイは場の量（空間に付随した量で，空間の関数として表せる量。その代表は電界 E，磁界 H，重力場 g などである）を表すものとして波動関数 $\psi(x,\ y,\ z)$ を設定したが，これの絶対値の 2 乗が式 (6.12)

の $P(x, y, z)$ になるようにうまく作られている。すなわち

$$|\psi(x, y, z)|^2 = \psi^*(x, y, z)\psi(x, y, z) = P(x, y, z) \tag{6.13}$$

である。$\psi(x, y, z)$ を量子論的な波動関数と呼ぶが，これが実関数（関数も解も実数）である保証はない。複素関数かもしれないという前提にたち，ψ の複素共役の記号を ψ^* とした。ψ は，それが表すものが電磁波であろうと，電子や中性子の塊の流れであろうと，いずれも波としての性質をもつから，場の量を表す波動関数と考える。波動方程式――その解が波動関数である――の基礎は，力学のニュートン方程式や電磁気学のマクスウェル方程式と同じように（∂ はラウンドと読み偏微分を表す）

$$\frac{\partial^2\psi}{\partial t^2} = u^2\frac{\partial^2\psi}{\partial x^2} \tag{6.14}$$

である。u は波の速度であり，波動というものはすべてこの方程式を満足することを物理学は教えている。波動に慣れないひとも，力学の場合の $F = ma$ と同じほど，基本的かつ一般的な方程式だと思って頂きたい。

式 (6.14) の代表的な解は，2 回微分しても関数形が変わらないというヒントから sin と cos が採用されるが（これ以外の解はない），複素数を使って

$$\psi(x, t) = A\exp(-i[\omega t - kx]) \tag{6.15}$$

と書くことが多い。これは虚数 i を含む複素関数であり，この複素数の「実体」は何か，と問われても困る。波動関数に該当する物理的実態はない，と答えるしかない。実際に実験してみて測定される値はこれとは別のものであり（固有値と呼ぶ），計算の中途で複素関数が入り込んできても，何ら矛盾は生じない。ω と k は波動学でよく知られている物理量であり

$$\begin{aligned} &\omega : \text{角速度，したがって，} \omega = 2\pi\nu,\ \nu : \text{振動数} \\ &k : \text{波数，したがって，} k = 2\pi/\lambda,\ \lambda : \text{波長} \end{aligned} \tag{6.16}$$

である。式 (6.15) を波動方程式 (6.14) に代入すればもちろん満足する。$u = \nu\lambda$ となり，つじつまは合っている。

量子論以前のド・ブロイの理論を簡単に――いささか厳密さは欠くが――述べてみよう。粒子の塊の流れを考えるわけであるが，粒子のポテンシャル・エネルギーを場所だけの関数として $V(x)$ としよう。いま問題にしている波を「粒子的」にみたとき，その全エネルギー E と，運動量 p とは

$$E=\frac{m}{2}v^2+V,\qquad p=mv=\sqrt{2m(E-V)} \tag{6.17}$$

となり，したがって波の速度 $u(=\nu\lambda)$ は式（5.39）の関係を使って

$$u=\frac{E}{p}=\frac{E}{\sqrt{2m(E-V)}} \tag{6.18}$$

と表せる。

波の速度というものについては注意が必要である。ここで式（6.17）の右の式を解くと

$$v=\sqrt{\frac{2(E-V)}{m}} \tag{6.19}$$

となり，明らかに式（6.18）とは違う。この一見矛盾するような話は，量子論だから現れたというのではなく，古典波動論にも内在している。波長の差の少ない個々の波が集団状で進むとき，集団の波の速度を群速度といい（波動のエネルギーの伝わる速さと考えてもいい），これを v とすると，通常の波の速度 u（これを位相速度と呼ぶ）との間に

$$v=\frac{d\nu}{d\left(\frac{1}{\lambda}\right)}=u-\lambda\frac{du}{d\lambda} \tag{6.20}$$

の関係がある。λ は波長，ν は振動数であり，速さ u によって $u=$

$\lambda\nu$ と関係づけられている。

式 (6.18) は位相速度であり，波動方程式 (6.14) に使われるのは当然この u である。

一方，この波を粒子とみなしたときの粒子の速度が，ちょうど群速度に相当している。したがって波としての性質 (u, ν, λ) が与えられたとき，これから粒子の集団の速度 v を求めるのに式 (6.20) が利用されるのである。

波の式が量子に使える

波は場所により速さ u，波長 λ は異なっても，振動数 ν（あるいは角速度 ω）は一定であることは図 5.12 で述べた。したがって波動方程式 (6.14) に，形式的な解 (6.15) を代入することにより，時間（に関する）微分は簡単に $\partial^2\psi/\partial t^2 = -\omega^2\psi$ となることから

$$\frac{\partial^2\psi}{\partial x^2} = -\left(\frac{\omega}{u}\right)^2\psi = -\left(\frac{2\pi\nu}{u}\right)^2\psi \tag{6.21}$$

となる。ここで式 (6.18) のエネルギー E を波動 $h\nu$ におきかえて，その u を上式に代入すると

$$\frac{\mathrm{d}^2\psi}{\mathrm{d}x^2} = -\frac{(2\pi\nu)^2 2m(E - V)}{(h\nu)^2}\psi$$

$$\therefore \quad \left\{-\frac{1}{2m}\left(\frac{h}{2\pi}\right)^2\frac{\mathrm{d}^2}{\mathrm{d}x^2} + V\right\}\psi = E\psi \tag{6.22}$$

となる。$h/2\pi$ はときには $\hbar$ と書かれる。また，変数は x だけになったから，偏微分の記号を全微分に改めた。$\mathrm{d}^2/\mathrm{d}x^2$ は微分をほどこせという命令系，すなわち微分演算子である。

以上がド・ブロイが設定した物質波の方程式であるが，シュレーディンガーは，2 つ以上の粒子についても自由度さえふやせばそのまま式 (6.22) が常に成立するとして，それを量子力学の最も基本になる式として提案したのである。

エルヴィン・シュレーディンガー(1887～1961)。ウィーン大学で物理学を学び，原子構造，相対性理論を研究。ド・ブロイの物質波をヒントとして電子の波動方程式を得た。1933年，ノーベル物理学賞。晩年はダブリン高等研究所長。生物学や宇宙論にも研究の手をのばした。

理由はともかく事実にはピッタリ

物質波の話から，有名なシュレーディンガー方程式に至る冗長な説明は避けよう。式 (6.22) を見て頂くだけで波動方程式のつくり方は判明しよう。

一般に古典力学でのハミルトニアン H というものは，運動量 p と座標 q の関数として $H(p,\ q)$ と書かれたものをいう。x 方向だけについていえば $H(p_x,\ x)$ である。ここで，運動エネルギーはつねに $p^2/2m$ のかたちに書かれ，ポテンシャル・エネルギーのほうは具体的には千差万別であるが，とにかく位置エネルギーの関数として $V(x)$ と書くのが一般的である。通常は座標だけの関数である。特例として磁界の中を荷電粒子が走るときには，力は速度に関係する，したがってポテンシャルも運動量に依存する，という場合もあるが，このようなときには別途扱いとする。そこで古典的ハミルトニアンは

$$H = \frac{p^2}{2m} + V(x) \tag{6.23}$$

となるわけであるが，式 (6.22) の左辺の ψ にかかっている（正確な数学用語でいうと ψ に演算している）因子を，この式 (6.23) で表されるハミルトニアンであると考える。

x および x の関数 $V(x)$ についてはそのままでいいが，運動エネルギーの項については式 (6.22) と (6.23) と見比べることにより

$$p_x \to -i\frac{h}{2\pi}\frac{\mathrm{d}}{\mathrm{d}x} = -i\hbar\frac{\mathrm{d}}{\mathrm{d}x} \tag{6.24}$$

とすればいいことがわかる（$p = p_x$ とした）。もし y や z も含むなら，

$$\begin{aligned} p_y &\to -i\frac{h}{2\pi}\frac{\partial}{\partial y} = -i\hbar\frac{\partial}{\partial y} \\ p_z &\to -i\frac{h}{2\pi}\frac{\partial}{\partial z} = -i\hbar\frac{\partial}{\partial z} \end{aligned} \tag{6.25}$$

と置き代えればいい。式 (6.25) が偏微分になっているのは座標変数が2つ以上あるから，というだけの理由による。右辺はもちろん $(\hbar/i)(\partial/\partial x)$，……などでもかまわない。ド・ブロイの式はあくまでも1つの粒子に対する波動方程式に過ぎないが，量子化されたシュレーディンガー方程式は，もっと多くの自由度があってもいい。つまり自由粒子が3個なら，9次元の空間に対しても成立するのである。

粒子1個，したがって自由度3のシュレーディンガー方程式は

$$H\left(-i\hbar\frac{\partial}{\partial x}, -i\hbar\frac{\partial}{\partial y}, -i\hbar\frac{\partial}{\partial z}, x, y, z\right)\psi = E\psi \tag{6.26}$$

となる。3つの微分演算子はもちろん，古典的ハミルトニアンの，それぞれ p_x，p_y，p_z の場所に入るのである。

運動量 p_x がなぜ $(-i\hbar\mathrm{d}/\mathrm{d}x)$ という微分演算子になってしまうのか，考えてみれば不思議である。不思議も不思議，質量と速度とをかけ合わせた運動量というものが，実は微分，すなわち位置がわずかに変わると関数がどの程度変化するかの度合いを表すものだ，と言われても，正直なところまるっきり見当がつかない。見当はつかないが――そうして，それは誰しもがそうであるが――すなおに認めてやらなければならない。とにかくそれを認め，数式の運営を（本望か否かにかかわらず）いわれたとおりにすることにより，量子力学は解けるのである。それによって自然界は解明されるのである。不本意かもしれないが，式をそのようにいじくることにより，実験結果とピッタリの数式に到達するのである。

式 (6.26) の ψ はもちろん座標の関数 $\psi(x,\ y,\ z)$ であり，ハミルトニアン中の座標はたんなる掛け算となり，演算子は関数 ψ を偏微分することになる。右辺はその同じ関数 ψ の E 倍であることを表す。この際，右辺の E はエネルギーであり，固有値という呼び方をする。

何がわかっていて何がわからないのか

量子力学として，最も基本的なシュレーディンガー方程式を，形式的に式 (6.26) のように書いたが，方程式である以上，何が未知数（微分方程式だから未知関数）で，何が既知数なのか。このことはすぐ後に例題として挙げるが，実際に物理の問題としてわかっている（あるいは与えられている）ものは，ハミルトニアンの形だけである。x の何乗がどんなふうに式に入っており，x の 2 階微分がどうなっているか……ということはわかっているが，未知関数 $\psi(x,\ y,\ z)$ の形はわからない。微分方程式だから，それが当然だといえばそれまでであるが，いま一つ固有値も不明なのである。もっとも，初めから固有値がわかっていれば，こんな方程式を解く必要はなく，固有値に統計的ウエイトをかけて足し合わせれば平均値が出てしまう。

ψ も E も不明なのに，シュレーディンガー方程式の解がわかるのか。結局，微分方程式の数学的解法に従って ψ を求め，いま一つ初期条件（$t = 0$ で関数はなにほどかなど）や境界条件（$x = 0$ とか $x = L$ とかで関数あるいは導関数はどんなふうになるのかなど）の知識に支えられなければならない。ちょうど古典物理学で微分方程式を解くとき，積分定数は物理的事項によって決定される。これと同じで，変数の値がかくかくのとき，対象物はどうなっていなければならないか，の知識の応援を得て，はじめて $\psi(x,\ y,\ z)$ のかたちと E の値がきまるのである。ただし E は 1 個だけに限定されるわけではなく，多くの場合，可付番無限個ある。そうして得られた多くの固有値は，その値を粒子がとることができる……という指定席の座標のように考え，他方，波動関数の 2 乗が――$\psi^*(x, y, z)\psi(x, y, z) = P(x, y, z)$ のように――粒子が x，y，z に存在する確率密度を示すことになる。しかし実際には，波動関数 ψ よりも，固有値 E_n

(n 番目の固有値という意味）のほうが，はるかに多くしかも有効に使用されることになる。

共存できないから平等に扱える

座標 x と運動量 p とは，古典論でも量子論でも互いに共役な量と呼ぶ。シュレーディンガー方程式で x はそのままだが，p のほうを x での微分演算子にしてしまうのは不公平ではないか。x と p とは同等の資格・権利があるはずだ……。

そのとおりである。p を x に変えてしまうことを x 表示と呼ぶが，逆に x を p にしてしまってもいい。そのときには

$$x \rightarrow i\frac{h}{2\pi}\frac{\partial}{\partial p_x} = i\hbar\frac{\partial}{\partial p_x}$$

$$y \rightarrow i\frac{h}{2\pi}\frac{\partial}{\partial p_y} = i\hbar\frac{\partial}{\partial p_y} \qquad (6.27)$$

$$z \rightarrow i\frac{h}{2\pi}\frac{\partial}{\partial p_z} = i\hbar\frac{\partial}{\partial p_z}$$

となる。式 (6.24)，(6.25) に比べて符号が違うことに注意しなければならない。いずれにしろ，x と p とが「ともに存在」することは量子論の世界にはないのである。

原則的には，ハミルトニアン中の p は，ほとんどが $p^2/2m$ のかたちで入っているのに対して，x（さらには y，z）の関数であるポテンシャル $V(x)$ はどのような複雑なかたちであるのか予断を許さない。もしも x が複雑に入り込んだ関数形において，式 (6.27) のような変形をしたら，微分演算子がこれまた複雑になり，問題が大いに解きにくくなることが考えられる。そのため，通常は式 (6.27) のような p 表示を使わずに，x 表示で波動方程式を解くことにしている。

なおエネルギー E を演算子とみれば，当然これは

$$E \rightarrow i\frac{h}{2\pi}\frac{\mathrm{d}}{\mathrm{d}t} = i\hbar\frac{\mathrm{d}}{\mathrm{d}t} \qquad (6.28)$$

となり，波動関数が時々刻々と変化していくような場合には，このような演算子を使う。しかし，われわれは何を求めているかを考えてみれば，ほとんどはミクロの世界のエネルギー固有値である。その固有値に粒子が存在する（あるいは粒子がその固有値の値をもつ）確率（$\exp[-E_n/kT]$）をかけて加え合わせればエネルギー平均値が求められ，実験との比較でそれが正しいかどうかが判明する。

固有値つまりエネルギーの値をはっきりさせるためには，時間は全く定められないとして，すなわち定常状態として，シュレーディンガー方程式を解く場合が圧倒的に多い。以上のようなわけで，結局は式（6.26）タイプの微分方程式を解くことになるのである。

シュレーディンガー方程式が解けるのはまれなこと

実際にシュレーディンガー方程式が正確に解けるのは，次の3つの場合でしかない。

① ポテンシャルのない場合　$V=0$

② 調和振動子の場合　$V=2\pi^2 m\nu^2 x^2$

③ 水素原子中の電子　$V=-e^2/r$

これ以外は，多かれ少なかれ近似計算に頼るしかない。量子力学というぼう大な分野で，正しく解けるのはわずか3件かといぶかるかもしれないが，まさにその通りなのである。現実の原子論，固体論，電子論など複雑なケースは山ほどあるが，いかにうまく近似法がみつかるか，またどれほど正確か，さらに，べき展開などをしたときにどれほど速く収束するか，などが問題になってくるのである。

立方体の中で

しかし，とにかく基本である上述の①，②，③の場合を紹介しよう。数学的式の運営はほかの書物にまかせることにして，ここではほとんどその結果だけを示すことにする。

① 1辺の長さがLの立方体内の粒子

箱の中には，粒子の運動を妨げるものはなにもない。つまり$V=0$で

あるからシュレーディンガー方程式は

$$\frac{h^2}{8\pi^2 m}\left(\frac{\partial^2}{\partial x^2}+\frac{\partial^2}{\partial y^2}+\frac{\partial^2}{\partial z^2}\right)\psi = E\psi \tag{6.29}$$

である。ただし粒子は箱の端で完全にはね返るとすると，粒子の位置 $(x,\ y,\ z)$ がそれぞれ，0，および L で $\psi=0$ とならなければならない。このような境界条件で式 (6.29) を解くと，微分方程式の解は sin か cos かであるが（実関数で，2 階微分して符号が変わって関数形はもとのままというのは，この 2 つしかない），境界条件のために cos は消去されて

$$\psi = \left(\frac{2}{L}\right)^{3/2}\sin\left(\frac{n_x\pi}{L}x\right)\sin\left(\frac{n_y\pi}{L}y\right)\sin\left(\frac{n_z\pi}{L}z\right) \tag{6.30}$$

ただし $n_x, n_y, n_z = 1, 2, 3 \cdots\cdots$

となる。係数 $(2/L)^{3/2}$ は $|\psi|^2$ を絶対確率（全空間での存在確率が 1 になる）にしたいがために付けたものであり，規格化因子と呼ばれる。

固有値は，量子数が n_x，n_y，n_z のとき

$$E(n_x, n_y, n_z) = \frac{h^2}{8mL^2}({n_x}^2+{n_y}^2+{n_z}^2) \tag{6.31}$$

となり，ボーアの量子条件から求めた結果，式 (3.18) と一致している。

箱の中の自由粒子（$v=0$）の場合，シュレーディンガー方程式の解は，複素数を使えば次のようになる。

$$\boldsymbol{\psi} = \left(\frac{1}{L}\right)^{3/2}\exp\{\pm i(k_x x + k_y y + k_z z)\}$$

$$\text{ただし}\quad k_x = \frac{2\pi}{\lambda_x},\ k_y = \frac{2\pi}{\lambda_y},\ k_z = \frac{2\pi}{\lambda_z} \tag{6.32}$$

$\boldsymbol{k}$ は波数といい，長さの逆数の元をもち，その物理的意味は，2π（SI 単位なら当然 2π メートルになろう）の中に波長が何個入っているかの個数になる。そうして方程式から，自由粒子の場合，わかりに

くい波数 k と $\hbar$ とをかけたものは運動量になることがわかる。

$$\hbar k_x = p_x, \quad \hbar k_y = p_y, \quad \hbar k_z = p_z \tag{6.33}$$

複素指数関数を使う場合は，境界条件として x，y，z のいずれの変数に対しても次のことが成り立つ。

$$\psi(0) = \psi(L), \quad \left(\frac{\partial \psi}{\partial x}\right)_{x=0} = \left(\frac{\partial \psi}{\partial x}\right)_{x=L} \tag{6.34}$$

以上を周期条件と呼び，結局，波動関数 ψ では，一方の端（$x = 0$）と他方の端（$x = L$）とで，関数の値も同じ，その勾配も同じになることを物語っている。

さきの実関数の境界条件のように，端が固定端なら解はサイン，自由端ならコサインになるのはわかりやすい。しかし，なぜ周期的境界条件（もしくは周期条件）などというものにしなければならないのか。とにかく何かしら条件を当てはめなければ固有値が出てこない……だから周期条件を適用する……と普通は述べられている。

周期条件以外に適当な条件がないのはそのとおりであるが，「なぜ周期条件か」は別の理由である。元来 $\exp(-ikx)$ などは，$\sin nx$ や $\cos nx$ と比べて，全く「形式的」である。三角関数はグラフに描けるが，複素関数は描けない。それほどに把握しづらい関数である。$x = 0$ および $x = L$ が端である，ということさえ，ゴースト（複素数）のような関数は知らない。ただしエネルギー固有値を正しく求めるためには（$\Delta E = 0$），Δt は無限大，すなわち定常状態でなければならない。波の形がいつまでも同じ（定常）であるためには，波の両端で関数の値も，その勾配（座標で微分した値）も等しくなければならない。

式(6.34)のような周期条件をおくことにより，エネルギー固有値は

$$E(n_x, n_y, n_z) = \frac{h^2}{2mL^2}(n_x^2 + n_y^2 + n_z^2) \tag{6.35}$$

ただし n_x, n_y, n_z は 0 を含む正負の整数

となる。式（6.31）と比べると，右辺の係数は 4 倍であるが，量子数

にマイナスとゼロを許すことにより，式（6.31）と式（6.35）とは統計的にはほとんど等しくなる。

ほとんど等しいが，わずかに違う。端が節の波動では，サイン曲線およびその倍振動をいくら重ね合わせても，端（$x=0$ と $x=L$）はつねにゼロになる。波動関数の2乗で表される密度は，まん中では一定値であるが，端のごく近くには粒子はない。

逆に端が振動の腹なら，コサインをいくら重ね合わせても，端はつねに大きく，結局，両端では粒子密度が濃い。こんなことから，表面の物理学とか，きわめて薄い物体の統計などにこの効果が出てくるが，十分大きな体積を論ずる場合には，三角関数でも複素指数関数でも変わりはない。

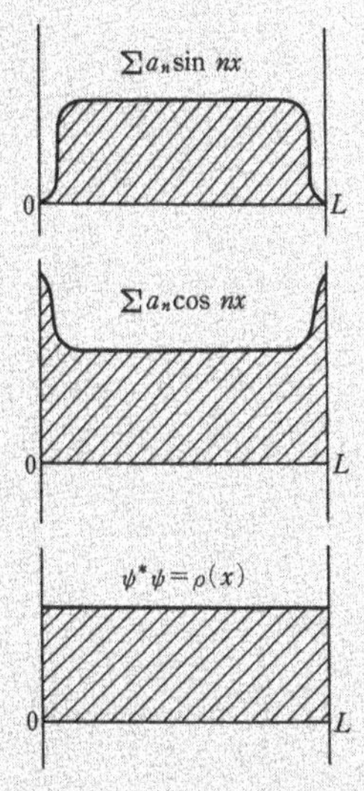

図 6.11　箱の中の粒子密度

ただしサインあるいはコサイン関数と複素指数関数とには，大きな違いがある。統計をとれば（多くの倍振動を重ね合わせれば）その差は端の部分だけに現れるが，元来，実関数とは目に見えるものである。見る方法（たとえば顕微鏡などを使って）があるかないかは問題ではない。実関数なら，ある瞬間に，ここは山，ここは谷と認識できる。ところが複素関数では，サイン的あるいはコサイン的に揺れているということはわかっても，山も谷も指摘できない。波の速さ $\boldsymbol{v}$，波長 $\boldsymbol{\lambda}$ あるいは振動数 $\boldsymbol{\nu}$ がはっきりしていても，いまどこが山でどこが谷であるかについては，波動関数は何も語らない。そうして「本当に量子論的なもの」とは，複素指数関数で表されるものではなかろうか。「器壁で完全反射のために節になる」というような情報を得て，初めてそれがサインという実関数になる……と考えてはどうであろう。要は，量子論というものは，測定しないときには **exp(−*ikx*)** のように全くとりとめのない存在なのではなかろうか。その状態というものは，複素関数のように実体のつかみようもないものではなかろうか。ただ，測定という操作を対象物に与えたとき，実数で表される量を知ることができるのである。

1次元なら考えられる

② 調和振動子

1次元だけ（x 方向）について計算する。各成分は独立であるから，エネルギーなどは各成分の和になる。シュレーディンガー方程式は

$$\left\{-\frac{h^2}{8\pi^2 m}\frac{\mathrm{d}^2}{\mathrm{d}x^2}+2\pi^2 m\nu^2 x^2\right\}\psi = E\psi \qquad (6.36)$$

である。式を簡単にするために $\alpha = 4\pi^2 m\nu^2/h$ という〔L^{-2}〕の元をつくり，変数を $\xi = \sqrt{\alpha}\,x$ と，元のないものにしてやる。そうすると，式(6.36) を満足する波動関数は，規格化因子も考慮して

$$\psi = \left\{\left(\frac{\alpha}{\pi}\right)^{1/2}\frac{1}{2^n n!}\right\}^{1/2}\exp(-\xi^2/2)H_n(\xi) \qquad (6.37)$$

となる。$H_n(\xi)$ はエルミート多項式と呼ばれる。計算は複雑であり，証明は省略するが，具体的な形は次のようになる。

$$\begin{aligned}
H_0(\xi) &= 1\\
H_1(\xi) &= 2\xi\\
H_2(\xi) &= 4\xi^2 - 2\\
H_3(\xi) &= 8\xi^3 - 12\xi\\
H_4(\xi) &= 16\xi^4 - 48\xi^3 + 12\\
H_5(\xi) &= 32\xi^5 - 160\xi^3 + 12\xi \qquad (6.38)\\
&\ \vdots
\end{aligned}$$

これらの関数をグラフにしてみると，図 6.12 のようになる。波動関数であるからやはり波形ではあるが，x の絶対値が大きくなると消えていく。エルミート多項式の $H_n(\xi)$ の n の数が大きいほど，波動関数は数多く「なみうつ」ことになるが，この場合には，波長とか振動数とかはいわない。図からもわかるとおり，平面波（サイン・カーブ）とはかなり違うのである。

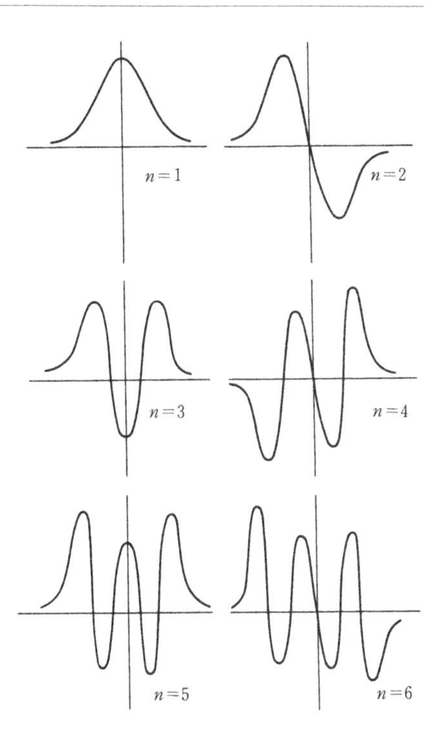

図 6.12　1 次元調和振動子の波動関数

「ある瞬間に，x 方向のどこどこの波動関数は $n=2$ の状態である」ということも，量子論ではいわない。もしそうなら，粒子の存在確率は波数関数の 2 乗であるから，振動の中心にはいない，その両側には大いに存在している……ということになる。正統派の考え方とは，そのようなものではないことはさきにも述べた。1 つの原子の 1 方向の振動が $n=1$ でもあり，2 でもあり，3，4，5 でもあるのだ。そうして統計的には（関数の 2 乗を全体的にならせば）振動の中央で大きく，両側でぐっと小さくなっていくのである。図 6.12 は，それら一つ一つの要素である関数形のグラフを示したにすぎない。

この調和振動子の固有値は境界条件（$x \to \pm\infty$ で $\psi=0$）を考慮して

$$E_n = \left(\frac{1}{2} + n\right)h\nu, \qquad n = 0, 1, 2, 3 \cdots \tag{6.39}$$

であり，ボーアの量子条件から求められた式 (3.14) と比べると $h\nu/2$ だけ大きい。この $h\nu/2$ をゼロ点エネルギーと呼び，たとえ絶対零度でも調和振動子の所有するものである。

これは，結局は不確定性原理のせいである。

$\Delta q \cdot \Delta p \approx h$ であり，単振動している固体原子は，かなり狭い空間に押し込められている。つまり Δq は小さい。とすると，相当大きい運動量 Δp が期待され，そのため

$$E = (\Delta p)^2/2m \tag{6.40}$$

のエネルギーが，どんなに冷たい物質の中にでも，不確定なために存在するわけである。式 (6.40) がなぜ $h\nu/2$ になるかは，直接には導き得ない。しかし，量子論においてはこのように，未決定部分があるがために，ゼロ点エネルギーというものが存在する。ある物質から，熱などのかたちで全部エネルギーを抜き去っても，なおかつミクロな意味で物質はエネルギーを所持し続けるのである。

いろんな原子に使ってみよう

③　水素原子の問題

シュレーディンガー方程式は極座標で書かれて

$$\left[-\frac{h^2}{8\pi^2 m}\left\{\frac{1}{r^2}\frac{\partial}{\partial r}\left(r^2\frac{\partial}{\partial r}\right) + \frac{1}{r^2\sin\theta}\frac{\partial}{\partial\theta}\left(\sin\theta\frac{\partial}{\partial\theta}\right) + \frac{1}{r^2\sin^2\theta}\frac{\partial^2}{\partial\varphi^2}\right\} - \frac{e^2}{r}\right]\psi = E\psi \tag{6.41}$$

である。式を簡単にするために今度は

$a = h^2/(4\pi^2 me^2)$ とおき，変数を主量子数 n も含めて $\rho = 2r/(na)$ とする。波動関数を 3 変数のそれぞれの関数の積と考えて

$$\psi = R(r)\Theta(\theta)\Phi(\varphi) \tag{6.42}$$

とおいてやる。複雑な計算の末，境界条件を考慮して方程式は解かれて，

$$R_{nl}(r) = \left\{\left(\frac{2}{na}\right)^3 \frac{(n-l-1)!}{2n[(n+l)!]^3}\right\}^{1/2} e^{-\frac{\rho}{2}} \rho^l L_{n+l}^{(2l+1)}(\rho)$$

$$\Theta_{lm}(\theta) = \left\{\frac{2l+1}{2}\frac{(l-|m|)!}{(l+|m|)!}\right\}^{l/2} P_l^{|m|}(\cos\theta) \tag{6.43}$$

$$\Phi_m(\varphi) = \frac{1}{\sqrt{2\pi}} e^{im\varphi}$$

となり，n，l，m は次の条件を満足する整数でなければならない。

$$\begin{aligned} n &= 1, 2, 3, \cdots\cdots \\ l &= 0, 1, \cdots, n-1 \\ m &= -l, -l+1, \cdots, -1, 0, 1, \cdots, l-1, l \end{aligned} \tag{6.44}$$

$L_{n+l}^{(2l+1)}(\rho)$ はラゲールの陪多項式（陪は従うの意），$P_l^m(z)$ はルジャンドルの陪関数といい，それらの簡単なものを挙げると次のようになる。

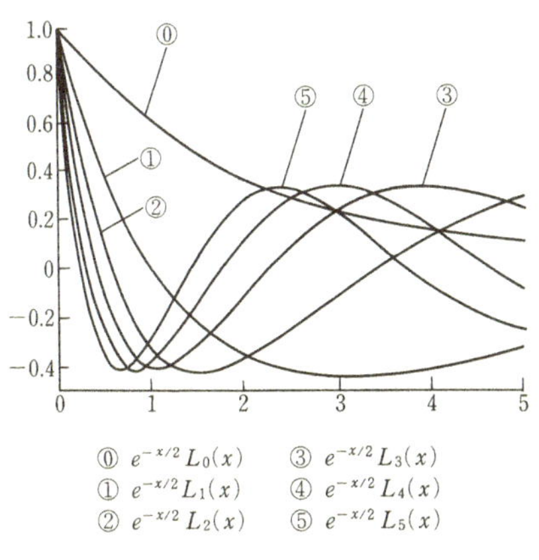

図 6.13　ラゲール関数 $L_n(x)$ に $e^{-x/2}$ をかけた曲線

$$R_{10}(r) = a^{-\frac{3}{2}} 2 e^{-\frac{\rho}{2}} \qquad \Theta_{00}(\theta) = \frac{\sqrt{2}}{2}$$

$$R_{20}(r) = \frac{a^{-\frac{3}{2}}}{2\sqrt{2}} (2 - \rho) e^{-\frac{\rho}{2}} \qquad \Theta_{10}(\theta) = \frac{\sqrt{6}}{2} \cos\theta$$

$$R_{21}(r) = \frac{a^{-\frac{3}{2}}}{2\sqrt{6}} \rho e^{-\frac{\rho}{2}} \qquad \Theta_{1\pm1}(\theta) = \frac{\sqrt{3}}{2} \sin\theta \tag{6.45}$$

なお，$\Theta_{lm}(\theta)$ と $\Phi_m(\varphi)$ との積を

$$\Theta_{lm}(\theta)\Phi_m(\varphi) = Y_l^m(\theta, \varphi) \tag{6.46}$$

とおいて，これを球関数（球面調和関数）と呼ぶことがある。

半径方向の関数 $R(r)$ の中の因子であるラゲールの関数といわれても，けっして三角関数ほどよく知られたものではない。このことを専門に研究している人以外には，使われることは少ないが，これに $\exp(-x/2)$ をかけてグラフにしたものが図 6.13 である。

いずれも $x = 0$ で 1 から減少するように設定したが，ゆるやかに減少するものから，減少してすぐまた増大するものなど，まちまちである。この式のもともとの成り立ちは，

$$L_n(x) = \frac{e^x}{n!} \frac{\mathrm{d}^n}{\mathrm{d}x^n} (x^n e^{-n})$$

というややこしいものであるが，水素原子模型の場合に使われる——したがって，ほかで使われることは少ない——と知っていれば十分であろう。

しかし図 6.13 でみるように，関数の値が中心部だけにあるもののほ

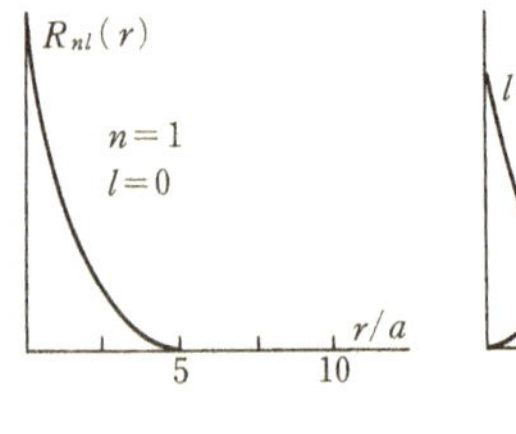

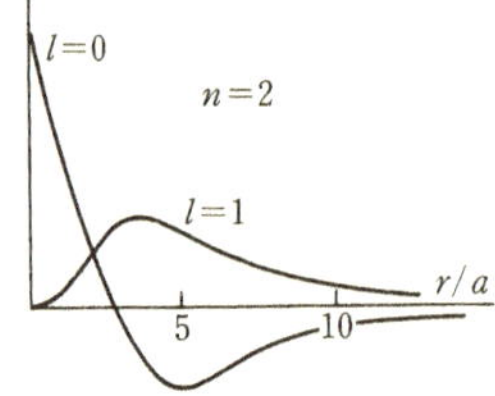

図 6.14　水素原子中の電子の半径方向の関数

かは，中心から少し離れた場所にも極大がある。そのことをふまえて，$n=1$ で $l=0$（K殻，当然 s 項）の場合と，$n=2$ で $l=0$ と $l=1$（L殻で，s 項と p 項）との場合を描いてみると図 6.14 のようになる。

水素原子とヘリウム原子では，基底状態では，その電子は原子核のまわりの，核に近い場所に分布している。電子には上向きと下向きのスピンがあるため，同一状態に 2 つまで入り得ることはまえに述べた。

リチウムになると 3 番目の電子（$n=2$，$l=0$）があり，これは核よりも離れた場所にも存在する。実際に r だけ離れた場所に（核からの方向は問わない）存在する確率は $4\pi r^2 R^2(r)$ になるから，むしろ核から離れた場所に存在することになる。

$l=0$ の電子（s 項の電子）について，核から r の距離にいる確率を描いたのが図 6.15 になる。

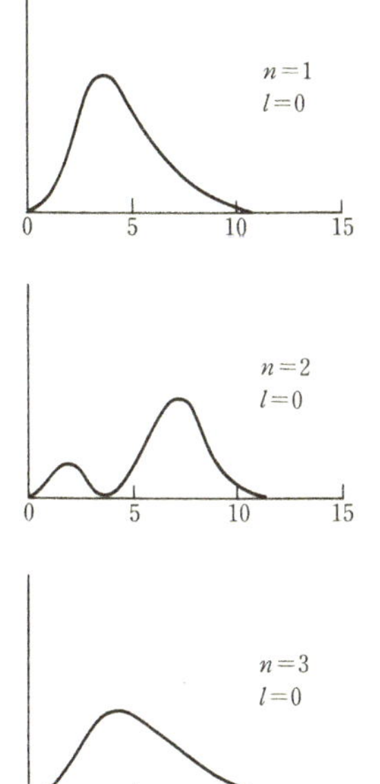

図 6.15　電子の存在確率（水平軸が r）

$n=3$ のまえに当然 $n=2$，$l=1$ の p 項の電子が問題になるが，l が 0 でないと方向依存性がでてくるため，$\Theta_{lm}(\theta)$ などが問題になってくる。そこで，r だけの関数として書いても，あまり意味がない。

とにかく，関数の形はなじみにくいが，電子というものはボーア模型のように，円軌道とか楕円軌道上を，球が公転しているわけではないと知って頂きたい。

関数の2乗が電子の存在確率であり，3次元中の関数の値は霧か雲のように表される。その点（x, y, z あるいは r, θ, φ）で関数の値が大きければ——正しくは関数の2乗の値が大きければ——霧は濃く，小さければ霧は薄くなる。その霧が，電子の存在確率である。いや，量子論的な思考でいえば，その霧そのものが電子である。したがって，前期量子力学から量子波動力学へ移ったとき，電子は公転する粒子ではなく，霧のような存在だといわれたが，以上のような経過によってその結論にたどりついたのである。

水素とヘリウムでは，電子は核を中心に，外部へ行くほど薄くなっている。この電子（$l = 0$ の電子）には当然ながら角運動量はない。ベリリウム，ホウ素になると2sの電子が存在し，核から離れた場所に「より多く」存在する。3次元的にいうと，球殻的に存在するのである。当然ヘリウム原子より，リチウムやホウ素のほうが大きいといえるが，原子の端はどこだといわれても困る。確率の波は r が大きくなると，それに従って小さくなるわけであり，実際には適当な場所で打ち切って原子の大きさを——はっきりはしないが——きめてやることになる。実験的には気体原子の衝突によって拡散という現象が起こるから，それからいろいろ換算して，原子の大きさとしてオングストローム（10^{-10}メートル＝10分の1ナノ・メーター）という単位が生まれた。

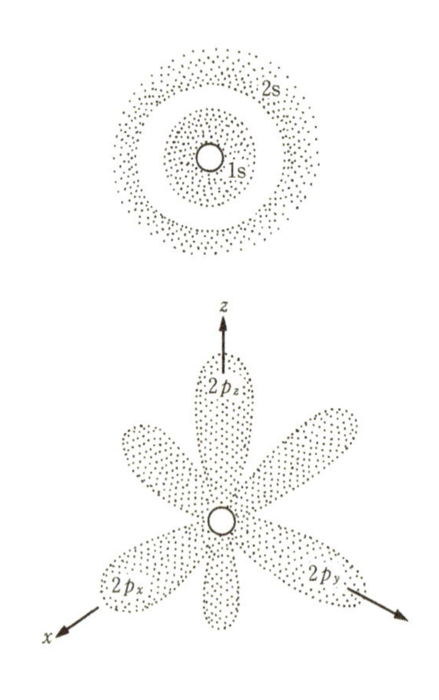

図 6.16　雲か霧のような電子

s電子は球対称であり図6.16の上のようになる。しかしp項の電子の存在をまともに計算してみると，x 方向，y 方向，z 方向に伸びる波動関数になる。下の図は，1s，2s を省略して，$n=2$ で $l=1$ の３つ（あるいはスピンを考慮して６つ）の電子を描いたものである。電子が方向性をもつということが，結晶をつくるうえで，きわめて重要な役割りを果たすことになる。

波動関数中の n，l，m は当然ながら第３章で述べた主量子数，方位量子数，磁気量子数にそれぞれ相当している。また式（6.41）から求められる固有値は，l と m には関係なく

$$E_n=-\frac{2\pi^2me^4}{n^2h^2} \tag{6.47}$$

となり，分光学から求めた式（2.15）と全く同じになる。これが簡単な量子条件から求められることは，すでにボーアが指摘している。

これら自由粒子，振動子，水素原子の①，②，③のケースの解は，ここで紹介したような面倒なシュレーディンガー方程式を解いて得られるが，一度覚えればもはや当然のものとして使っている。しかし，これらのケースは量子力学のほんの入口であり，今後さまざまな対象と対面していかなければならない。その場合，最も正確であり，最も頼りになるのがやはりシュレーディンガー方程式であり，それをいかに対象に当てはめるか，そしてどのような手段で少しでも正確に近いものに導いていくかが，量子力学を駆使できるか，できないかのカギになると言ってもいい。

第7章

方程式からマトリックスへ

なぜシュレーディンガー方程式か

前期量子力学では，ボーア - ゾンマーフェルトの量子条件で固有値を求め，1920年代ではシュレーディンガー方程式からそれを計算した。

箱の中の自由粒子と水素原子模型では，両者の固有値は等しかったが，調和振動子になると，新しいハイゼンベルク流では各振動子にゼロ点エネルギー $h\nu/2$ がプラスされた。

もし両者の違いがこれだけであったら，ゼロ点エネルギーは別の物理的条件から挿入して，あえてむずかしいシュレーディンガー方程式など扱うことはない。

ところが，ほかのさまざまな問題に対して，シュレーディンガー方程式の正確さがいろいろな面で明らかになってきた。逆にいえば，たんなる量子条件だけでは，不満な面が多々出てくることがわかってきた。

その一つを挙げると，角運動量の2乗の値である。

古典力学からの数学的なプロセスは省略することにして，その要点だけを書くと，原子核のまわりを回転する電子の，角運動量の z 成分 L_z は，古典的な表現では

$$L_z = xp_y - yp_x \tag{7.1}$$

であるが，式 (6.24)，(6.25) のおきかえを実行すると次のようになる。

$$L_z = -i\hbar\left(x\frac{\partial}{\partial y} - y\frac{\partial}{\partial x}\right) \quad (7.2)$$

これを極座標になおすと

$$L_z = -i\hbar\frac{\partial}{\partial \varphi} \quad (7.3)$$

という簡単なかたちになり，シュレーディンガー方程式は

$$-i\hbar\frac{\partial}{\partial \varphi}\psi = M_z\psi \quad (7.4)$$

となる。固有関数（上の方程式を満足する関数 ψ のこと）は式 (6.43) の $\Phi_m(\varphi)$ と同じになり，この場合の固有値（右辺の ψ にかかる数）は

$$M_z = \hbar m \quad (7.5)$$

であり，それが $\hbar$ $(=h/2\pi)$ の整数倍になることは量子条件から求めた場合と同じである。

ところが，ここで角運動量 L の 2 乗を計算してみると，そのハミルトニアンは

$$\begin{aligned} L^2 &= (yp_z - zp_y)^2 + (zp_x - xp_z)^2 + (xp_y - yp_x)^2 \\ &= -\hbar^2\left\{\frac{1}{\sin\theta}\frac{\partial}{\partial\theta}\left(\sin\theta\frac{\partial}{\partial\theta}\right) + \frac{1}{\sin^2\theta}\frac{\partial^2}{\partial\varphi^2}\right\} \end{aligned} \quad (7.6)$$

となり，結局，水素原子の場合の式 (6.41) の，θ と φ だけの場合と同じであって，固有関数としては式 (6.43) の $\Theta_{lm}(\theta)\Phi_m(\varphi)$ が得られる。固有値としては，これらの関数の性質を使って計算して

$$M^2 = \hbar^2 l(l+1) \quad (7.7)$$

になる。式 (7.5) の m も，式 (7.7) の l も，条件式 (6.44) を満足しなければならないのは当然である。

前期量子力学を超えて

前期量子力学だけで，当時の物理学者が満足し得なかった理由はいろいろある。ゼロ点エネルギーなどもその一つである。これは不確定性原理の運動量の不確定さ Δp から，温度に無関係にプラスされるエネルギー $(\Delta p)^2/2m$ のことであるが，すぐ前にのべた角運動量の 2 乗についても，前期量子力学の結果と実験との不一致が正された。

量子条件だけから，もし運動量の 2 乗をきめるのなら，それは当然

$$M^2 = \hbar^2 l^2 \qquad (7.8)$$

であるはずであるが，詳細に実験してみると，この式は実測値と合わなかった。正しく一致するのは式 (7.7) である。

このように，1910 年代のボーア流の前期量子力学を卒業した若い物理学者たちは，ボーアのもと，コペンハーゲンの研究所で新しい量子力学を作っていった。

とじこめた粒子の怪

ところで，容器の中に粒子があるということは，容器の壁が無限に高い(エネルギー的に高い，つまり粒子をのり越えさせない) ことを意味している。粒子は壁で完全反射をして，定常波なら (つまりエネルギー固有値をはっきりと知ろうという前提に立てば)，壁ではサイン・カーブの節になり，波動関数も固有値も式 (6.30) と式 (6.31) のように簡単に求められる。

しかし，もし器壁に相当するバリヤー (妨害物) の高さが無限大ではなく，有限だったらどうなるか。古典力学では，バリヤーのポテンシャルエネルギーをかりに V_0 とするとき，粒子の運動エネルギー $p^2/2m$ が V_0 より小さければはね返され，$p^2/2m$ のほうが大きければ壁を越えていく。話はいたって単純である。

しかし，量子論ではそうはいかない。量子論にのっとって運動粒子を眺めたとき (いや，眺めて見られるわけではないから，これは適当な言葉ではない。粒子を頭の中で考えたとき，と言わなければならない)，その粒

子は，大きな運動エネルギーも，小さな運動エネルギーも併せて持っているのである。これでは，壁を越えられるような，越えられないような，おかしな結果になる。

そのおかしな結果を数式化したものが量子力学である。したがって話は特殊な場合（壁が無限に高くて絶対に越えられない場合）を除いては，大いに複雑に，ときにはむずかしくなる。量子力学はむずかしい……といわれるのは，ものの考え方がこれまでとは違うということと（わり切って考えなければ承知できないという人には，まことにはがゆい学問である)，これまでになかったそのあいまいさを数学化するという，二通りの理由からきているのだと思う。

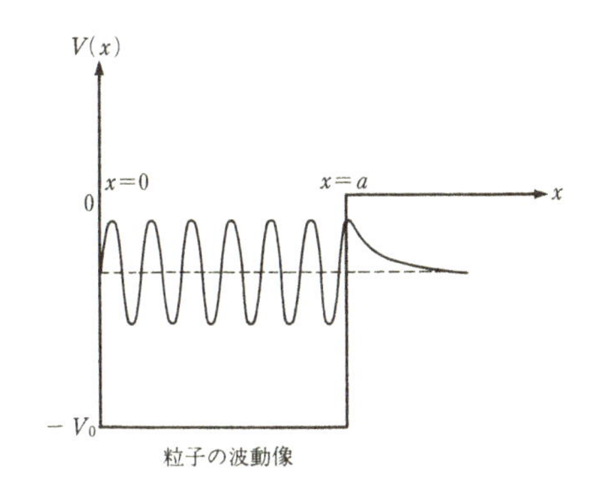

図 7.1　井戸型ポテンシャル

ここで図 7.1 のような模型を考え，ポテンシャル・エネルギーは $x<0$ で無限大，$0 \leq x \leq a$ で $-V_0$，$a<x$ で 0 とする。粒子の運動エネルギーが非常に小さければ，粒子の存在を表す波動関数はほとんど $0 \leq x \leq a$ 内に限定されるが，運動エネルギーが V_0 よりやや小さいような場合は，$a<x$ の部分に粒子は漏れてしまうのである。粒子の状態は波動関数で表されるから，波動の一部が $x=a$ を通り越して，外側にも広がることになり，もし図示するならば図 7.1 の波の右端のようになる。

波動関数は当然，シュレーディンガー方程式を解いて求めることになるが，この場合には，粒子は穴の中に「たくさん」あって，穴の外にはわずかに漏れているということになる。

どうしてこのような波動関数になるかを知るには，多少の数学的計

算が必要になるから，その骨子を簡潔にここで示しておこう。

$0 < x < a$ ではポテンシャルは $V(x) = -V_0$ とし，$x \geq a$ では $V(x) = 0$ とおく。シュレーディンガー方程式は，$x = a$ を境にして，2つに分けて解かなければならない。

$0 < x < a$ では

$$\frac{d^2\psi}{dx^2} + \frac{2m}{\hbar^2}(E + V_0)\psi = 0 \tag{7.9}$$

であり，一方 $x \geq a$ では

$$\frac{d^2\psi}{dx^2} + \frac{2m}{\hbar^2}E\psi = 0 \tag{7.10}$$

である。このとき境界条件は $x = 0$ で $\psi = 0$（壁より左側に粒子がいくことはない）と，$x = \infty$ でやはり $\psi = 0$（粒子は穴の外へわずかにこぼれるが，そのこぼれは穴の周辺にとどまり，きわめて遠くまでこぼれてはいかない）である。

V_0 は正にとってあり（穴の深さ），運動エネルギー E（<0）を持つ粒子は，当然深い穴の（エネルギー的に）中間程度にあると考えて $E + V_0 > 0$ の場合だけを考える。ここで記号を簡単にするために $E = -|E|$ とおき，さらに

$$k_1^2 = \frac{2m}{\hbar^2}(V_0 - |E|), \qquad k_2^2 = \frac{2m}{\hbar^2}|E| \tag{7.11}$$

で波数 k_1，k_2（これは実は井戸の外の減衰係数）を定める。式（7.9）および式（7.10）を解けば

$$\begin{aligned} 0 < x < a \quad & で \quad \psi_1 = A_1 \cos k_1 x + A_2 \sin k_1 x \\ x > a \quad & で \quad \psi_2 = B_1 \exp(k_2 x) + B_2 \exp(-k_2 x) \end{aligned} \tag{7.12}$$

となる。境界条件から直ちに $A_1 = 0$，$B_1 = 0$ であることがわかる。

この両式は「同じ粒子（あるいは波動）」を表すものであるから，その関数は $x = a$ の点で，関数の値そのものも，関数の勾配も，つながっていなければならない。つまり

$$\psi_1(a) = \psi_2(a), \quad \left(\frac{\mathrm{d}\psi_1}{\mathrm{d}x}\right)_{x=a} = \left(\frac{\partial\psi_2}{\partial x}\right)_{x=a} \tag{7.13}$$

であり，この条件から式（7.12）は直ちに

$$\begin{aligned} A_2 \sin k_1 a &= B_2 \exp(-k_2 a) \\ A_2 k_1 \cos k_1 a &= -B_2 k_2 \exp(-k_2 a) \end{aligned} \tag{7.14}$$

となる。第2式を第1式で割って，係数 A_2，B_2 を消去し，a をかけて元のない値にすると，結局，k_1 と k_2 との関係は

$$(k_1 a)\cot(k_1 a) = -(k_2 a) \tag{7.15}$$

となり，k_1 - k_2 平面にこれを丹念に図示すると図7.2が得られる。

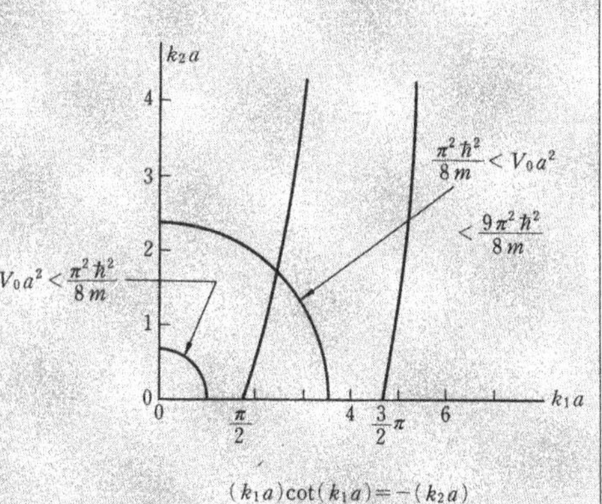

図7.2　穴の部分での波数 k_1 と平らな部分での波の減衰係数 k_2 との関係（立ち上がった太い曲線）

波数 k_1 というとわかりにくいが，これは長さ 2π 中の波の数であるから，振動数に比例するものである。図からわかるように，k_1 がわずかに増すと（つまり穴の中での振動数が少しでも大きいと），漏れた部分の減衰係数 k_2 は大きくなるので，波は大いに減衰することになる。

穴の中にもあり，同時に穴の外にもこぼれている粒子の固有値は求めるのがむずかしい。式（7.11）から k_1 と k_2 との関係は

$$(k_1a)^2 + (k_2a)^2 = \frac{2m}{\hbar^2}V_0a^2 \tag{7.16}$$

であるが，k_1 と k_2 とはこの式（7.16）も式（7.15）も満たされなければならない。両者を連立方程式として解ければいいが，実際に解析的に実行するのは困難だから，図 7.2 に式（7.16）の式の図を重ねる。後者はすぐわかるように，原点を中心とする円になる。

V_0 がきわめて大きい（穴が深い）ときには，穴の中では自由粒子の場合と同じようになるであろうが，V_0 がそれほど大きくないときには「こぼれ」に左右されて，描いた円と図 7.2 の曲線との交点が，現実に示される（k_1，k_2）の値になるわけである。

もし $V_0a^2 < (\pi^2\hbar^2)/8m$ なら，式（7.16）の円は曲線と交わらない。つまり，粒子のエネルギーはこれこれでなければならないという制限（これを束縛状態という）はない。結局は，粒子はどんなエネルギーをも持ちえて，全くのフリーになるのである。このときは $E > V_0$ であり，右側の平地（穴でない所）よりも運動エネルギーは高くなる。そうして粒子（波）は，右側へはどんなに遠くへでも走っていく。

箱の中の粒子に固有値があるのは，式

$$E_n = (\hbar^2/2m)(n^2/L^2)$$

からもわかるように，それが長さ L の空間に限定されているためであり，L が無限大であれば，粒子は量子論的にも束縛がないのである。

また，もし V_0 の値が

$$\frac{\pi^2\hbar^2}{8m} < V_0a^2 < \frac{9\pi^2\hbar^2}{8m}$$

であるなら，円と曲線との交点は唯一つであり，束縛状態が１つだけ存在する。同じようにして穴の深さ V_0 を順次深くしていくと，数値的には $\sqrt{V_0 a^2}$ が $\sqrt{\pi^2 \hbar^2/2m}$ ずつ増加するに従って，束縛状態が１つずつまして，量子論的な足かせが強くなっていくことになる。

もし初めから $E > 0$ だったら，式（7.10）の解も，指数関数ではなく三角関数になって

$$\psi = B_1 \sin\left(\sqrt{\frac{2mE}{\hbar^2}}x\right) + B_2 \cos\left(\sqrt{\frac{2mE}{\hbar^2}}x\right) \tag{7.17}$$

となり，$x \to \infty$ で $\psi = 0$ となる解は存在しない。さきの場合の $V_0 a^2 \leqq (\pi^2 \hbar^2)/8m$ のときと同じであり，もしも x の大きいほうに境界条件がなければ，量子論的な波動は無限に右方に広がっていってしまうのである。

金属表面に「こぼれ効果」

「こぼれる粒子」をもう少し具体的に見ていこう。金属は結晶であるが，この結晶を構成している原子から電子がはがれると，金属中を動きまわるようになる。これを自由電子と呼び，原則的には一価金属（Na，K，Au，Ag，Cu など）では原子１個から電子１個がはがれ，二価金属(Mg，Ca，Zn など）では２個がはがれ，三価金属（Al など）では３個がはがれていることになっている（必ずしも理屈どおりにはなっていないのだが)。

しかしとにかく，自由電子を放した金属イオンの結晶は，プラスの電気を帯びた１個の容器のようなものであり，自由電子は，その中をあちこちとびまわっている。自由電子はもともとマイナスの電気をもっているから，自由電子といえども金属から外へはとび出しにくい。金属の端（表面，側面など）は電子にとっては壁なのであるが，この壁の障碍としての高さは無限というわけではない。その証拠には，電子が光からエネルギーを貰えば外部にとび出すような光電効果や，熱すればとび出すような熱電

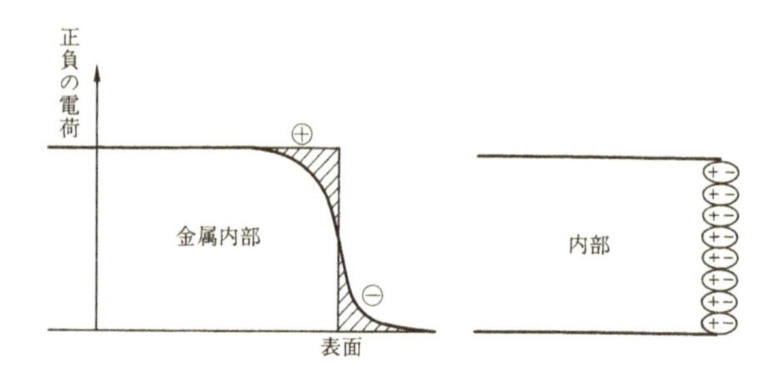

図 7.3　あたかも金属表面に電気双極子が生じたような現象が起る。

効果（真空管ではこの原理を応用した）というものがある。つまり自由電子にとって金属は図 7.1 のような穴であり，深さ V_0 は，必ずしも無限に大きいというわけではない。とすると，電子という粒子はまさに図 7.1 のように多少，金属の外へこぼれるのである。

一方，金属イオンのほうは電子よりもはるかに重く，寄り集まってがっちりと結晶をつくっているために，その境界（電子からみると器壁）ははっきりとしている。金属の内部では，金属イオンと自由電子との密度は等しく，全体として中性になっているが，表面に近い電子は外へこぼれているために，表面の外側はわずかにマイナスに帯電し（こぼれた自由電子のため），表面付近の内側はその分だけ自由電子を欠いてプラスになっている（図 7.3）。

電気の，プラスとマイナスとの位置がずれたものを電気双極子と呼ぶが，金属表面はこのようなわけで，ほんのわずかに電気双極子の集まりになっている。

しかし実際には，双極子としての値はきわめて小さく，よほど精密な表面物理学や表面工学の場合にしか問題にされない。しかし，効果が小さいとはいえ，この現象の起こるゆえんは量子論にあるのである。

1 個の粒子の一部が透過？

容器外に粒子がはみだす「こぼれの効果」以上に有名なのはトンネル効

果である。こぼれのほうは，低い場所と高い場所の2つだけを設定したが，今度は，高い場所の隣りに，もう一つ低い場所を設定する（図7.4）。

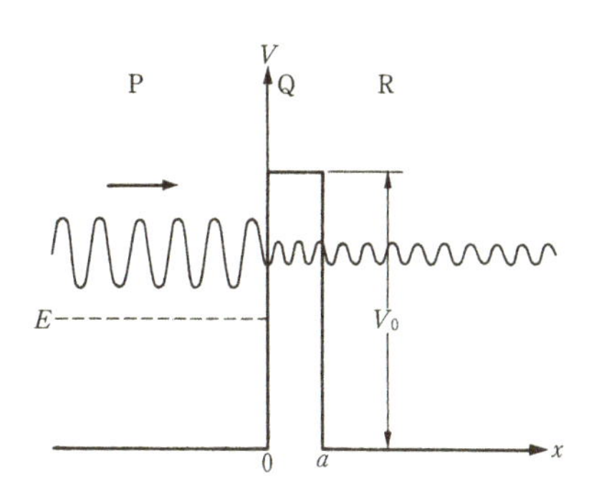

図7.4　トンネル効果

こぼれの場合は，エネルギー原点（$E = 0$ の場所）を高い場所においたが，今度は低い場所をエネルギー原点として，高さの中程にエネルギー V_0 の障壁があるとする。また障壁の左端を $x = 0$ とし，壁の厚さを a とする。だから，エネルギー E の進行波がやってきて，もし $E < V_0$ なら，古典力学に従えばすべてはね返るだけであり，壁を越すことは全く不可能である。

ところが量子的な思考を数式化した量子力学では，波の一部が障壁を透過していく。これが序文でも述べたトンネル効果である。

要するに左からやってきた粒子の運動量は，「大きくもあり小さくもある」のであって，その「大きくもあり」の部分が壁を越えていくのだと思えばいい。

たくさんの粒子の中には運動量の大きいものがあって，それが障壁を越えていく……と解釈しても結果的には同じであるが，これはコペンハーゲンの正統派の思想ではない。コペンハーゲン流とは，一つの粒子であっても，大きな運動量と小さい運動量を併せもち，大きい部分だけが通り抜けると考える。それでは一つの粒子が2つに分かれて，一方ははね返され，残りは通り抜けるのかと問われれば，そのとおりだと答えるしかない。

古典論ではどうにもならないこのような解釈は，量子論のいたるところに出てくる。たとえば光の干渉を説明するとき，1個の光子が2つに分かれて別口のスリットを通り，その後スクリーンでまた一つになる……というような考え方をせざるをえないのである。

トンネル効果の計算はかなり複雑になるから，その主要部分だけを述べていくことにする。ほしい結論は，平面波がやってくるとき，高さ V_0，厚さ a の壁にぶつかって，その何割がつき抜けるかを知ることである。

壁の左側の領域を P，壁そのものの場所を Q，右側を R とする。

また今度は，進行波を複素指数関数で表す（左に境界条件がないから，境界条件がわからない正弦的な波という意味で，さきに述べたように指数関数にするのがいい）。各領域ごとに波動関数を書けば，

Ⓟ

$$\psi_P = A_1 \exp(ik_1x) + B_1 \exp(-ik_1x) \tag{7.18}$$

$$\text{ただし}\quad k_1 = \sqrt{\frac{2mE}{\hbar^2}} \tag{7.19}$$

この式（7.18）の第 1 項は右へ進む波，第 2 項は壁ではね返って左へ進む波を表す。

Ⓠ

$$\psi_Q = A_2 \exp(ik_2x) + B_2 \exp(-ik_2x) \tag{7.20}$$

$$\text{ただし}\quad k_2 = \sqrt{\frac{2m(E - V_0)}{\hbar^2}} \tag{7.21}$$

ここでも第 2 項は左へ進む波を表す。障壁の中から外へ出るときに反射するというのは一見おかしな気がするが，光が空気中からガラスへ入る場合も，またガラスから空気中へ出る場合も，いずれも反射と透過を経るのと同じである。

Ⓡ

$$\psi_R = A_3 \exp(ik_1x) \tag{7.22}$$

R 領域では右へ進む波だけであり，また，$V_0 = 0$ だから，式（7.19）と同じく波数は k_1 となる。

図 7.4 でわかるように，$x = 0$ および $x = a$ で波動関数 ψ とその勾配 $\frac{d\psi}{dx}$ はつながっていなければならない。

このことから，係数の間には次のような関係がなければならない。

$x = 0$ で

$$A_1 + B_1 = A_2 + B_2$$

$$k_1(A_1 - B_1) = k_2(A_2 - B_2) \tag{7.23}$$

$x = a$ で

$$A_2 \exp(ik_2a) + B_2 \exp(-ik_2a) = A_2 \exp(ik_1a)$$

$$k_2(A_2 \exp[ik_2a] - B_2 \exp[-ik_2a]) = k_1A_3 \exp(ik_2a) \tag{7.24}$$

式が 4 つで，係数は A_1，A_2，A_3，B_1，B_2 の 5 つであるが，係数の比は計算できて

$$\frac{B_1}{A_1} = -\frac{(k_1{}^2 - k_2{}^2)(1 - \exp[2ik_2a])}{(k_1 + k_2)^2 - (k_1 - k_2)^2\exp(2ik_2a)} \tag{7.25}$$

$$\frac{A_3}{A_1} = \frac{4k_1k_2 \exp(i[k_2 - k_1]a)}{(k_1 + k_2)^2 - (k_1 - k_2)^2\exp(2ik_2a)} \tag{7.26}$$

となる。

波動関数はその 2 乗が確率を表すのであり，そのため $|B_1/A_1|^2$ は反射係数，$|A_3/A_1|^2$ は透過係数を表すことになる。

したがって式（7.25）と式（7.26）の 2 乗を計算してみると

$$(\text{反射率}) = \left|\frac{B_1}{A_1}\right|^2 = \left\{1 + \frac{4k_1{}^2k_2{}^2}{(k_1{}^2 - k_2{}^2)\sin^2 k_2a}\right\}^{-1}$$

$$= \left\{1 + \frac{4E(E - V_0)}{V_0{}^2 \sin^2 k_2a}\right\}^{-1} \tag{7.27}$$

$$(\text{透過率}) = \left|\frac{A_3}{A_1}\right|^2 = \left\{1 + \frac{(k_1{}^2 - k_2{}^2)\sin^2 k_2a}{4k_1k_2}\right\}^{-1}$$

$$= \left\{1 + \frac{V_0^2 \sin^2 k_2 a}{4E(E - V_0)}\right\}^{-1} \tag{7.28}$$

というかたちになる。式の形は複雑だが，(反射率)＋(透過率)＝1になることはすぐにわかる。

興味ある$E < V_0$の場合には，k_2の代わりに

$$b = \sqrt{\frac{2m(V_0 - E)}{\hbar^2}} = ik_2 \tag{7.29}$$

を使うと，結果的には初めから実関数を用いたのと同じことになり，

$$(反射率) = \left\{1 + \frac{4E(V_0 - E)}{V_0^2 \sinh ba}\right\}^{-1} \tag{7.30}$$

$$(透過率) = \left\{1 + \frac{V_0^2 \sinh ba}{4E(V_0 - E)}\right\}^{-1} \tag{7.31}$$

と書ける。

ここで注意しなくてはならないのは，たとえ$E > V_0$でも式（7.27）からわかるように，反射率はゼロにならないことである。海流の底に（つまり海底に）突起があると，海水の一部はそこで反射して引き返すということであろうか。

たまたま$k_2 a = \pi, 2\pi,$……という特別の値のときだけ，入射粒子は全部進行して，反射は起こらない。

当然ながら$E < V_0$という反射の場合でも，式（7.31）のように透過する粒子があり，この式がトンネル効果を如実に示しているということになる。

ダイヤモンドも立派なあかし

トンネル効果と並んで，量子論の特徴の一つに「交換力」というのがある。それは，水素原子はなぜ2個が固く結びついて水素分子になるのか，

またダイヤモンドをはじめ，化学でいう原子価結合あるいは共有結合と呼ばれるものは，「古典力学では全く理解できない強い引力が生じるのはなぜか」の答えともなる。最もわかりやすい例を，水素分子にとろう。

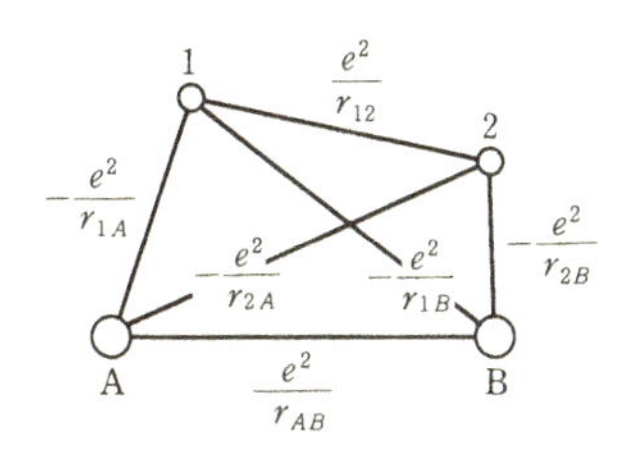

図 7.5　水素原子における 6 個のクーロン力

一つの水素原子をA，その電子を 1 とし，これに近づいてきたいま一つの水素原子をBその電子を 2 とする（図 7.5）。もちろん粒子と粒子の間に働く力は電気的なものであり（万有引力などはその 10^{-33} 倍も小さい）これを書けば，

① 原子核間　e^2/r_{AB}

② 電子間　e^2/r_{12}

③ 核Aと電子 1　$-e^2/r_{1A}$

④ 核Bと電子 2　$-e^2/r_{2B}$

⑤ 核Bと電子 1　$-e^2/r_{1B}$

⑥ 核Aと電子 2　$-e^2/r_{2A}$

の 6 通りがあるわけである。いずれも e^2 に比例する力であるから，これらの絶対値は同じ程度であろうと思うかもしれないが，けっしてそうではない。

2 つの原子が近づいて図 7.5 のようになったとき，原子核AとBとは重いから図の位置にとどまっている，と考えていい。

ところが電子 1 と 2 とは核よりもはるかに軽いものである。軽いがゆえに，完全に量子論的な影響下におかれて（換言すれば，不確定性原理によって位置は核の周囲のどこにでもいるということになり），1 と 2 とがきわめて接近する場合も考慮しなければならない。

いささか説得力を欠くかもしれないが，この場合には，②の電子間相互作用 e^2/r_{12} が最も強く働き，①および③～⑥は，これに比べて十分小さいと考える。もちろん小さくてもある程度の値はもつが，2 つの原子の結び付きを説明する場合には，定性的には②だけを取り上げれば十分なのである。

水素原子核は，電子と比べて1800倍も重い。いわんやほかの元素のイオン（核から最も遠い電子を原子から除いた残り）は，もっともっと重い（正しくは質量が大きいというべきだが……）。というわけで，電子論的考察は，電子1と2とが図6.16のように雲状になっているという立場をとって説明していくのである。逆にいうと原子核（あるいはいくつかの核外電子をも含めたイオン）のほうは，位置のはっきりした古典的な球のようにとり扱っても差し支えない。

図に見るように電子1は核Aのまわりにあり，電子2は核Bのまわりにある。そして両者の接近も確率的に（あるいは統計的にというか，量子論的というか）計算の中に入れなければならない。となると，電子はともに陰電荷を帯びているから斥力が働く。つまり静電エネルギーは正であるから，2つの電子は（重い原子核をわずかに道づれにして）離れなければならない。核は正に帯電しているが，電子間相互作用が重要なのであって，核との引力などとるに足らぬ……といったばかりである。とすると，（斥力が働く電子を伴った）水素原子2つが結び付く道理がない。

にもかかわらず，H_2にしろ，N_2，O_2（実際にはこのほかNH_3，CO_2，H_2Oも同様のメカニズムであるが）などの分子が厳然として存在する。存在する以上，原子間に強い引力がなければならない。

古典電磁気論では，どう計算を工夫しても2つの原子は離れなければならないが，そうではなくて引力になる，という結論は，これから述べるようにまさに量子論的な思考によるものである。

量子論はどこで必要か（「必要」というのはおかしい。どこで真骨頂が発揮されて現実の自然界をつくってるいるか）との問いに対しては，水素，窒素などの分子やダイヤモンドなどが存在することがその「立派なあかし」である，と回答するのも正しい。

とりあえず一般論

電子の結び付きを説明する途中であるが，先へ進む前に，量子力学の一般論を述べることにしよう。

一般に微視的な世界の問題が与えられるということは，問題とする対象物のハミルトニアン $H(p,\ q)$ が提起されることである。そうして量子力学ではこの p を $p \to -i\hbar(\mathrm{d}/\mathrm{d}x)$ におきかえて，q だけの演算子 $\boldsymbol{H}(q)$ にする。これから微分方程式

$$\boldsymbol{H}(q)\psi(q) = E\psi(q) \tag{7.32}$$

をつくり上げ，初期条件などを用いて，右辺の E を何個か（可付番無限個のことが多い）E_1，E_2，E_3，…，E_n，…のように求める作業をおこなう。

この作業が量子力学であり，（先にもふれたが）E_n を固有値，また右辺の E が E_n という実数になるところの関数 $\psi_n(q)$ を固有関数と呼ぶ。

さて E_n が求められたら，実験値と比べるために，巨視的なエネルギー E を求めなければならない。これは E_n にウエイト w_n をかけて足し合わせてその平均

$$\langle E\rangle = \textstyle\sum_n E_n w_n = \displaystyle\sum_n E_n \exp(-E_n/kT) \tag{7.33}$$

を計算することになるが，これは多くの場合，統計力学の仕事である。なぜウエイト w_n が指数関数になるかは，統計力学が最も重点的に教えるところなのである。

ところが，固有値の値を求めることなく，ハミルトニアンからいきなり平均値（量子力学ではむしろ期待値と呼ぶ）を求めることがある。あるところか，固有値の算出があまりに複雑なため，以下の公式で直ちに平均物理量を求めていくのが普通である。

たとえばエネルギーでは

$$\langle E\rangle = \frac{\int \psi^*(\boldsymbol{q})\boldsymbol{H}(q)\psi(\boldsymbol{q})\,\mathrm{d}\boldsymbol{q}}{\int \psi^*(\boldsymbol{q})\psi(\boldsymbol{q})\,\mathrm{d}\boldsymbol{q}} \tag{7.34}$$

を計算することになる。

もし波動関数が規格化されていたら（つまり上式のように2乗の積分が

1になるように整えられていたら）この分母は1になるから書く必要がない。エネルギーにかぎらず，あらゆる物理量（たとえば運動量とか角運動量とか）の平均値は，規格化された波動関数により，

$$\langle Q \rangle = \int \psi^*(\boldsymbol{q}) \boldsymbol{Q}(\boldsymbol{q}) \psi(\boldsymbol{q}) \, \mathrm{d}\boldsymbol{q} \tag{7.35}$$

によって求められる。

$\boldsymbol{Q}$ あるいは $\boldsymbol{H}$ の中の $\boldsymbol{p}$ は，もちろ量子論だから $-i\hbar$ $(\mathrm{d}/\mathrm{d}\boldsymbol{q})$ へと変える。

そうして平均値が得られれば，あとは対象物の粒子の数（1モルで 6×10^{23} 個）なり，あるいは式が1次元当りのものであったら，さらにそれの3倍が実際のマクロな量であり，実験値と比較することにより，量子力学の正しさが説明できる*。

しかし，なぜ式 (7.34) や，式 (7.35) が平均値になるかは，正確に紹介するとなると，用いる波動関数の直交性にはじまり，注意深く，しかもくわしい数学的な基礎的思考が必要となる。そのためには，正確な理論に大きくページを費している他の書物を参照して頂くことにしよう（たとえば朝永振一郎著『量子力学II』みすず書房，P.243)。

最も簡単になっとくするならば，分子の $\boldsymbol{H}\,\psi(x)$ はシュレーディンガー式になっており，これは固有値と関数の積 $E_n\,\psi(x)$ ということになる。残りの $\psi^*(x)\psi(x)$ および式 (7.34) の分母は平均を求める場合の比重（ウエイト）になっていて，それをたし合わせる（積分する）ということから平均値が算出される。筋書きだけを述べればそうなのであるが，実際には，もっと十分な検討が必要となる。

波動関数とは何か

次に波動関数 $\psi(\boldsymbol{r})$ とはなにかを，いま少しはっきりさせておこう。

ド・ブロイの理論では，波動関数の2乗が1個の粒子の存在確率を表すことになるが，量子化されたシュレーディンガーの波動関数では，対象と

* この話は『なっとくする統計力学』P.202にも触れており，統計力学と量子力学との立場の違いを解説している。

なる粒子の個数はいくつでもかまわない。1からNまでの粒子の座標をベクトル的に$\boldsymbol{r}_1$, $\boldsymbol{r}_2$, …, $\boldsymbol{r}_N$とするとき$\psi(\boldsymbol{r}_1, \boldsymbol{r}_2, \cdots, \boldsymbol{r}_N)$というものを問題にするのである。

このようにシュレーディンガー式では，対象全体を一つの波動関数として示すところに特徴がある。もしこれらN個の粒子がまったく独立であったら，つまり互いに近づいて両者の位置関係が不確定性原理の中に入ったり，粒子間に相互作用が生じていたりするようなことがなければ，1，2，…，Nの粒子のそれぞれ個々の波動関数をu_1, u_2, …, u_Nとすると，全関数ψは当然，

$$\psi(\boldsymbol{r}_1, \boldsymbol{r}_2, \cdots, \boldsymbol{r}_N) = u_1(\boldsymbol{r}_1)u_2(\boldsymbol{r}_2)\cdots\cdots u_N(\boldsymbol{r}_N) \qquad (7.36)$$

のように，個々の波動関数の積になり，もし個々の固有値が求められれば，全エネルギーはそれら固有値の和に等しくなる。

ミクロな世界は波動的

さて再び水素原子の話に戻る。原子核Aに属する電子1の波動関数をわかりやすくaと書くと，当然，Aを中心とした座標$\boldsymbol{r}_1$で表されるから$a(\boldsymbol{r}_1)$となる。

一方，いま一つの水素原子核Bに属する電子2の波動関数をbと書くと，Bを中心とした座標$\boldsymbol{r}_2$の関数となるから$b(\boldsymbol{r}_2)$となる。2個の電子は，十分離れているが，それらの波動関数をまとめて書けば，$a(\boldsymbol{r}_1)b(\boldsymbol{r}_2)$となろう。2つの電子が互いに独立（互いに無関係）ならこれでよい。ところが実際には非常に接近することによって，量子論特有のことであるが，両者の区別がつかなくなるのである。

電子1はAに属する，そうして電子2はBに属する（図7.6）……とは簡単にはいえなくなってくる。電子というのは図のような球ではなく，雲とか波浪（水面のもり上り）のような存在である。Aに属する雲だ，いやBの雲だ，などとはいえない。強いていえば，どちらの電子も，Aの周囲の電子でもあるし，Bの周囲の電子でもあるのだ。

いままで量子論の特徴として，対象はAでもあるし，Bでもあるし，Cでもあるし，……Nでもある……というような，議論としてはまことに煮

えきらない言い方をしてきた。しかし，この煮えきらないものこそが量子論的真実であり，この「真実」ψを式に書くと

$$\psi = a\psi_A + b\psi_B + \cdots + n\psi_N \tag{7.37}$$

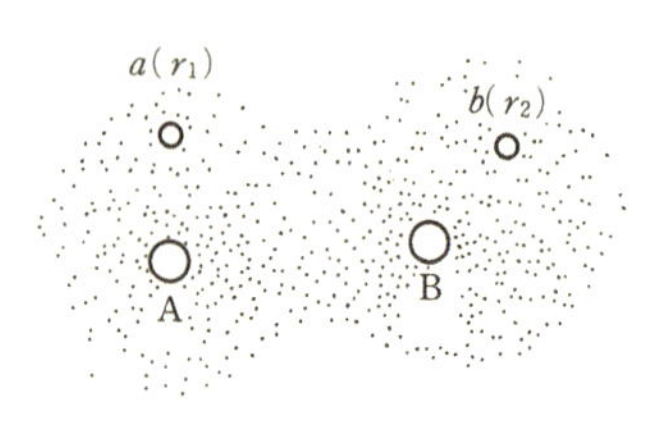

$a(r_1)$
$b(r_2)$
A
B
水素原子はなぜ
水素分子をつくるか

図 7.6　水素（H_2）分子

のように和のかたちに書けばいいことがわかってきた。ψ_A は対象がAであるときの関数（こんなとき固有関数という）であり，上式のように可能性のあるものを全部併せもってしまうのである。そうして一般的には，その係数の 2 乗 a^2 が，Aである確率を与えるのである。

いろいろなケースを併せもつ，という事柄を数式化するとき，単にそれらの波動関数に係数をかけたものを足し合わせればいい，とは，ある意味では大へん簡単な数学的操作である。そうしてこのようにつくり上げた数学――つまり量子力学――がミクロな自然界を見事に説明するのである。式 (7.37) のような事柄を「重ね合わせの原理」と呼んでいる。

Aの波とBの波とが一地点にきたとき，波の量は両者の和になる。つまり両者を重ね合わせたものになる。こんなことから，ミクロの世界は波動的なものであり，波動学での原理が適用されている，といえるだろう。

理論物理の本当さかげん

さて図 7.6 に戻る。2 つの電子は全く区別がつかない。こんなとき，数式はどのように設定するのがいいのか。

それには，電子 1 はAに，電子 2 はBに，とはっきりと書き，いま一つ電子 1 はBに，電子 2 はAに所属する……と記述するのである。この精神（？）をそのまま生かして，波動関数を

$$\psi(\boldsymbol{r}_1, \boldsymbol{r}_2) = a(\boldsymbol{r}_1)b(\boldsymbol{r}_2) \pm a(\boldsymbol{r}_2)b(\boldsymbol{r}_1) \tag{7.38}$$

としてやる。

符号に正負をつけたのは，２つの電子のスピンまで考慮したためであり，スピン関数を正確に記述していくと議論は長くなるので，式 (7.38) 形の波動関数になることだけ述べておこう。

とするとエネルギーは，$\psi(\boldsymbol{r}_1,\ \boldsymbol{r}_2)$ が規格化されているとして

$$E=\iint\psi^*(\boldsymbol{r}_1,\boldsymbol{r}_2)\frac{e^2}{\boldsymbol{r}_{12}}\psi(\boldsymbol{r}_1,\boldsymbol{r}_2)\mathrm{d}\boldsymbol{r}_1\mathrm{d}\boldsymbol{r}_2 \tag{7.39}$$

のかたちになる。古典電磁気学では e^2/r_{12} は単なる r だけ離れたクーロン力にすぎないが，ここ量子論では，$e^2/\boldsymbol{r}_{12}$ はハミルトニアン $\boldsymbol{H}$ であり，形は同じでも考え方は全く違うと思わなければならない。

もちろん正確には核をも含めたさきの①～⑥のすべて（$e^2/\boldsymbol{R}_{12}$ など）と電子１と電子２の運動エネルギーも $\boldsymbol{H}$ の中に入るべきであるが，いまは交換力の説明が主であるために，特別に式 (7.39) に注目した。

ここで式 (7.38) を式 (7.39) に代入してみると項は２つに分かれて

$$Q=\iint a^*(\boldsymbol{r}_1)b^*(\boldsymbol{r}_2)\frac{e^2}{\boldsymbol{r}}a(\boldsymbol{r}_1)b(\boldsymbol{r}_2)\mathrm{d}\boldsymbol{r}_1\mathrm{d}\boldsymbol{r}_2 \tag{7.40}$$

$$J=\iint a^*(\boldsymbol{r}_2)b^*(\boldsymbol{r}_1)\frac{e^2}{\boldsymbol{r}}a(\boldsymbol{r}_1)b(\boldsymbol{r}_2)\mathrm{d}\boldsymbol{r}_1\mathrm{d}\boldsymbol{r}_2 \tag{7.41}$$

Q のほうは $e^2/\boldsymbol{r}_{12}$ に電子密度 $[a(\boldsymbol{r}_1)b(\boldsymbol{r}_2)]^2$ をかけて積分しているから，まともなクーロン・エネルギーである。電子が粒子でなく雲のようなものだということを除けば，通常の斥力であり，エネルギーは正である。正である以上，２つの電子は遠く離れてエネルギーはゼロになろうとする。この項をクーロン力またはクーロン・エネルギーと言い，古典論からも当然推察されるものである。

ところが式 (7.41) のように妙な項も，数学的結果として，併せて出現してくる。ハミルトニアンをはさんだ波動関数をみても，電子１はＡに属したりＢに属したりしている。電子２も同様で，２にも１にも属す。この式を交換積分，そして値を力におきかえて交換力といい，２原子分子の場合などでは，この項の絶対値が Q の値を凌駕して，全体としてはマイナ

スになっているのである。

Q のほうはよく理解できるが，J については古典物理をどうひねってみても思いつかない。電子が，「こちらにもあちらにもある」という，一見不合理な考え方にもとづいて電子（そして原子）が結ばれるのである。波動関数の重ね合わせ（式 7.37）は，このような事実を踏まえて提案されてきたものであるが，逆に考えてみたらどうだろう。

数学的な式（7.37）をとにかく信じてみると，2つの電子は J という（全く不思議な——というよりも数学的に導かれた）交換力によって結び付く，という結果になってしまう。もし現実がそうでなかったら，このように妙な数学は信じるに足りない，と却下してもよいのだろうが，実際には原子価結合とか共有結合とかといって，この事実は自然界にはずいぶんとたくさんある。

物理学者，特に理論物理学者は，宇宙物理学，素粒子物理学などで「数学の結果がこうなるのだから，自然界もそのとおりのはずだ」という。専門外の人が聞くと「本当かなあ」と思えるようなこともあるが，数学さえ間違っていなかったら，数学どおりの自然現象を信じてもいいのではなかろうか。そうして，その代表の一つが交換力なのである。

分子の「しくみ」も量子論

水素のような単純な原子ではなく，大きな原子，つまり電子をたくさん抱えている原子の核外電子はどうなっているのか。その代表例として6番元素である炭素（$^{12}_{6}C$）を考えてみよう。元素記号の左上の数字は核子（陽子と中性子との総称）の個数であり，左下の数は陽子の個数である。化学では原則的に，前者が原子量，後者が原子番号になる。

これの電子配置は $(1s)^2(2s)^2(2p)^2$，場合によっては $(1s)^2(2s)(2p)^3$ になるかもしれない。後の方になるのは，1s 電子が核にくっついて，2s 電子が球殻状に，そして3個の 2p 電子はそれぞれ x，y，z の方向に伸びている場合である。

炭素原子が単独で1つだけ存在しているときはこの様な状態が最もエネルギーが低いわけだが，実際にはほかの原子と化学的に結びついて，化合物あるいは固体（結晶）をつくっていることが多い。そのときには，電子の状態は上に述べたようにはならない。

結論だけを述べよう。炭素の場合，非金属だから原子からはがれる電子はない（逆に電子がはがれないから非金属と言うべきか）。$(1s)^2$ はそのままであるが，あと4個の電子は入りまざってしまうのである。4個とも，sともpともいえない同等の電子になる。

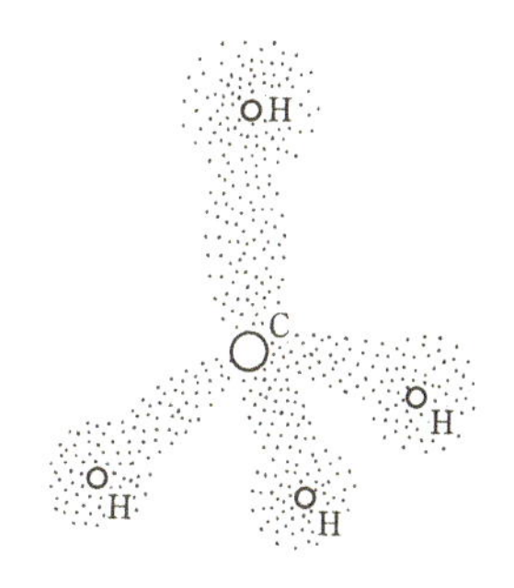

H
C
H
H
H
炭素は混成軌道
によりメタン等をつくる。
(1s)² 電子は省略

図 7.7　メタンの混成軌道

もちろんこんな具合になるのは，量子論のせいであるが，この4個の電子は核を中心として立体的な4つの方向に（電子雲は）伸びている。これを混成軌道と呼ぶ。

この伸びた電子雲の先に，前に述べた交換力によって水素原子が（くわしく言うと，水素原子中の電子が）結び付いたものをメタンと呼び，化学記号は CH_4 であり，模型的には図 7.7 のようになる。ちょうど正四面体の中心にCがあり，各頂点にHがくることになる。

炭素原子がいずれも混成軌道をもち，電子雲の先にほかの炭素原子がくっついたものがダイヤモンドである。各原子が，わずかに4本の手で隣の原子と結合しているに過ぎない，というのはいささか心もとない感じがするが，ダイヤモンドがいかに硬いかはよく知られている。量子論というのは，ダイヤモンドのような，よく知られた結晶構成にも，重要な働きをしているのである。

エタン C_2H_6 も，2つの炭素は，それぞれ4個の混成軌道をもち，どちらもその1つが正面から重なり合って（主として）交換力で結ばれる。このように正面から直接に強くオーバーラップする電子雲の結び付きを σ（シグマ）結合という。それぞれのCの，ほかの3つの電子の先は，水素

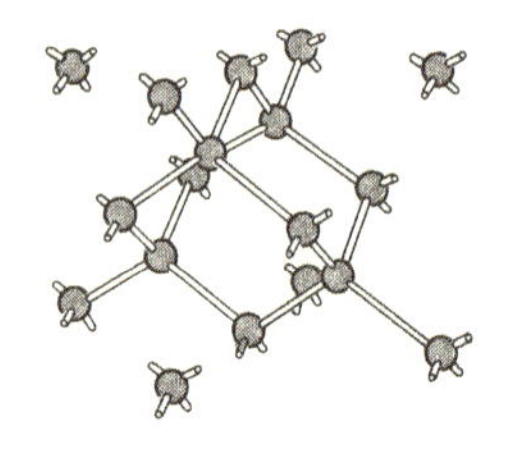

図 7.8　ダイヤモンド構造

原子と結合している。

ところが，エチレン (C_2H_4) では，1つのCは3つの混成軌道と，1つのp電子とに分かれている。混成のほうは一平面で120度の方向に開き，1つはσ結合，ほかの2本は水素と結び付く。余ったp電子は，この平面と垂直方向に（平面の両側に）伸びる。隣のp電子とわずかにオーバーラップするから，ここにも交換力が多少働く。この結合力をπ（パイ）結合と呼ぶがσ結合ほど強くはない。有機化学などで一般に2重結合と呼んでいるのは，σとπとの2つの機構で結ばれている場合である。

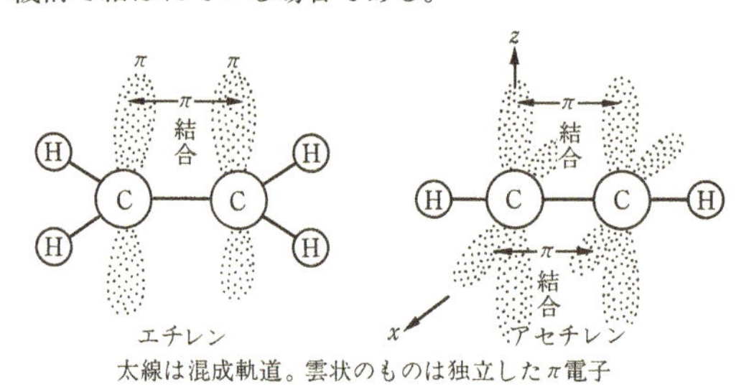

図 7.9　π結合

アセチレン (C_2H_2) の炭素は，2つの混成軌道と2つのp電子から成り立っている。混成軌道はまっすぐであり（というよりも180度開いている），一方で隣とσ結合，他方で水素と結ばれている。残りの2個は，この直線と垂直の2方向に伸び，隣の炭素原子とπ結合をする。

三重結合というのは，1つのσ結合と2つのπ結合とから成り，π結合は弱いのではあるが，それでも三重結合は3通りで結ばれているから最も強く，炭素原子間距離もそれだけ短い。要は，このようなメカニズムも，つまるところは量子論に起因していると述べたかったのである。

粘り強いハイゼンベルグの成果

ドイツのハイゼンベルグは，古典力学をこわさないように，古いものをそのまま生かして新しい量子論へもっていこうとするボーアの対応原理にのっとって量子論を研究した。

対応原理（コレスポンデンス・プリンシプル）とはあまりに一般的な名称であるが，古典力学を極限の場合として含む幅広い量子力学を目ざしたものと考えていい。たとえば温度を無限大（$T \to \infty$）としたり，プランク定数をゼロ（$h \to 0$）とした場合に，スムーズに従来の古典論に移っていけるような理論である。ちょうど相対論で，光速度を無限大（$c \to \infty$）にすると，従来の非相対論物理学になるのと同じことだと考えればいい。

ポール・ディラック（1902～1984）。イギリスのブリストル大学で電気工学を，さらにケンブリッジ大学で統計力学を研究。1926年波動学，行列力学を統合して量子力学を大成に導いた。1933年シュレーディンガーと共にノーベル物理学賞受賞。

ハイゼンベルグはこの方針にそって粘り強く研究をすすめ，1925 年，マトリックス力学というものをつくり上げた。日本語に訳して行列力学になるが，行列は実際にはベクトルにそれをかけて，別のベクトルにしてしまうところの演算子である。

演算子とは，これまたわかりにくい言葉になったが，波動力学のほうでも p を $-i\hbar(\mathrm{d}/\mathrm{d}q)$ という演算子に直さなければ真実が記載できないわけであるから，いたしかたなかろう。

古典力学では，$p(t)$ と $q(t)$ とがともに存在するわけだが，不確定性原理を考えるとそのようなわけにはいかない。両者をマトリックス $\boldsymbol{P}$ と $\boldsymbol{Q}$ とにするのである。大文字にしたのは別に意味はないが，太字で書いたのは，これが古典的な力学量（これを c- number：古典数という）ではなく，量子的なもの（こちらを q- number：量子数と呼ぶ）という意味である。

こうして量子力学は，ド・ブロイからシュレーディンガーへと受け継がれてきた波動力学と，ハイゼンベルクによるマトリックス力学という 2 本立てで発展してきた。さらにこの両者は，イギリスの理論物理学者ディラック（1902～1984）によって，結局は同じ量子論的な内容を単に別のかたちで表現しているにすぎないことが明らかにされたのである。

マトリックスでやればうまくいく

物理量が単なる関数――たとえば $x = x(t)$ ――ではなく，なぜマトリックスなのかは，多くの現象を検討した結果であり，その詳しいいきさつは省略させて頂くが，簡単に座標 $\boldsymbol{x}$ においてだけ考えてみる。

$\boldsymbol{x}$ は，ものの位置を表すパラメータ（変数）にすぎない，したがって物理量とはいい難い，と考える人は，これに電荷 e をかけて，物理的な量として意味をもつ電気モーメント $e\boldsymbol{x}$を問題にしていると思えばいい。

さて原子核の周囲の電子を想定して，電子と核との電気モーメントを古典力学にのっとって書けば，

$$e\boldsymbol{x} = e\sum_{n}\sum_{m} X(n, m)\exp[2\pi i\nu(n, m)t] \tag{7.42}$$

というダブル・サム（二重の Σ）のかたちに書ける。

核外電子の x 方向射影は振動（円軌道なら単振動）になり，このときの振動数が ν である。古典物理学的な理論によれば，$\nu(n, m)$ は電子から放射される光の振動数であり，n の値はいろいろな基本振動に相当し，m はそれの倍振動である。したがって

$$\nu(n, m) = m\nu(n, l) \tag{7.43}$$

になるはずである。ところが観測される原子スペクトルは，こうなってはいない。式（2.16）～（2.18），（2.21）～（2.23）などにあるように

$$\nu(n, m) + \nu(m, l) = m\nu(n, l) \tag{7.44}$$

である。これをリッツの結合則と呼んでいる。（7.42）のような古典式からは，式（7.44）の実験成果は出てこないのである。

考え方の途中経過は割愛することにして，ハイゼンベルクらは式（7.42）のような級数はやめて，次のような行列を採用した。

$$
\boldsymbol{x} = \begin{pmatrix} X(1,1)\exp[2\pi i\nu(1,1)t] & X(1,2)\exp[2\pi i\nu(1,2)t] & \cdots \\ X(2,1)\exp[2\pi i\nu(2,1)t] & X(2,2)\exp[2\pi i\nu(2,2)t] & \cdots \\ X(3,1)\exp[2\pi i\nu(3,1)t] & X(3,2)\exp[2\pi i\nu(3,2)t] & \cdots \\ \cdots\cdots\cdots\cdots & \cdots\cdots\cdots & \cdots \\ \cdots\cdots\cdots\cdots & \cdots\cdots\cdots & \cdots \end{pmatrix} \tag{7.45}
$$

このような行列を使用することにより，物理学はミクロの世界の構造を，うまく数学と対応させることができたのである。量子論での q - 数は，波動力学では微分演算子になってしまったが，ハイゼンベルク流にはマトリックスで表されることになった。

ところで上に述べた $\boldsymbol{x}$ だけが特別視されているわけではない。運動量 $\boldsymbol{p}$ も，エネルギー $\boldsymbol{H}$ も，観測の対象になる物理量である（これをオブザーバブルという)。自然科学は，すべて共通する一般法則を要求する。実際に任意のオブザーバブル $\boldsymbol{Q}$ は，

$$
\boldsymbol{Q} = \begin{pmatrix} Q(1,1) & Q(1,2) & Q(1,3) & \cdots \\ Q(2,1) & Q(2,2) & Q(2,3) & \cdots \\ Q(3,1) & Q(3,2) & Q(3,3) & \cdots \\ \cdots\cdots & \cdots\cdots & \cdots\cdots & \cdots \\ \cdots\cdots & \cdots\cdots & \cdots\cdots & \cdots \end{pmatrix} \tag{7.46}
$$

のような行列で記述することにより，実験事実と一致した結果を導くことができるのである。

$\boldsymbol{Q}$ という量を測定したとき，その値が実数値でなければならないことから，このマトリックスの要素については $Q^*(n, m) = Q(m, n)$ でなければならないことが数学的に指摘される。ただし星印（$*$）は複素共役数を表す。

このようにマトリックスの左上から右下にかけての対角要素をはさんで対称の位置にある 2 つが互いに複素共役であるものを，エルミート行列と呼ぶ。しばしば物理量として行列が使われるが，それは，いつもエルミート的でなければならないという条件がついていることになる。

マトリックス力学では，位置 $\boldsymbol{x}$ も運動量 $\boldsymbol{p}$ もオブザーバブルであり（観測することのできる量と訳すべきか？），けっして「観測された量」ではない。$\boldsymbol{x}$ も $\boldsymbol{p}$ も q - 数としてとり扱い，その意味では双方が一つの式の中に入っていても差し支えない。そうして $\boldsymbol{x}$ と $\boldsymbol{p}$ とのように，量子論的に共役な量の間に

$$\boldsymbol{px} - \boldsymbol{xp} = -i\hbar\boldsymbol{E} \tag{7.47}$$

の関係を置くことにより，ミクロの世界が正しく記述されることになる。マトリックスの積はもちろん数学で学ぶところであり，積もマトリックスである。そうしてマトリックスでは交換則（$AB = BA$ となること）が満足されないこともよく知られている。式 (7.47) の右辺の $\boldsymbol{E}$ は単位マトリックス

$$\boldsymbol{E} = \begin{pmatrix} 1 & 0 & 0 & 0 & \cdots \\ 0 & 1 & 0 & 0 & \cdots \\ 0 & 0 & 1 & 0 & \cdots \\ 0 & 0 & 0 & 1 & \cdots \\ \cdots & \cdots & \cdots & \cdots & \cdots \end{pmatrix} \tag{7.48}$$

である。つまり式 (7.47) が，量子力学にマトリックスを用いた場合の，量子条件である。ボーアの場合よりも，いささかわかりにくいが，行列に慣れたひとなら，それほどむずかしい話ではなかろう。

では，このように記述される行列から，どのようにして測定値，すなわち固有値を導くことができるのか。波動力学では，微分方程式を解けばよかった。

一つの例としてエネルギー $\boldsymbol{H}$ を考えてみる。エネルギーは時間 $\boldsymbol{t}$ と量子論的共役量であるから，時間のほうを犠牲にすれば，つまり定常状態にすれば，$\boldsymbol{H}$ の固有値はきまる。

古典力学では，ハミルトニアンを H とすると，正準方程式は，

$$\frac{\partial H}{\partial x} = -\frac{\mathrm{d}p}{\mathrm{d}t}, \quad \frac{\partial H}{\partial p} = \frac{\mathrm{d}x}{\mathrm{d}t} \tag{7.49}$$

である。これはニュートン方程式 $F = ma$ に相当するものであり，解析力学の基本となるものである。これを量子力学でのマトリックスに翻訳すると

$$\boldsymbol{Hp} - \boldsymbol{pH} = -i\hbar\frac{\mathrm{d}\boldsymbol{p}}{\mathrm{d}t}$$

$$\boldsymbol{Hx} - \boldsymbol{xH} = -i\hbar\frac{\mathrm{d}\boldsymbol{x}}{\mathrm{d}t} \tag{7.50}$$

となることが結論される。行列の微分とは，そのすべての要素を微分することを意味する。

行列としての $\boldsymbol{A}$ と $\boldsymbol{B}$ とは交換可能でない。そのため

$$[\boldsymbol{A}, \boldsymbol{B}] = \boldsymbol{AB} - \boldsymbol{BA} \tag{7.51}$$

のように定義して，これをポアソン括弧（かっこ）と呼ぶ。式（7.47）の左辺は $[\boldsymbol{p}, \boldsymbol{x}]$，式（7.50）の左辺は，$[\boldsymbol{H}, \boldsymbol{p}]$，$[\boldsymbol{H}, \boldsymbol{x}]$ と書かれる。

古典解析力学ではポアソン括弧を

$$(\boldsymbol{A}, \boldsymbol{B}) = \sum_{k=1}^{n}\left[\frac{\partial \boldsymbol{A}}{\partial \boldsymbol{q}_k}\frac{\partial \boldsymbol{B}}{\partial \boldsymbol{p}_k} - \frac{\partial \boldsymbol{B}}{\partial \boldsymbol{q}_k}\frac{\partial \boldsymbol{A}}{\partial \boldsymbol{p}_k}\right] \tag{7.52}$$

と定義した。$\boldsymbol{q}$ は一般化された座標であり，自由度の数は $\boldsymbol{n}$，$\boldsymbol{k}$ は各自由度ごとの数を表す（たとえば $\boldsymbol{n} = 3$ なら $\boldsymbol{q}_1 = \boldsymbol{x}$，$\boldsymbol{q}_2 = \boldsymbol{y}$，$\boldsymbol{q}_3 = \boldsymbol{z}$ のように）。丸括弧になっているから注意が必要である。

一方，角括弧のほうは，ラグランジュ括弧と呼び

$$[\boldsymbol{u}, \boldsymbol{v}] = \sum_{k=1}^{n}\left[\frac{\partial \boldsymbol{q}_k}{\partial \boldsymbol{u}}\frac{\partial \boldsymbol{p}_k}{\partial \boldsymbol{v}} - \frac{\partial \boldsymbol{q}_k}{\partial \boldsymbol{v}}\frac{\partial \boldsymbol{p}_k}{\partial \boldsymbol{u}}\right] \tag{7.53}$$

であり，両式ともに $\boldsymbol{A}$，$\boldsymbol{B}$，$\boldsymbol{u}$，$\boldsymbol{v}$ は c-数である。

$\boldsymbol{p}$ や $\boldsymbol{x}$ のかわりに，それらの任意の関数を $\boldsymbol{Q}$ とすると，同じように

$$\boldsymbol{HQ} - \boldsymbol{QH} = -i\hbar\frac{\mathrm{d}\boldsymbol{Q}}{\mathrm{d}t} \tag{7.54}$$

となることが簡単に証明される。この式を一般にハイゼンベルクの運動方程式と呼び，マトリックス力学の基本となるものである。

対角行列の物理量

式 (7.54) でもし $\boldsymbol{Q} = \boldsymbol{H}$ とおいてみると，左辺は当然ゼロであり，定常状態（時間の不確定さが無限大）においては，行列 $\boldsymbol{H}$ の $(n,\ m)$ 要素が

$$H(n, m)\exp[2\pi i\nu(n, m)] \tag{7.55}$$

であることから，右辺は求められて，結局

$$2\pi i\nu(n, m)H(n, m) = 0 \tag{7.56}$$

が得られる。行列がゼロになることは，行列の要素がことごとくゼロであることを意味する*。ここで $n \neq m$ なら $\nu(n,\ m)$ はゼロではないから，結局

$$H(n, m) = H_n\delta_{nm} \tag{7.57}$$

である。ただし δ_{nm} はクロネッカー・デルタといい

$$\delta_{nm} = \begin{cases} 1 : n = m \\ 0 : n \neq m \end{cases} \tag{7.58}$$

を表す。式 (7.57) を行列で書けば，次のように対角行列になり，結局，式 (7.54) で $\boldsymbol{Q} = \boldsymbol{H}$ のときには対角行列になる。

* 演算子である行列と，結果的には１つの値になる行列式とを混同してはいけない。行列式はその要素がゼロでなくても，値がゼロになってしまうことは珍しくない。

$$
\boldsymbol{H} = \begin{pmatrix} H_1 & 0 & 0 & 0 & \cdots \\ 0 & H_2 & 0 & 0 & \cdots \\ 0 & 0 & H_3 & 0 & \cdots \\ 0 & 0 & 0 & H_4 & \cdots \\ \cdots & \cdots & \cdots & \cdots & \cdots \end{pmatrix} \qquad (7.59)
$$

このとき，その要素H_1，H_2，H_3，……は，行列がエルミート的であることから実数になり，これが観測したときに測定される値，すなわち固有値になる。

言いたいことは一つだった

それでは一般に非対角行列で表される物理量$\boldsymbol{Q}$があるとき，これを観測して得られるQ_1，Q_2，…はどのようにして計算し求められるか。適当な方法でこの行列を対角的に変換してやればいい。一般の楕円の方程式が与えられたとき，適当に変数変換して，長軸および短軸の長さを求めるのと同じである（図7.10）。

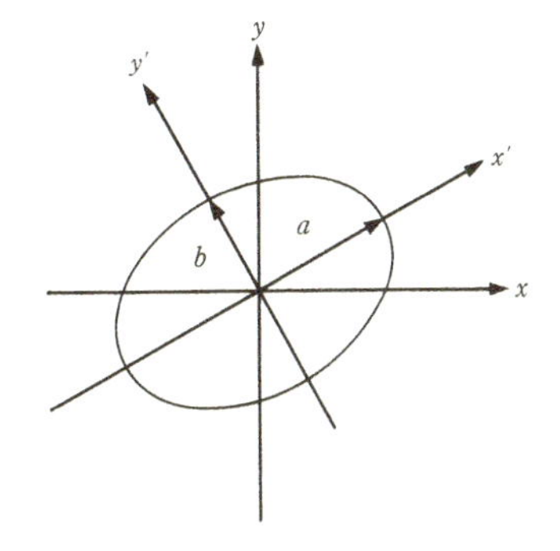

図7.10　楕円の式も簡単な形になる。

行列の変換は，ユニタリー行列$\boldsymbol{U}$（$\tilde{\boldsymbol{U}}\boldsymbol{U}=\boldsymbol{E}$を満足するもの。ただし$\tilde{\boldsymbol{U}}$は$\boldsymbol{U}$のエルミート共役な行列）を使って，

$$
\boldsymbol{Q}' = \boldsymbol{U}^{-1}\boldsymbol{Q}\boldsymbol{U} \qquad (7.60)
$$

のようにすればいい。$\boldsymbol{U}^{-1}$は$\boldsymbol{U}$の逆行列である。$\boldsymbol{Q}$および$\boldsymbol{U}$の各要素をそれぞれq_{nm}，u_{nm}のように書くと，式(7.60)の(n，m)要素は，左辺が対角行列であることから

$$q'_{nm}\delta_{nm} = \sum_l \sum_k u_{ln}{}^* q_{lk} u_{km} \tag{7.61}$$

あるいは左から $\tilde{\boldsymbol{U}}$ をかけて

$$\sum_k (q_{nk} - q'_m \delta_{nk}) u_{km} = 0 \tag{7.62}$$
$$n = 1, 2, 3, \cdots$$

となる。定まった m にたいする $\boldsymbol{U}$ の要素，u_{1m}，u_{2m}，… をベクトルの成分とみなすと，式 (7.62) はベクトル $\vec{u}$ に行列 $\boldsymbol{Q}$ をかけた（正しくいえば演算した）かたちになっており，式 (7.62) は

$$\begin{pmatrix} q_{11} - q'_m & q_{12} & q_{13} & \cdots \\ q_{21} & q_{22} - q'_m & q_{23} & \cdots \\ q_{31} & q_{32} & q_{33} - q'_m & \cdots \\ \cdots\cdots & \cdots\cdots & \cdots\cdots & \cdots \end{pmatrix} \begin{pmatrix} u_{1m} \\ u_{2m} \\ u_{3m} \\ \cdots \end{pmatrix} = \begin{pmatrix} 0 \\ 0 \\ 0 \\ \cdots \end{pmatrix} \tag{7.63}$$

と書くことができる。このような n 個の式の組を，永年方程式と呼んでいる。固有値 q'_m はこの連立方程式から求めることができる。

式 (7.63) をベクトル形で書けば

$$\boldsymbol{Q}\vec{u} = q\vec{u} \tag{7.64}$$

であり，いわゆる固有値方程式である。つまりベクトル $\vec{u}$ に，物理量 $\boldsymbol{Q}$ が作用して，得られる固有値 q が，観測にかかる量である。

固有値方程式で，$\vec{u}$ をベクトル，$\boldsymbol{Q}$ を行列としてとり扱うのがマトリックス力学であるが，これとは別に，シュレーディンガーの波動方程式では，波動関数 ψ に，物理量 $\boldsymbol{Q}$（たとえば量子論的なハミルトニアン）が作用して得られる関係式

$$\boldsymbol{Q}\psi = q\psi \tag{7.65}$$

をもって，固有値方程式としている。

ベクトルと波動関数，行列と微分演算子というように，両者は数学的にまったく別ものであるが，ここでの結論の出し方については，同一の目標

のもとに設定された数学になっている。

シュレーディンガーの波動方程式と，ハイゼンベルクのマトリックス力学とが，みかけの形こそ違え，帰するところは同じであることを明らかにしたのは，さきにも触れたが，イギリスのディラックである。

コペンハーゲンからイギリスに戻った彼は，図書館に毎日通いつめて，2つの量子力学の式をじっと見つめていたという。そうして彼は，極微の世界の法則を統一的な表式で

$$\xi|\xi'\rangle = \xi'|\xi'\rangle \tag{7.66}$$

のように記述している*。上式は (7.32) あるいは式 (7.65) に対応するものではあるが，もっと一般に ξ をマトリックス，$|\xi\rangle$ をベクトルのように考えてもかまわない。とにかくこの記号で $|\xi\rangle$ をケット，左側からかかる状態 $\langle\xi|$ をブラと名づけた。括弧 (bracket) を半分にしたものであり (ただし c は消える)，ξ がオブザーバルである。そうして ξ を測定したときに得られる確定値が ξ' であり，$|\xi'\rangle$ がその場合の固有ケットである。

解けない猫の謎

最後に，量子論的な考え方は必ずしも万人が一致しているわけではないことをあえて追加しておこう。測定しない状態というものは全くきまっていないとするボーア流と，隠されたパーラメータがあるとするアインシュタインの考え方の違いはまえにも述べたが，本書では一貫してボーア流で通した。状態はすべての可能なケースを併せもつのである。式でいえば式 (7.37) の重ね合わせということになろうか。

簡単な例で考えてみようか。ある時刻にある場所に粒子があったとする。場所がはっきりしているから，運動量はほとんど不確定である。やや時間が経過すると，粒子はさきほどの場所を中心とした大きな半径の球内にいる。

ボーア流に解釈すれば，球の中のどこにでも粒子がいることになる。こ

* “The Principle of Quantum Mechanics” P. A. M Dirac，第3版，第4版。岩波書店より翻訳。ディラックの『量子力学』

の粒子を測定しようとする。球内のどこかでみつかるというのは，粒子に荒っぽい作用を施したことになる。このため大きな球状に広がった（当然薄く広がったというべきだろう）雲状のものが，瞬時にして観測点に集中したことになる。

集中はかまわないが，この理論の「つけ込まれやすい論点」は，収縮の速さが——極端な場合を考えれば——光速を越すことになりはしないか，ということだ。

もちろん，これに対するさまざまな反論もあるが，ボーア流（コペンハーゲン派といったほうがいいかもしれない）に必ずしも全面賛成でない人たちがいるのも，こんなことが理由になっていよう。

しかし，量子論で古くから，そして現在においても議論の対象になっているのはシュレーディンガーの猫であろう。箱の中に見えないように猫を入れておく。放射性物質から粒子が放出されるかどうかは全く量子論的な話であり，確率でしか断言できない。放射性物質が青酸の入ったガラスびんをこわす確率が半分だとすると，コペンハーゲン流の考え方をすれば，中の猫の状態は半分の生と半分の死とを重ね合わせたものなのか。

物理学者ばかりでなく，思想家とか哲学者からも議論は投げかけられている。観測される対象と観測する「我」との相違をどのように考えるか。ミクロとマクロとの境目をどこにおくか。その他，最近に至るまで，いや最近になってますます，この議論は活発になってきたような気がする。

考え方は百出しているが，残念ながら筆者には，シュレーディンガーの半死半生（?）の猫に関して，これという上手い決め手のあることを知らない。読者諸士も頭をひねってみられるのも一興であろう。

付　　録

付録　A

$$2\int_{r_1}^{r_2}\sqrt{2mE+\frac{2me^2}{r}-\frac{M^2}{r^2}}\,\mathrm{d}r$$　の計算。

積分を簡単にすれば

$$\int_{\alpha}^{\beta}\frac{\sqrt{ax^2+bx+c}}{x}\,\mathrm{d}x \tag{A.1}$$

と書ける。ただし $a=2mE<0$，$b=2me^2>0$，$c=-M^2<0$ である。全エネルギー E が負であることに注意。2 つの根 α と β は

$$\alpha=\frac{-b+\sqrt{b^2-4ac}}{2a},\qquad \beta=\frac{-b-\sqrt{b^2-4ac}}{2a} \tag{A.2}$$

である。a が負だから当然 $\alpha<\beta$。

ここで変数変換をして

$$x=1/t \tag{A.3}$$

とおけば

$$-\mathrm{d}x/x=\mathrm{d}t/t \tag{A.4}$$

であるから，積分は

$$-\int_{\alpha'}^{\beta'}\frac{\sqrt{a+bt+ct^2}}{t^2}\mathrm{d}t \tag{A.5}$$

ただし $\alpha'=1/\alpha$，$\beta'=1/\beta$ である。

ここで部分積分を行うと

$$\left[\frac{\sqrt{a+bt+ct^2}}{t}\right]_{\alpha'}^{\beta'}-\frac{1}{2}\int_{\alpha'}^{\beta'}\frac{b+2ct}{\sqrt{a+bt+ct^2}}\frac{\mathrm{d}t}{t} \tag{A.6}$$

であるが，この式の変数を再びもとの x に戻すと，積分は式 (A.6) の第 2 項を 2 つに分けて

$$\int_{\alpha}^{\beta}\frac{\sqrt{ax^2+bx+c}}{x}\mathrm{d}x=[ax^2+bx+c]_{\alpha}^{\beta}$$
$$+\frac{b}{2}\int_{\alpha}^{\beta}\frac{\mathrm{d}x}{\sqrt{ax^2+bx+c}}+c\int_{\alpha}^{\beta}\frac{\mathrm{d}x}{x\sqrt{ax^2+bx+c}} \tag{A.7}$$

右辺の第 3 項は，むしろ変数を t のままにしておいて

$$-c\int_{\alpha'}^{\beta'}\frac{\mathrm{d}t}{\sqrt{ct^2+bt+a}} \tag{A.8}$$

と書いたほうがわかりやすい。要するに (A.7) の右辺の第 2 項と第 3 項とは全く同じ型の積分である。

式 (A.7) の右辺第 1 項は，上限と下限である β と α とが根号の中の 2 次方程式の根であることから，直ちに 0 であることがわかる。第 2 項および式 (A.7) では，根号の中を完全平方

$$\sqrt{a\left(x+\frac{b}{2a}\right)^2-\frac{b^2}{4a}+c}$$

の形にととのえてやると，よく知られた

$$\int\frac{\mathrm{d}x}{\sqrt{Ax^2+B}}$$

の形の積分になり，この種の積分は一般に $\sqrt{A/B}\cdot x=\tan\theta$ と変数変換して解く。途中の計算過程は数学書にゆずることにして，公式となっている最終的な結論を述べると，a が正のときは2通りに書かれ

$$\int\frac{dx}{\sqrt{ax^2+bx+c}}$$

$$=\frac{1}{\sqrt{a}}\log\left|2ax+b+2\sqrt{a(ax^2+bx+c)}\right| \qquad (A.9)$$

$$or \quad =-\frac{1}{\sqrt{a}}\log\left|2ax+b-2\sqrt{a(ax^2+bx+c)}\right| \qquad (A.9)'$$

以上 $a>0$

$$=-\frac{1}{\sqrt{|a|}}\arcsin\frac{2ax+b}{\sqrt{b^2-4ac}}, \qquad a<0 \qquad (A.10)$$

また式 (A.7) の右辺第3項の積分，つまり，式 (A.8) の積分は，その原始関数が a と c との符号に関係してくる。

$$\int\frac{dx}{x\sqrt{ax^2+bx+c}}$$

$$=\frac{1}{\sqrt{c}}\log\left|\frac{x}{bx+2c+2\sqrt{c(ax^2+bx+c)}}\right|, \quad c>0 \qquad (A.11)$$

$$=\frac{1}{\sqrt{c}}\log\left|\frac{\sqrt{a}x+\sqrt{c}-\sqrt{ax^2+bx+c}}{\sqrt{a}x-\sqrt{c}-\sqrt{ax^2+bx+c}}\right|, \quad a,c>0 \qquad (A.12)$$

$$=-\frac{1}{\sqrt{|c|}}\arcsin\frac{bx+2c}{x\sqrt{b^2-4ac}}, \qquad c<0 \qquad (A.13)$$

$$=-\frac{2}{b}\sqrt{\frac{ax+b}{x}}, \qquad c=0 \qquad (A.14)$$

というように，一般論としては何組かの解答を用意しなければならない。

本文の r についての周期積分では式 (A.10) と式 (A.13) とが利用される。上限と下限とが式 (A.2) であることから直ちに

$$\left[\arcsin\frac{2ax+b}{\sqrt{b^2-4ac}}\right]_\alpha^\beta=-\pi \tag{A.15}$$

$$\left[\arcsin\frac{bx+c}{x\sqrt{b^2-4ac}}\right]_\alpha^\beta=+\pi \tag{A.16}$$

であるから，本文の積分は，係数 2 があることも考慮して

$$2\cdot\frac{b}{2}\left(\frac{-1}{\sqrt{|a|}}(-\pi)\right)+2c\left(\frac{1}{\sqrt{|c|}}\pi\right)$$

$$=\frac{b\pi}{\sqrt{|a|}}+\frac{2c\pi}{\sqrt{|c|}}=\frac{2\pi me^2}{\sqrt{-2mE}}-2\pi M \tag{A.17}$$

となり，この値がプランク定数の整数倍になるわけである。

付録　B

本文の式 (3.40) を解く。いささか長い計算が必要なので，付録にまわした。式を

$$2\int_{\theta_1}^{\theta_2}\frac{\sqrt{a^2\sin^2\theta-b^2}}{\sin\theta}\,\mathrm{d}\theta,\qquad M=a,\ M_z=b \tag{B.1}$$

と書いてみる。いま $\sin\theta=x$ と変数変換する。このとき上限も下限も変わる。もともと積分は

$$M^2\sin^2\theta-M_z^2$$

がゼロから正の値になり，やがて再びゼロに戻るその間で行れるわけである。

このとき，たとえば $M_z=\pm M$ なら積分領域は当然ゼロ（なし），$M_z=0$ なら 0° から 180° までである。

混乱を避けるために $b=|M_z|$ としよう。θ の領域は $\arcsin(b/a)$ から 90° までの 2 倍になる。したがって積分は $\cos\theta\mathrm{d}\theta=\mathrm{d}x$

$\mathrm{d}\theta = \mathrm{d}x/\sqrt{1-x^2}$ を考慮して

$$\alpha = \int_{b/a}^{1} \frac{\sqrt{ax^2 - b^2}}{x\sqrt{1-x^2}}\,\mathrm{d}x \tag{B.2}$$

となる。ここでさらに $x^2 = y$ と変数変換すれば，$2x\mathrm{d}x = \mathrm{d}y$ したがって $\mathrm{d}x = \mathrm{d}y/2\sqrt{y}$ であることを考慮して，積分は

$$4\int_{(b/a)^2}^{1} \frac{\sqrt{a^2y - b^2}}{\sqrt{1-y}\cdot 2y}\,\mathrm{d}y \tag{B.3}$$

である。もう一度，変数変換するが，そのくらいのことを面倒がってはいけない。忠実に式を追えば正しい結果が出てくるのだから。さて，いささか複雑な式を z とする。

$$\sqrt{\frac{a^2y - b^2}{1-y}} = z \tag{B.4}$$

これから逆に y を z の関数として表し，それを微分したものは

$$y = \frac{b^2 + z^2}{a^2 + z^2}, \qquad \mathrm{d}y = \frac{2z(a^2 - b^2)}{(a^2 + z^2)^2}\,\mathrm{d}z \tag{B.5}$$

となる。積分の上限と下限は式 (B.4) により，$y = 1$ と $y = (b/a)^2$ の場合であるから，それぞれ ∞（無限大）と 0（ゼロ）になる。(したがって 2 回の変数変換により，もともとの周期積分は

$$\begin{aligned} &4\int_0^{\infty} z\,\frac{a^2 + z^2}{2(b^2 + z^2)}\,\frac{2z(a^2 - b^2)}{(a^2 + z^2)^2}\,\mathrm{d}z \\ &\quad = 4(a^2 - b^2)\int_0^{\infty} \frac{z^2\mathrm{d}z}{(b^2 + z^2)(a^2 + z^2)} \end{aligned} \tag{B.6}$$

というように，かなりノーマルな（つまり公式集などに掲載されていそうな）タイプになる。このような積分では，分母の因子をバラバラにして項

に分ける——いわゆる部分分数分解するのが常套手段になっている。各項の分子を探す方法は省略して結果だけを書けば，

$$4(a^2-b^2)\int_0^\infty\left\{\frac{a^2}{a^2-b^2}\frac{1}{a^2+z^2}+\frac{b^2}{b^2-a^2}\frac{1}{b^2+z^2}\right\}\mathrm{d}z$$

$$=4\int_0^\infty\left\{\frac{a^2}{a^2+z^2}-\frac{b^2}{b^2+z^2}\right\}\mathrm{d}z \qquad \text{(B.6')}$$

というきわめて簡単な形になり，公式によって

$$4a\left[\arctan\frac{z}{a}\right]_0^\infty-4b\left[\arctan\frac{z}{b}\right]_0^\infty$$

$$=\frac{\pi}{2}4(a-b)=2\pi(M-|M_z|) \qquad \text{(B.7)}$$

となり，これが本文の式 (3.42) である。

付録　C

質量 m の原子が，平衡点からの距離に比例する力を受けるときは，バネの定数を K とすると，ニュートンの運動方程式は，

$$m\frac{\mathrm{d}^2x}{\mathrm{d}t^2}=-Kx \qquad \text{(C.1)}$$

となる。バネの定数 K（これは大きいほど固くて，振動数は大きくなる）と，振動数 ν との間には

$$(2\pi\nu)^2=K/m \qquad \text{(C.2)}$$

の関係があることが力学的にわかっており，x 方向についての全エネルギーを，平衡点からの変位 x と運動量 p との関数として表すと

$$H(x,p)=\frac{p^2}{2m}+2\pi^2m\nu^2x^2 \qquad \text{(C.3)}$$

である。このような $H(x,p)$ をハミルトニアンと呼ぶ。

さて，このタイプのエネルギー関数をもつ系の平均のエネルギーは，本文式（4.26）のボルツマン因子を用いて

$$\langle E\rangle = \frac{\int_{-\infty}^{\infty}\int_{-\infty}^{\infty}\left(\frac{p^2}{2m}+2\pi^2 m\nu^2 x^2\right)e^{-H(x,p)\beta}\mathrm{d}p\mathrm{d}x}{\int_{-\infty}^{\infty}\int_{-\infty}^{\infty}e^{-H(x,p)\beta}\mathrm{d}p\mathrm{d}x} \quad \text{(C.4)}$$

である。指数関数の肩はもちろん式（C.3）であるが，式が煩雑になるために，簡単な書き方をした。平均をとる場合，あらゆる位置(x)とあらゆる運動量(p)をとる可能性があるから，分子のエネルギー（ハミルトニアン）にウエイト $\exp(-\beta H)$ を掛けて，平均を求めているわけである。

x での積分も，p での積分も，さいわい定積分であるから，公式*

$$\begin{aligned}\int_{-\infty}^{\infty}x^2 e^{-ax^2} &= \frac{1}{a}\sqrt{\frac{\pi}{a}}\\ \int_{-\infty}^{\infty}e^{-ax^2} &= \sqrt{\frac{\pi}{a}}\end{aligned} \quad \text{(C.5)}$$

が式（C.4）のそれぞれの分子，分母に適用されて

$$\begin{aligned}\langle E\rangle &= \frac{\frac{1}{2m}(2mkT)^{3/2}\sqrt{\pi}+\frac{2\pi^2 m\nu^2(kT)^{3/2}}{(2\pi^2 m\nu^2)^{3/2}}\sqrt{\pi}}{(2mkT)^{1/2}\sqrt{\pi}+\sqrt{\frac{kT}{2\pi^2 m\nu^2}}\sqrt{\pi}}\\ &= kT\end{aligned} \quad \text{(C.6)}$$

という具合に，m にも ν にも無関係に，1次元の調和振動子の平均値は kT となる。

* 『なっとくする統計力学』付録Aの式（A.20）を参照。そこには証明法も述べてある。

付録　D

電磁場の量子化はかなり数学的な内容であるため，物理的イメージと結びつきにくい。そのため式をざっと目で追って，こんな方法で電磁波と単振動粒子とを同一視するのか，と諒承して頂くのもいいかもしれない。

さて空間の電磁気的性質は，電界 E と磁界 H とで表され，両者とも3次元空間内でのベクトル量である。

話をわかりやすくするために，空間内にある1つの物体に空間的な力 F が作用するとき（他人に押されたとか，棒でつつかれたという力でなしに，その空間の特殊性質のために力を受けること），物体が空間に存在するためのポテンシャル・エネルギーを U とすると，力 F は $\boldsymbol{F} = -\mathrm{grad}\, U$ で関係づけられる。要するに，力 F を，空間の性質 $U(x,\ y,\ z)$ におきかえて研究しようとするわけである。記号 grad は，すぐ後に出る rot などと同じくベクトル解析で用いられるものであり，grad も rot も3次元空間内の勾配(長さでの微分)を表す。grad はスカラー量に演算してベクトルを，rot はベクトル量に演算してこれまたベクトルを示すことになるが，詳細はベクトル解析という数学の分野にまかせることにしよう。

ところで，E や H も空間にそれを引き起こす原因があるかのように考える。その原因をそれぞれ1つずつのベクトル $\boldsymbol{A}$（成分は A_x，A_y，A_z）とスカラー ϕ として，E と H とに対して次のように関係づける。

$$\left.\begin{aligned} \boldsymbol{E} &= -\mathrm{grad}\,\phi - \frac{1}{c}\frac{\partial \boldsymbol{A}}{\partial t} \\ \boldsymbol{H} &= \mathrm{rot}\,\boldsymbol{A} \end{aligned}\right\} \tag{D.1}$$

なぜこのように関係づけるかというと，早くいえば，空間の電磁エネルギーなどを計算するのに好都合のように設定された，といい切ってしまうのはいささか乱暴かもしれない。しかし，とにかく $\boldsymbol{A}$ をベクトル・ポテンシャルと称し，ϕ をその第4成分とみなして

$$A_x, A_y, A_z, \phi \tag{D.2}$$

を4元ベクトルという。初めて習う人は，一体これは何を表すのか，物理的にどういったものであるか，と悩む。しかし数学的に定義あるいは誘導されたものに，いちいち具体性を与えようとしても無理である。最初は，こんなものが定義されたと諒承して，先に進むのがいい。

すぐに電磁界のエネルギーに話をもって行ってもいいが，せっかく4元ベクトルを定義したのであるから，ここで電磁界テンソルというものを紹介しておく。ベクトルが n 個の成分で定義されるものであるのに対して，テンソルとは $n \times n = n^2$ の要素によってきめられるもっと複雑な物理量であり，たとえば固体力学での複雑に作用する応力に対する弾性率などがテンソルで表される。

4元ポテンシャルを簡単に $\varPhi(i = 1, 2, 3, 4)$ と書くとき

$$F_{ij} = \frac{\partial \varPhi_i}{\partial x_j} - \frac{\partial \varPhi_j}{\partial x_i} \tag{D.3}$$

でつくられる4行4列の要素の組を電磁界テンソルという。$i = 1, 2, 3$ は空間座標と考え，x_4 は時間座標 ct だとして，相対論をも含めた一般式であるとみなすのがいい。このテンソルを電界および磁界で記述すると

$$\boldsymbol{F}_{ij} = \begin{bmatrix} 0 & -H_z & H_y & -E_x \\ H_z & 0 & -H_x & -E_y \\ -H_y & H_x & 0 & -E_z \\ E_x & E_y & E_z & 0 \end{bmatrix} \tag{D.4}$$

となる。$\boldsymbol{H}$ は3行3列にわたるが，$\boldsymbol{E}$ は第4の行と列にしか出てこない。とにかくこれは電磁界を力に直したときのテンソルである。

力学では，ニュートンの方程式 $\boldsymbol{F} = m\boldsymbol{a}$ が基礎になるように，電磁気学ではマクスウエルの電磁方程式

$$\mathrm{rot}\ \boldsymbol{E} + \frac{1}{c}\frac{\partial \boldsymbol{B}}{\partial t} = 0$$

$$\mathrm{rot}\,\boldsymbol{H} - \frac{1}{c}\frac{\partial \boldsymbol{D}}{\partial t} = \frac{4\pi}{c}\boldsymbol{J} \qquad \text{(D.5)}$$

$$\boldsymbol{D} = \varepsilon \boldsymbol{E}, \qquad \boldsymbol{B} = \mu \boldsymbol{H}$$

$$\mathrm{div}\,\boldsymbol{D} = 4\pi\rho, \qquad \mathrm{div}\,\boldsymbol{B} = 0^{*}$$

が基礎になる。つまり電磁気学では式（D.5）から話を始めるのがすじではあるが，最初からベクトル解析の方程式を示すのは，学習者にはむずかしすぎる。というわけで，教科書ではまずクーロンの法則から入るが，電気，磁気では式（D.4）さえ認めれば，あとの諸現象はすべてこれから誘導される。

電磁テンソル式（D.4）を認めると，マクスウエルの電磁方程式は

$$\sum_i \frac{\partial F_{ji}}{\partial x_i} = J_j, \qquad \frac{\partial F_{ij}}{\partial x_k} + \frac{\partial F_{jk}}{\partial x_i} + \frac{\partial F_{ki}}{\partial x_j} = 0 \qquad \text{(D.6)}$$

という簡単な，しかも対称的なかたちにまとめられる。ただし J_j は 4 個の成分が

$$\rho v_x/c, \quad \rho v_y/c, \quad \rho v_z/c, \quad \rho \qquad \text{(D.7)}$$

であるような 4 元電流を表す。テンソル式（D.4）も，この 4 元電流もすべて 4 次元の座標軸で記述されているが，実際にはそのうち 3 次元が空間（たとえば x，y，z），あと 1 つは時間（ct）だと考えられる。マクスウエルがこれを公けにしたのは，1873 年に出版された書物であり，けっして相対論を予知していたわけではないが，ある意味では 4 次元時空間の先駆者ともいえよう。ニュートン力学 $F = ma$ は相対論に対しては全く無力であるが，電磁方程式（D.5）は，（陰然とではあるが）相対論の要請を満たしているのである。

電磁気学の教えるところによると，真空での単位体積当りのエネルギーはガウス単位系で（電気に対しては CGSesu，磁気に対しては CGSemu を採用したもの）

＊ MKSA 単位にすると，$1/c$，4π などの係数はすべて 1 になる。しかし付録Dでは発表時の論文どおりにガウス単位系のままにしておこう。

$$\frac{1}{8\pi}\int(\boldsymbol{E}^2+\boldsymbol{H}^2)\mathrm{d}v \qquad (\mathrm{D}.8)$$

ただし，積分は単位体積について実行されるものとする。これを式（D.1）で定義したベクトル・ポテンシャルで書くと，条件を適当にととのえてやれば

$$\frac{1}{8\pi}\int\left\{\frac{1}{c^2}\dot{\boldsymbol{A}}^2+(\mathrm{rot}\,\boldsymbol{A})^2\right\}\mathrm{d}v \qquad (\mathrm{D}.9)$$

となることがわかる。時間と空間との関数であるベクトル $\boldsymbol{A}(x, y, z, t)$ は，いまの場合は次のような形になる。

$$A_x=\sum_p\sum_q\sum_r Q_x(p, q, r)\cos\frac{\pi p}{l}x\sin\frac{\pi q}{l}y\sin\frac{\pi r}{l}z$$

$$A_y=\sum_p\sum_q\sum_r Q_y(p, q, r)\sin\frac{\pi p}{l}x\cos\frac{\pi q}{l}y\sin\frac{\pi r}{l}z$$

$$A_z=\sum_p\sum_q\sum_r Q_z(p, q, r)\sin\frac{\pi p}{l}x\sin\frac{\pi q}{l}y\cos\frac{\pi r}{l}z$$

$$p, q, r=1, 2, 3, \cdots \qquad (\mathrm{D}.10)$$

$\boldsymbol{A}$ を級数で表した場合，各項が一辺 l の立方体内のそれぞれの定常波に該当しているわけである。式（D.10）でみるように，$A(x, y, z)$ は壁のところで進行方向の因子は 1，これと垂直の 2 方向の因子はゼロになっている。

$\boldsymbol{Q}$ は時間に関係する部分である。3 つの成分をまとめて書けば $\boldsymbol{Q}(p, q, r)$ となるが，ここでは振動数が $\nu_x(p)$，$\nu_y(q)$，$\nu_z(r)$ という「ひとつの」波だけを考えることにし，わずらわしいから指定文字 p，q，r は省いて書くことにする。マクスウエルの電磁方程式に式（D.10）を代入すると

$$\ddot{\boldsymbol{Q}}=-\frac{\pi^2c^2}{4l^2}(p^2+q^2+r^2)\boldsymbol{Q} \qquad (\mathrm{D}.11)$$

が得られ，これは力学でよく知られた単振動と同じ形になっている。単位体積のエネルギーは $m=1/(32\pi c^2)$ とおくことにより，式（D.8）から

$$E = 2\left\{\frac{m}{2}\dot{\boldsymbol{Q}}^2 + \frac{m}{2}4\pi^2\nu^2\boldsymbol{Q}^2\right\} \tag{D.12}$$

であるが $\boldsymbol{P} = m\dot{\boldsymbol{Q}}$ とおけば

$$E = 2\left\{\frac{\boldsymbol{P}^2}{2m} + 2\pi^2 m\nu^2\boldsymbol{Q}^2\right\} \tag{D.13}$$

である。ただしここでの物理量は $E(p, q, r)$，$\boldsymbol{Q}(p, q, r)$，$\dot{\boldsymbol{Q}}(p, q, r)$，$\boldsymbol{P}(p, q, r)$，$\nu = (p^2 + q^2 + r^2)c^2/4l^2$ というように，3 つの正の整数で特徴づけられるものである。また式 (D.13) の右辺の 2 は光が横波であることに由来している。式 (D.13) が空孔の単位体積当りの，その振動数が (p, q, r) 番目の波のエネルギーを表している。全波長にわたってのエネルギー E(全)は

$$E(\text{全}) = \sum_{p=1}^{\infty}\sum_{q=1}^{\infty}\sum_{r=1}^{\infty}E(p, q, r) \tag{D.14}$$

で与えられる。

熱・光の定常波イコール単振動質点との証明は以上のとおりである。式 (D.13) での m は数学的に定義されたものであり，物理的な質量であるという保証はないではないか，と思われるかもしれない。確かに物理的なイメージ（イメージが抽象的すぎるというなら模型といい直そう）は犠牲になっているが，数学的に導かれた結果は重要視もし，それを信じなければならない。定常的な電磁波のとり扱いは，質点のような物体が揺れる単振動ではないが，単振動物体と全く同じようにみなしていいのである。

索引

ア行

カ行

サ行

タ行

ナ行

ハ行

マ行

ラ行

著者紹介

都筑（つづき）　卓司（たくじ）

1952年　東京文理科大学理学部卒業
　　　　横浜市立大学名誉教授　理学博士
2002年　7月　逝去

NDC 420　　277p　　19cm

なっとくシリーズ
新装版（しんそうばん）　なっとくする量子力学（りょうしりきがく）

2018年8月8日　第1刷発行

著　者　都筑卓司（つづきたくじ）
発行者　渡瀬昌彦
発行所　株式会社　講談社
　　　　〒112-8001　東京都文京区音羽2-12-21
　　　　　　販　売　(03)5395-4415
　　　　　　業　務　(03)5395-3615
編　集　株式会社　講談社サイエンティフィク
　　　　代表　矢吹俊吉
　　　　〒162-0825　東京都新宿区神楽坂2-14　ノービィビル
　　　　　　編集部　(03)3235-3701
装　幀　芦澤泰偉＋児崎雅淑
本文デザイン　海野幸裕
本文データ制作
カバー・表紙印刷　豊国印刷株式会社
本文印刷・製本　株式会社講談社

Printed in Japan

ISBN978-4-06-512721-6